面向新工科普通高等教育系列教材

创新思维与方法
第 2 版

杜存臣　胡　燕　周　苏　等编著

机械工业出版社

本书共 15 章，包括什么是创新、解决发明问题的传统方法、创新思维与技法、批判性思维方法、TRIZ 创新方法基础、无所不在的发明创造、提高系统协调性的发明原理、消除有害作用的发明原理、改进操作和控制的发明原理、提高系统效率的发明原理、用矛盾矩阵解决技术矛盾、用分离方法解决物理矛盾、S 曲线与技术系统进化、科学效应及其运用、用TRIZ 解决发明问题等内容。本书涉及的知识面广，内容浅显易懂，理论联系实际，编排时充分考虑了教学的特点与需要。本书附录 A~附录 D 分别介绍了物理效应、化学效应、几何效应和 39×39 矛盾矩阵。

本书各章都精心安排了习题、实验与思考环节，实操性强，把创新思维与创新方法的概念、理论和技术知识融入实践中，帮助读者加深对知识的认识和理解，熟悉创新方法的实际应用。作为学习辅助，附录 E 提供了部分问题的参考答案。

本书可作为高等院校各个专业学习创新思维与科技创新、TRIZ 创新方法的应用型主教材，也可供科技工作者和工程技术人员参考或作为继续教育的教材。

本书配有授课电子课件，需要的教师可登录 www.cmpedu.com 免费注册，审核通过后下载，或联系编辑索取（微信：13146070618，电话：010-88379739）。

图书在版编目（CIP）数据

创新思维与方法/杜存臣等编著. —2 版. —北京：机械工业出版社，2023.4

面向新工科普通高等教育系列教材

ISBN 978-7-111-72738-5

Ⅰ. ①创… Ⅱ. ①杜… Ⅲ. ①创造性思维-高等学校-教材 Ⅳ. ①B804.4

中国国家版本馆 CIP 数据核字（2023）第 040038 号

机械工业出版社（北京市百万庄大街 22 号　邮政编码 100037）
策划编辑：郝建伟　　　　　　　　责任编辑：郝建伟
责任校对：肖　琳　李　婷　　　　责任印制：张　博
河北鑫兆源印刷有限公司印刷

2023 年 5 月第 2 版·第 1 次印刷
184mm×260mm·15.75 印张·400 千字
标准书号：ISBN 978-7-111-72738-5
定价：69.00 元

电话服务　　　　　　　　　　网络服务
客服电话：010-88361066　　　机　工　官　网：www.cmpbook.com
　　　　　010-88379833　　　机　工　官　博：weibo.com/cmp1952
　　　　　010-68326294　　　金　书　网：www.golden-book.com
封底无防伪标均为盗版　　　　机工教育服务网：www.cmpedu.com

前言

研究表明,创新的先锋个人或团队——众多的诺贝尔奖获得者的成功途径,一是科学发现,二是科学仪器,三是科学方法。其中,科学方法的核心是创新方法,几乎有 1/3 的诺贝尔奖获得者是依靠科学的创新方法实现了研究上的突破性进展,可见创新方法对科学研究极其重要。建设创新型国家,核心是要增强自主创新能力。自主创新,创新引领,方法必须先行。

1946 年,苏联发明家根里奇·阿奇舒勒(1926—1998)开始了"发明问题解决理论"(TRIZ)的研究工作。在以后的数十年中,他投入毕生精力,致力于创新研究。在他的带领下,苏联的几十家学校、研究部门和企业组成专门机构。他们先后分析了世界的几十万份高等级发明专利,总结出技术进化所遵循的普遍规律,以及解决各种技术矛盾和物理矛盾时采用的创新法则,创建了一套由解决技术问题、实现技术创新的各种方法组成的理论体系——TRIZ。

为了落实《国家中长期科学和技术发展规划纲要(2006—2020 年)》,从源头上推进创新型国家建设,2008 年,科学技术部、发展和改革委员会、教育部、中国科学技术协会四部委联合颁布了《关于加强创新方法工作的若干意见》,文件中明确指出"推进 TRIZ 等国际先进技术创新方法与中国本土需求融合……特别是推动 TRIZ 中成熟方法的培训……"。多年来,相关工作持续得到我国各级政府的科技部门的重视和推动。

作为一种技术与经济相关联的活动,无论是发明、创造还是革新,最终都应该转化成生产力,产生经济效益,才能称得上是创新。阿奇舒勒提出的"发明问题解决理论",强调通过发明来解决实际问题,实现发明的实用化,这符合创新的基本定义。

实践表明,运用 TRIZ 创新,能够帮助我们突破思维定式,从不同角度分析问题,产生理性的逻辑思维,揭示问题的本质,确定问题的进一步探索方向,能根据技术进化规律,预测未来发展趋势,最终抓住机会来彻底解决问题,并开发出富有竞争力的创新产品。

本书在第 1 版的基础上进行提升,主要增加了批判性思维方法,重点介绍了发明问题的五个等级,丰富了对 40 个发明原理的介绍,完善了各章的习题。

本书在编写时得到了常州工程职业技术学院、新疆维吾尔自治区科技人才开发中心、浙大城市学院、温州商学院等单位的支持。参与本书编写工作的还有李文龙、章小华、刘志扬、杨静、王文。欢迎教师与编者交流:E-mail 为 zhousu@qq.com,QQ 为 81505050。

周 苏

课程教学进度表

课程号：_____ 课程名称：__创新思维与方法__ 学分：__2__ 周学时：__2__
总学时：__62__（其中理论学时：__32__，课外实践学时：__30__）
主讲教师：_____

校历周次	章名（或实验、习题课等）	理论学时	教学方法	课后作业布置
1	第1章 什么是创新	2	课堂教学	习题与实验1
2	第2章 解决发明问题的传统方法	2	课堂教学	习题与实验2
3	第3章 创新思维与技法	2	课堂教学	习题与实验3
4	第3章 创新思维与技法	2	课堂教学	
5	第4章 批判性思维方法（可选读）	2	课堂教学	习题与实验4
6	第5章 TRIZ 创新方法基础	2	课堂教学	习题与实验5
7	第6章 无所不在的发明创造	2	课堂教学	习题与实验6
8	第7章 提高系统协调性的发明原理	2	课堂教学	习题与实验7
9	第8章 消除有害作用的发明原理	2	课堂教学	习题与实验8
10	第9章 改进操作和控制的发明原理	2	课堂教学	习题与实验9
11	第10章 提高系统效率的发明原理	2	课堂教学	习题与实验10
12	第11章 用矛盾矩阵解决技术矛盾	2	课堂教学	习题与实验11
13	第12章 用分离方法解决物理矛盾	2	课堂教学	习题与实验12
14	第13章 S 曲线与技术系统进化	2	课堂教学	习题与实验13
15	第14章 科学效应及其运用	2	课堂教学	习题与实验14
16	第15章 用 TRIZ 解决发明问题	2	课堂教学	课程学习与实验总结

目录

前言
课程教学进度表
第1章 什么是创新 1
  1.1 发明与创新 1
    1.1.1 发现和发明 1
    1.1.2 创造与创新 2
    1.1.3 典型问题和非典型问题 3
  1.2 科技创新体系 4
    1.2.1 知识创新、技术创新与管理创新 4
    1.2.2 创新文化与环境 4
    1.2.3 创新发展 5
  1.3 知识创新的内涵 5
    1.3.1 知识创新的特征 6
    1.3.2 形式与能力 6
    1.3.3 知识创新是提升竞争力的源泉 7
  1.4 技术创新的定义 7
  1.5 管理创新及其四个阶段 8
    1.5.1 管理创新的内容 8
    1.5.2 管理创新的四个阶段 8
    1.5.3 管理创新的基本条件 10
  【习题】 10
  【实验与思考】熟悉科技创新与知识创新 12
第2章 解决发明问题的传统方法 14
  2.1 试错法 14
  2.2 头脑风暴法 15
    2.2.1 头脑风暴法的组织 15
    2.2.2 头脑风暴法基本规则 16
    2.2.3 头脑风暴会议成员 17
    2.2.4 头脑风暴法的实施与使用技巧 18
    2.2.5 头脑风暴法的优缺点 20
  2.3 形态分析法 21
    2.3.1 形态分析法的特点 21
    2.3.2 形态分析法的步骤 21
    2.3.3 形态分析法的优缺点 22
  2.4 和田十二法 23

【习题】 25
【实验与思考】头脑风暴法实践 26

第3章 创新思维与技法 28
3.1 思维定式 28
3.1.1 从众型思维定式 28
3.1.2 书本型思维定式 29
3.1.3 经验型思维定式 29
3.1.4 权威型思维定式 29
3.2 创造性思维方式 30
3.2.1 发散思维与收敛思维 30
3.2.2 横向思维与纵向思维 32
3.2.3 正向思维与逆向思维 33
3.2.4 求同思维与求异思维 33
3.3 创造性思维技法 35
3.3.1 整体思考法 35
3.3.2 多屏幕法 36
3.3.3 金鱼法 39
3.4 因果分析法 41
3.4.1 "五个为什么"分析法 41
3.4.2 鱼骨图 42
3.5 资源分析法 43
3.5.1 资源的分类 43
3.5.2 资源分析步骤 44
【习题】 45
【实验与思考】创造性思维技法的实践 47

第4章 批判性思维方法 51
4.1 什么是批判性思维 51
4.1.1 思考者的技能 51
4.1.2 培养好的思维方式 52
4.1.3 批判性思维的定义 52
4.2 批判性思维的演进 53
4.2.1 演进过程 53
4.2.2 社会影响 55
4.3 思维的公正性 55
4.3.1 批判性思维的强弱 56
4.3.2 思维公正性的七个特质 57
4.3.3 推理无处不在 60
4.3.4 思维元素 61
4.4 批判性思维的六个阶段 62
【习题】 68

【实验与思考】学习使用思维导图工具 ································· 69

第 5 章　TRIZ 创新方法基础 ································· 71
5.1　TRIZ 起源与发展 ································· 71
5.1.1　理论体系 ································· 71
5.1.2　发展历程 ································· 72
5.2　TRIZ 重要概念 ································· 73
5.2.1　技术系统 ································· 73
5.2.2　功能 ································· 74
5.2.3　矛盾与冲突 ································· 75
5.2.4　物场模型与标准解 ································· 75
5.2.5　理想度、理想系统与最终理想解 ································· 78
5.3　TRIZ 核心思想 ································· 80
5.4　理想化方法的应用 ································· 81
【习题】 ································· 82
【实验与思考】最终理想解方法的实践 ································· 84

第 6 章　无所不在的发明创造 ································· 87
6.1　发明的创新水平 ································· 87
6.2　发明的五个级别 ································· 88
6.2.1　第 1 级发明 ································· 88
6.2.2　第 2 级发明 ································· 88
6.2.3　第 3 级发明 ································· 89
6.2.4　第 4 级发明 ································· 89
6.2.5　第 5 级发明 ································· 90
6.3　发明级别划分的意义 ································· 90
6.4　不同级别发明的典型案例 ································· 91
6.5　TRIZ 的 40 个发明原理 ································· 92
【习题】 ································· 94
【实验与思考】熟悉 TRIZ 的 5 个发明等级 ································· 96

第 7 章　提高系统协调性的发明原理 ································· 99
7.1　分割原理（1） ································· 99
7.2　局部质量原理（3） ································· 100
7.3　不对称原理（4） ································· 101
7.4　合并原理（5） ································· 103
7.5　多用性原理（6） ································· 104
7.6　嵌套原理（7） ································· 104
7.7　重量补偿原理（8） ································· 106
7.8　柔性壳体或薄膜原理（30） ································· 106
7.9　多孔材料原理（31） ································· 107
【习题】 ································· 108
【实验与思考】熟悉"嵌套"发明原理 ································· 109

第8章 消除有害作用的发明原理 · 112

- 8.1 抽取原理（2） · 112
- 8.2 预先反作用原理（9） · 113
- 8.3 预补偿原理（11） · 114
- 8.4 减少作用的时间原理（21） · 115
- 8.5 变害为利原理（22） · 116
- 8.6 改变颜色原理（32） · 117
- 8.7 同质性原理（33） · 118
- 8.8 抛弃与再生原理（34） · 118
- 8.9 加速氧化原理（38） · 119
- 8.10 惰性环境原理（39） · 120
- 【习题】 · 120
- 【实验与思考】小组活动：消除有害作用的发明原理 · 122

第9章 改进操作和控制的发明原理 · 123

- 9.1 等势原理（12） · 123
- 9.2 反向作用原理（13） · 124
- 9.3 未达到或过度作用原理（16） · 126
- 9.4 反馈原理（23） · 126
- 9.5 中介物原理（24） · 127
- 9.6 自服务原理（25） · 128
- 9.7 复制原理（26） · 129
- 9.8 廉价替代品原理（27） · 130
- 【习题】 · 130
- 【实验与思考】小组活动：改进操作和控制的发明原理 · 132

第10章 提高系统效率的发明原理 · 134

- 10.1 预操作原理（10） · 134
- 10.2 曲面化原理（14） · 135
- 10.3 动态化原理（15） · 137
- 10.4 维数变化原理（17） · 138
- 10.5 振动原理（18） · 139
- 10.6 周期性作用原理（19） · 140
- 10.7 有效作用的连续性原理（20） · 141
- 10.8 机械系统替代原理（28） · 142
- 10.9 气动与液压结构原理（29） · 143
- 10.10 参数变化原理（35） · 143
- 10.11 状态变化原理（36） · 144
- 10.12 热膨胀原理（37） · 144
- 10.13 复合材料原理（40） · 145
- 【习题】 · 146
- 【实验与思考】小组活动：提高系统效率的发明原理 · 147

第 11 章　用矛盾矩阵解决技术矛盾 149
11.1　什么是技术矛盾 149
11.1.1　技术矛盾的定义 149
11.1.2　改善与恶化的矛盾参数 150
11.1.3　改善是指"功能"的提升 151
11.2　39 个通用工程参数 151
11.3　矛盾矩阵 152
11.4　利用矛盾矩阵解决技术矛盾过程 154
11.4.1　分析技术系统 154
11.4.2　定义技术矛盾 155
11.4.3　解决技术矛盾 155
【习题】 157
【实验与思考】应用矛盾矩阵获取问题解决方案 159

第 12 章　用分离方法解决物理矛盾 162
12.1　什么是物理矛盾 162
12.2　定义物理矛盾 163
12.3　解决物理矛盾的分离方法 164
12.3.1　时间分离 165
12.3.2　空间分离 166
12.3.3　条件分离 166
12.3.4　系统级别上的分离 167
12.4　将技术矛盾转化为物理矛盾 168
【习题】 169
【实验与思考】用分离方法解决物理矛盾 171

第 13 章　S 曲线与技术系统进化 174
13.1　技术系统进化规律的由来 174
13.2　S 曲线及其作用 174
13.2.1　S 曲线 174
13.2.2　技术预测 176
13.3　技术系统生存法则 177
13.3.1　完备性法则 177
13.3.2　能量传递法则 178
13.3.3　协调性法则 180
13.4　技术系统发展法则 181
13.4.1　提高理想度法则 181
13.4.2　动态性进化法则 182
13.4.3　子系统不均衡进化法则 183
13.4.4　向微观级进化法则 183
13.4.5　向超系统进化法则 184
13.5　技术系统进化法则的意义 185

【习题】 ··· 186
【实验与思考】熟悉技术系统进化法则 ··· 188

第 14 章 科学效应及其运用 ··· 191

14.1 效应与社会效应 ··· 191
14.1.1 蝴蝶效应 ··· 191
14.1.2 青蛙效应 ··· 192
14.1.3 木桶效应 ··· 192
14.1.4 酒与污水定律 ··· 192
14.1.5 "蘑菇"管理 ··· 193
14.1.6 80/20 效率法则 ··· 193
14.2 科学效应及其作用 ··· 194
14.3 TRIZ 理论中的科学效应 ··· 195
14.4 应用科学效应解决创新问题 ··· 202
【习题】 ··· 203
【实验与思考】科学效应应用实践 ··· 204

第 15 章 用 TRIZ 解决发明问题 ··· 207

15.1 颠覆性创新方法 ··· 207
15.1.1 大公司的"黑洞":颠覆性创新 ··· 208
15.1.2 产品的颠覆性创新 ··· 209
15.1.3 市场的颠覆性创新 ··· 210
15.2 航空燃气涡轮发动机的技术进化 ··· 211
15.3 飞机机翼的进化 ··· 212
15.4 提高扫地机器人的清洁效果 ··· 214
15.5 乘用汽车的外形设计 ··· 216
【习题】 ··· 218
【课程学习与实验总结】 ··· 220

附录 ··· 224
附录 A 物理效应 ··· 224
附录 B 化学效应 ··· 225
附录 C 几何效应 ··· 227
附录 D 39×39 矛盾矩阵 ··· 228
附录 E 习题和部分实验参考答案 ··· 236

参考文献 ··· 242

第1章 什么是创新

人类发展及科学技术进步中的每一次重大跨越和重要发现都与思维创新、方法创新、工具创新密切相关。离开了"创新",人类社会不可能向前迈进,科学技术也不可能有实质性的进步。可以说,"创新"已经成为现代社会发展与进步的基本动力。

创新理论和实践都证明,创新是人人都具有的一种潜在的能力,而且这种能力可以通过一定的学习和训练得到激发与提升。其实,创新是有规律可循的。人类在解决工程技术问题时所采用的方法都是有规律的,并且这些规律可以通过学习和总结加以掌握与应用。

1.1 发明与创新

创新是一个民族进步的灵魂,是一个国家兴旺发达的不竭动力。发明是一种科技活动,而创新是一种经济活动。发明和创新虽然存在区别,但也有着互动和联系,发明活动本身受一定的社会经济和文化条件制约,因此发明和创新应被视为一个完整的对象来研究。

1.1.1 发现和发明

在生活中,人们习惯于把科学和技术联系在一起,实际上,科学和技术既有密切联系,又有重大区别。科学要解决的问题是发现自然界中确凿的事实和现象之间的关系,并通过建立理论把这些事实和现象联系起来;技术的任务则是将科学的成果应用到实际问题的解决中。

"发现"是一种对客观世界中前所未知的事物、现象及其规律的认识活动。发现的结果本身是客观存在的,是不以人的意志为转移的。无论人类是否对其有所认识,它都按照自身的规律存在于客观世界中。对这种结果进行认识的活动过程就是发现。例如,对于物质的本质、现象、规律等,无论人类是否发现了它们,它们本来是客观存在的。后来,它们被人类认识到了,这就是发现。科学研究的目的就是发现这些客观存在的、还没有被人类认识到的规律。发现也称为科学发现。

而"发明"是指具有独创性、新颖性、实用性和时间性的技术成果。发明通常指人类获得的前所未有的成果。这种成果包括有形的物品和无形的方法等,在被发明之前,客观上是不存在的。通过技术研究而得到的前所未有的成果多属于发明。发明注重的是独创性和时间性(或称为首创性)。

简单来说,发现和发明的区别主要体现为:发现是认识世界,发明是改造世界。发现要回答"是什么""为什么""能不能"等问题,主要属于非物质形态财富;发明要回答"做什么""怎么做""做出来有什么用"等问题,是知识的物化,能够直接创造物质财富。科学发现在我国是不授予专利权的。对于那些具有新颖性、创造性和实用性的发明,发明人可以申请专利,利用法律的手段来保护自己的合法权益。

1.1.2 创造与创新

"创造"一词是对创造活动的概括。在《现代汉语词典》里,"创造"被解释为**想出新方法、建立新理论、做出新的成绩或东西**。

可以说,创造是人们应用已知信息,产生某种新颖而独特的、具有社会价值或个人价值的产品的过程,是"破旧立新",打破世界上已有的,创立世界上尚未有的精神和物质的活动。作为创造的成果,这种产品可以是新概念、新设想、新理论,也可以指新技术、新工艺、新产品,其特征是新颖、独特、具有一定的社会价值或个人价值。

创新是从英文 innovate(动词)或 innovation(名词)翻译过来的。根据《韦氏词典》中的定义,创新的含义为:引进新概念、新东西和革新。

创新理论是由奥地利经济学家 J. A. 熊彼特(1883—1950)于 1912 年在其成名作《经济发展理论》一书中首先提出来的。按照熊彼特的观点,"创新"是指新技术、新发明在生产中的首次应用,是指建立一种新的生产函数或供应函数,是在生产体系中引进一种生产要素和生产条件的新组合。熊彼特认为创新包括五个方面的内容:

(1)引入新产品或提供产品的新质量;
(2)开辟新市场;
(3)获得一种原料或半成品的新的供给来源;
(4)采用新生产方法(主要是工艺);
(5)实现新组织形式。

从一般意义上来讲,创造强调的是新颖性和独特性,而创新强调的则是创造的某种具体实现。创造与创新在概念上的差别体现在以下 5 个方面。

(1)创造比较强调过程,创新比较强调结果。例如,可以说"他创造了一种新方法,这种方法具有创新价值"。

(2)在程度方面,创造强调"首创""第一""破旧立新",主要是指自身的新颖性,不一定有比较对象;创新是建立在已经创造出的既有概念、想法、做法等基础之上的,其着眼点在于"由旧到新",强调与原有事物相比较。因此,在某种程度上,可以将创新看作创造的目的和结果。例如,黑白电视机的出现可以被看作一种创造成果的产生,因为在它出现之前,根本没有电视机;而彩色电视机的出现是一种创新,因为它是在黑白电视机的基础上,利用其他科学理论和技术对其进行改造而出现的一种全新产品。又如,蒸汽机的出现是一种创造(见图 1-1),而将它应用到其他工业领域,如蒸汽机火车头,则是一种创新(见图 1-2)。

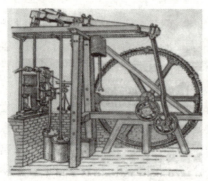

图 1-1 创造:瓦特改良的蒸汽机

图 1-2 创新:蒸汽机火车头

(3)在思维方面,创造应是独到的,其思维始终处在新异的顶端;创新则是在已经创造出的既有概念、想法和做法等的基础上,将别人的原始想法组织起来,应用到自己的思维活动中。

(4)在范畴方面,创造多指知识、概念、理论、艺术等方面;创新多指技术、方法、产品等。

(5)在目的方面,创造注重的是科学性和探索性;创新注重的是经济性和社会性。

1.1.3 典型问题和非典型问题

很多哲学家认为,只有在面对问题的时候,人才会开始思考,且思考过程是以问题为起点的。

当我们看到问题的现状,并设想了问题被解决后应该实现什么样的状态时,就会想办法改变问题的现状。在解决问题的过程中,如果用那些已经熟悉的典型解决方法无法解决问题,那么我们会考虑采用非典型方法来解决问题。

典型解决方法:可以在学校中通过专业教育学到的处理问题的常规方法。对于专业人士,典型解决方法是他们工作中经常用到的、非常熟悉的那些解决本领域问题的方法。现有的绝大多数典型解决方法都是前人通过试错法得到的。专业人士通过学习,在掌握了这些方法后,就可以将它们作为"拿来就用"的工具。

典型问题:那些用典型解决方法可以解决的问题。

非典型问题:那些用典型解决方法无法解决的问题。

对于一个非典型问题,既然无法使用典型解决方法来解决,那么就需要使用具有创造性、创新性的思维方式来找到一种解决方法。这种能够解决非典型问题的,具有创造性、创新性的解决方法对该问题来说就是一种非典型解决方法。因此,非典型问题也被称为创新问题。相应地,典型问题也被称为非创新问题。

在面对非典型问题的时候,人们往往会先用各种典型解决方法来尝试求解。当各种典型解决方法都无效时,专业人士就会绞尽脑汁地去寻找某种非典型解决方法。一旦找到解决该非典型问题的非典型解决方法,这种非典型解决方法就会在该领域的专业人士之间传播开来,并最终成为该领域中的一种典型解决方法。这里的"绞尽脑汁"就是人们在面对非典型问题时的真实写照。在绞尽脑汁地寻找解决方法的过程中,有人通过"顿悟"找到了非典型解决方法;有人从其他领域找到了可以解决本领域中非典型问题的方法,这种方法在其原有领域中可能已经是典型解决方法了,但对于这个领域来说,就是一种非典型解决方法。因此,一种方法是典型解决方法还是非典型解决方法,是相对的。

为了找到解决非典型问题的方法,处于同一时代的两位先驱从不同的角度提出了不同的理论。以亚历山大·奥斯本为代表的学者们开创了"创造学"⊖这种以创造主体的心理活动为主的创新方法体系;根里奇·阿奇舒勒通过对大量专利的研究、分析和总结,发现了隐藏在专利背后的规律,提出了"发明问题解决理论"(TRIZ)。TRIZ属于技术创新范畴,其主要作用就是解决创新问题。当然,非创新问题也可以用TRIZ来解决。

⊖ 创造学,一门研究人类创造发明活动规律的学科。创造发明是人类劳动中一种高级、活跃、复杂、有意义的实践活动,其实质是人类追求新的、有价值的功能系统。创造发明可以发展生产力,推动社会进步,改善人类的生活环境、劳动环境,因此,创造发明是人类的宝贵财富。

1.2 科技创新体系

科技创新是原创性科学研究和技术创新的总称,是指创造和应用新知识、新技术与新工艺,采用新的生产方式和经营管理模式,开发新产品,提高产品质量,提供新服务的过程。

1.2.1 知识创新、技术创新与管理创新

原创性的科学研究或知识创新是提出新观点(包括新概念、新思想、新理论、新方法、新发现和新假设)的科学研究活动,涵盖开辟新的研究领域、以新的视角来重新认识已知事物等。原创性的知识创新与技术创新结合在一起,使人类知识系统不断丰富和完善,认识能力不断提高,产品不断更新。信息技术引领的管理创新作为信息时代和知识社会科技创新的主题,也是当今科技创新的重要组成部分。

科技创新体系由以科学研究为先导的现代服务业跨领域知识创新、以标准化为轴心的技术创新和以信息化为载体的信息技术引领的管理创新三大体系构成(见图1-3)。知识社会新环境下的三个体系相互渗透,互为支撑,互为动力,催生了科学研究、技术研发、管理与制度创新的新形态。

科技创新涉及政府、企业、科研院所、高等院校、国际组织、中介服务机构、社会公众等多个主体,包括人才、资金、科技基础、知识产权、制度建设、创新氛围等多个要素,是一种在各创新主体、创新要素交互作用下,以及科学研究、技术进步与应用创新这个三螺旋结构协同演进下的复杂涌现,是一类开放的复杂巨系统㊀。从技术进步与应用创新构成的技术创新双螺旋结构出发,进一步拓宽视野,技术创新的力量是来自科学研究与知识创新的,也来自专家和人民群众的广泛参与。

图1-3 科技创新体系

以信息技术为代表的现代科技的发展以及经济全球化进程,进一步推动了管理创新。管理创新无疑是我们所处的这个时代创新的主旋律,也是科技创新体系的重要组成部分。

1.2.2 创新文化与环境

科学和技术是关于人认知与改造自然的知识,其中技术包含技艺。人的参与程度越高,科学和技术知识的含量、密度和水平就越高。上述特点决定了科学和技术的人文价值与科学价值。因此,科学和技术及其创新是创新文化的重要组成部分。

按照是否具有实体和刚性(可理解为非人文的和人文的),可将环境分为硬环境(由物质环境和刚性的管理体制及人员组成)和软环境(由人文环境、弹性的研究方向和评价体系组成)两大类,其中物质环境的要素包括校园房舍、仪器设备、经费薪给等,人文环境主要由科学和人文精神、国家政策和制度、学术传统、学风和治学理念等组成。硬环境与软环境的相互渗透与融合程度,决定了人性物境(主要由人才和体制组成)和物性人境(主

㊀ 如果组成系统的元素不但数量大、种类多,而且它们之间的关系很复杂,并有多种层次结构,那么这类系统称为复杂巨系统。

要由研究方向和评价体系组成）。硬环境与软环境的渗透和融合越深，人性物境和物性人境的范围就越大，成果的趋向和大小也越显著。虽然影响科技创新的因素很多，但是，由于时间、地点和具体情况的差异，何种环境和要素对科技人员、科研机构或组织的创新过程产生的影响起主导作用，往往是不同的。

1.2.3 创新发展

当今世界，科技创新能力成为国家实力的关键体现。在经济全球化时代，一个国家若具有较强的科技创新能力，就能在世界产业分工链条中处于高端位置，创造激活国家经济的新产业，以及拥有重要的自主知识产权，从而引领社会的发展。总之，科技创新能力是当今社会活力的重要标志，也是国家发展战略的核心。

科技创新能力的形成是一个过程，需要一定的环境。如果人们自觉而明智地营造有利于科技创新的环境，就能激发科技创新的社会潜能，以及缩减从科技创新到产业应用的时间进程。学习他人在科技创新上的经验，无疑是提高上述自觉性的很好的方式。

从各国的经验来看，科技创新能力的形成依赖如下因素。

良好的文化环境。 例如，社会有尊重知识、尊重人才的氛围，有热爱科学的风气，有百花齐放、百家争鸣、追求真理、实事求是的学术教养和规范，等等。没有一个良好的软环境，很难形成科技创新能力成长的"土壤"。

较强的基础条件。 在科技创新的基础条件中，较为重要的是教育体系。

有效的制度支持。 国家对自主科技创新的制度支持应是全面而有效的，包括有效的项目评估和资金支持体系、有利于自主创新的政府采购制度、明智的产业政策、合理的知识产权制度、有利于科技创业的社会融资系统等。

在人类社会中，做成一件事的条件无非是人、财、物。在这三个条件中，人是主体、是最为活跃的因素。在科技创新中，强调人及人才的作用。当然，人的因素并不仅仅指个人的才智，也包括人的社会组织水平。有人而无财、物，便是英雄无用武之地，也做不成事。因此，科技创新的环境创造就是让人、财、物能自然结合、有效结合，实现一种和谐状态。

科技自主创新能力主要是指科技创新支撑经济社会科学发展的能力。近现代世界历史表明，科技创新是现代化的发动机，是一个国家进步和发展的重要因素。重大原始性科技创新及其引发的技术革命和进步成为产业革命的源头。科技创新能力强的国家在世界经济发展过程中发挥着主导作用。一项新技术的诞生、发展和应用，最后转化为生产力，离不开观念的引导、支持，以及制度的保障，可以说，观念创新是建设创新型国家的基础，制度创新是建设创新型国家的保障。发明一项新技术并将它转化为生产力，创造出新产品，占领市场并取得经济效益，这是只有通过科技创新才能实现的。

1.3 知识创新的内涵

知识创新是指通过科学研究（包括基础研究和应用研究）获得新的基础科学和技术科学知识的过程，包括科学知识创新、技术知识创新（特别是高技术创新）和科技知识系统集成创新等。其目的是追求新发现、探索新规律、创立新学说、创造新方法、积累新知识。知识创新是技术创新的基础，是新技术和新发明的源泉，是促进科技进步和经济增长的革命性力量。知识创新为人类认识世界、改造世界提供新理论和新方法，为人类文明进步和社会发展提供不竭动力。

在知识创新中，通过企业或组织的知识管理，在知识获取、处理、共享的基础上，不断追求新的发展，探索新的规律，创立新的学说，并将知识不断地应用到新的领域，在新的领域不断创新，推动企业核心竞争力的不断增强，创造知识附加值，使企业获得经营上的成功。

1.3.1 知识创新的特征

知识创新具有以下 5 种特征。

独创性。知识创新是新观念、新设想、新方案和新工艺等的采用，它甚至破坏原有的秩序。知识创新实践常常表现为勇于探索、打破常规，知识创新活动是各种相关因素相互整合的结果。

系统性。知识创新可以说是一个复杂的"知识创新系统"。在实际经济活动中，创新在企业价值链的各个环节中都有可能发生。

风险性。知识创新是一种高收益与高风险并存的活动，它没有现成的方法、程序可以套用，投入和收获未必成正比，风险不可避免。

科学性。知识创新是以科学理论为指导，以市场为导向的实践活动。

前瞻性。有些企业，只重视能够为当前带来经济利益的创新，而不注重能够为将来带来利益的创新，而知识创新则更注重未来的利益。

1.3.2 形式与能力

知识创新一般有两种形式：累积式知识创新和激进式知识创新。累积式知识创新是指，在原有知识的基础上，结合外部资源进行持续创新。这种创新是在原有知识基础上的创新，创新的累积性意味着学习过程必须是连续的。激进式知识创新是指打破惯性思维，发现现有知识中没有的全新知识。这一创新的来源既有科技创新带来的根本性变革，又有企业效仿竞争对手引进的新知识、新技术与新理念。累积式知识创新和激进式知识创新都需要具备包容新知识的素质和才能。

知识创新的能力是企业（组织）创造、整合和运用企业知识，实现战略目标所表现的能力，主要体现在战略远景、组织结构、人力资本管理和组织制度等方面。

（1）战略远景：知识创新的导向能力。它规定了知识创新的价值体系，企业依此来评估、证明和判定其所创造知识的质量。因此，企业的战略远景可以用来指引企业员工吸收知识、整合知识和创新知识，是企业知识创新能力的重要组成部分。

（2）组织结构：知识创新的载体能力。知识创新的特点决定了企业的知识创新必须既有利于企业成员个体知识的生产，又要能促进企业对这些个体知识的交流与共享。这种交流与共享只有通过企业成员的广泛沟通才能实现，而组织结构是企业知识创新决策的执行载体，其合理性将会影响企业知识交流与共享的效率。企业应以组织学习与知识创新能力的提升为出发点，以核心知识流为主线来进行组织结构的设计与创新，须以知识流为导向构建企业组织结构，有利于知识创新各环节的横向知识交流。

（3）人力资本管理：知识创新存量流量控制能力。知识（尤其是隐性知识）主要体现在企业知识员工群体中，员工的知识广度与结构决定了企业的知识存量，员工在内部或外部的流动体现了企业的知识流量。因此，企业人力资本管理能力决定了企业知识创新的存量和流量。有效的人力资本管理可以稳定住员工，从而避免企业核心知识向外流失，同时可以吸引高知识含量的员工加盟企业，使企业获得足够的知识创新来源，保证知识创新的存量与流量。

（4）组织制度：知识创新的保护与激励能力。企业知识，尤其是创新知识和核心知识，决定了企业在市场中的价值，是企业赖以发展的基础和动力。如果企业的创新知识和核心知识被外泄，或者创新知识和核心知识没有得到持续增加，那么企业竞争优势将不复存在。组织制度有助于实现知识创新的各种政策和员工持续创新知识。因此，企业建立和完善相关制度，如知识保护制度、组织学习制度、知识资产激励制度等，会对企业知识创新起到促进作用。

1.3.3 知识创新是提升竞争力的源泉

企业的核心竞争力包括两个方面：一是核心运营力，指企业能高效率地生产高品质的产品和提供高满意度服务的能力；二是核心知识力，指企业拥有对某个特定领域和业务而言独一无二的专长、技术与知识。国内外现代化企业的经验都证明，知识创新是企业寻求核心竞争力的无穷源泉。

知识创新可以隐喻为知识进化，即不停地生成新知识。这需要借助理性思维的力量，因而必须有相应的思维方式创新。最后，需要上升到精神文化创新。

知识始终是思维或理性的产物，因而应注意到理性思维是形成知识的源头活水。因此，知识创新就需要思维方式创新，培养和提高理性思维能力。

知识创新实质上是极其复杂的精神性生产活动，因而必须坚持怀疑、批判精神，特别是自由精神。自由是人的本性，只有坚持自由创新精神，才能最大限度甚至无限地实现知识创新。爱因斯坦非常强调自由创新精神，他认为，外在的自由和内心的自由是科学进步的先决条件，科学理论的逻辑基础，即基本概念和基本原理，是人类精神的自由创造，是人类理智的自由发明，知识和自由是不可分割的"双翼"。

知识创新必须坚持自由精神，这样才能激发人的才能，造就永续的智慧源泉。思想创新、文化创新都要超越国界、超越权力和挣脱金钱"枷锁"；辨析传统文化主要依靠现代人，知识创新、思维方式创新更要依靠具有自由创新精神的现代人。

1.4 技术创新的定义

技术创新是生产技术的创新，包括开发新技术，或者将已有的技术进行应用创新。技术创新是指以现有的知识和物质，在特定的环境中，改进或创造新的事物（包括各种方法、元素、路径、环境等），并能获得一定有益效果的行为。重大的技术创新会带来社会经济系统的根本性转变。技术创新包括新产品和新工艺，以及原有产品和工艺的显著技术变化。如果在市场上实现了创新，或者在生产工艺中应用了创新，那么创新就完成了。

技术创新和产品创新既有密切关系，又有所区别。技术的创新可能带来但未必带来产品的创新，产品的创新可能需要但未必需要技术的创新。一般来说，运用同样的技术可以生产不同的产品，生产同样的产品可以采用不同的技术。产品创新侧重于商业和设计行为，具有成果的特征，因而具有更外在的表现；技术创新具有过程的特征，往往表现得更加内在。产品创新可能包含技术创新的成分，还可能包含商业创新和设计创新的成分。技术创新可能并不带来产品的改变，而仅仅带来成本的降低、效率的提高，如改善生产工艺、优化作业过程可以减少资源消费、能源消耗、人工耗费或者提高作业速度。新技术的诞生，往往可以带来全新的产品，技术研发往往对应于产品或者着眼于产品创新；而新的产品构想，往往需要新的技术才能实现。

根据创新的重要性，可以将创新进行如下分类。

(1) 渐进性创新：渐进、持续的小创新。
(2) 根本性创新：又称突破性创新，指开拓全新领域、有重大技术突破的创新。
(3) 技术系统的变革：这类创新将产生具有深远意义的变革，通常会出现技术上有关联的创新群。
(4) 技术-经济范式的变更：这类创新既包含很多根本性的创新群，又包含很多技术系统变更。

1.5 管理创新及其四个阶段

管理创新是指组织形成创造性思想并将它转换为有用的产品、服务或作业方法的过程。富有创造力的组织能够不断地将创造性思想转变为某种有用的结果。当管理者说到要将组织变革为更富创造性的组织时，他们通常指的就是要激发创新。

在管理创新活动中，企业把新的管理要素（如新的管理方法、管理手段和管理模式等）或要素组合引入企业管理系统，以更有效地实现组织目标。

1.5.1 管理创新的内容

管理创新包括管理思想、管理理论、管理知识、管理方法、管理工具等的创新。可以按功能将管理创新分解为目标、计划、实行、检馈、控制、调整、领导、组织、人力九项管理职能的创新。按业务组织的系统，可将创新分为战略创新、模式创新、流程创新、标准创新、观念创新、风气创新、结构创新、制度创新。以企业职能部门的管理而言，企业管理创新包括研发管理创新、生产管理创新、市场营销和销售管理创新、采购和供应链管理创新、人力资源管理创新、财务管理创新、信息管理创新等。

管理创新的内容可以分为三个方面，三者相互联系、相互作用。
(1) 管理思想理论上的创新。
(2) 管理制度上的创新。
(3) 管理具体技术方法上的创新。

三类因素有利于组织的管理创新，它们是组织的结构、文化和人力资源。
(1) 从组织的结构因素来看，有机式结构对创新有正面影响，丰富的资源能为创新提供重要保障，单位间的密切沟通有利于排除创新的潜在障碍。
(2) 从文化因素来看，充满创新精神的组织文化通常有如下特征：接受"模棱两可"，容忍"不切实际"，外部控制少，接受风险程度高，容忍冲突能力强，注重结果甚于手段，强调开放系统。
(3) 在人力资源这一类因素中，有创造力的组织积极地对其员工开展培训，以使他们保持知识的更新；同时，它们还给员工提供有力的工作保障，以减少他们因担心犯错误而遭解雇的顾虑；组织鼓励员工成为革新能手；一旦产生新思想，革新能手会主动且热情地将思想予以深化，同时提供支持并克服阻力。

1.5.2 管理创新的四个阶段

一般来说，管理创新过程包含四个阶段。

第一阶段：对现状的不满。

管理创新的动机通常是对企业或组织现状的不满：或是企业遇到危机，或是商业环境变化以及新的竞争者出现而形成战略性威胁，或是某些人对操作性问题产生抱怨。

例如，利顿互联产品公司是一家组装计算机主板的工厂，位于苏格兰的格伦罗西斯。1991年，乔治·布莱克受命负责这家工厂的战略转型。他说："我们曾是一家前途黯淡的公司，与竞争对手相比，我们的组装工作毫无特色。唯一的解决办法就是采取新的工作方式，为客户提供新的服务。这是一种刻意的颠覆，也许有些冒险，但我们别无选择。"

布莱克推行新的业务单元架构方案，每个业务单元中的员工都致力于满足某一个客户的所有需求。他们学习制造、销售、服务等一系列技能。这次创新使得客户反响获得极大改善，员工流动率也大大降低。

当然，无论出于哪一种原因，管理创新都在挑战组织的某种形式，它更容易产生于紧要关头。

第二阶段：从其他来源寻找灵感。

管理创新者的灵感可能来自其他社会体系的成功经验，也可能来自那些未经证实却非常有吸引力的新观念。

有些灵感源自管理思想家和管理专家。1987年，默里·华莱士出任惠灵顿保险公司首席执行官（CEO）。在该公司危机四伏的关键时刻，华莱士读到了汤姆·彼得斯的著作《混沌中的繁荣》。华莱士将书中的高度分权原则转化为一个可操作的模式，这就是人们熟知的"惠灵顿革命"。华莱士的新模式令其公司的利润率大幅增长。

有些灵感来自无关的组织和社会体系。有些灵感来自背景非凡的管理创新者，他们通常拥有丰富的工作经验。管理创新的灵感很难从一个公司的内部产生。只有通过从其他来源获得灵感，公司的管理创新者才能创造真正全新的东西。

第三阶段：创新。

管理创新人员将各种不满要素、灵感以及解决方案组合在一起，组合通常并非一蹴而就，而是重复、渐进的过程，多数管理创新者都能找到一个清楚的推动事件。

第四阶段：争取内部和外部的认可。

与其他创新一样，管理创新也有风险巨大、回报不确定的问题。很多人无法理解创新的潜在收益，或者担心创新失败会对公司产生负面影响，因而会竭力抵制创新。而且，在实施创新之前，我们很难准确判断创新的收益是否高于成本。因此，对于管理创新人员，实施创新的一个关键阶段就是争取他人对新创意的认可。

在管理创新的最初阶段，获得组织内部的接受比获得外部人士的支持更为关键。这个过程需要明确的拥护者。如果有一个威望高的高管参与创新的发起，就会大有裨益。另外，只有尽快取得成果，才能证明创新的有效性。然而，许多管理创新往往在数年后才有结果。因此，创建一个支持同盟并将创新推广到组织中非常重要。管理创新的另一个特征是需要获得"外部认可"，以说明这项创新得到了独立观察者的印证。

外部认可包括下列四种来源。

（1）专业学者。他们密切关注各类管理创新，并整理和总结企业碰到的实践问题，以应用于研究或教学。

（2）咨询公司。他们通常会对这些创新进行总结和存档，以便用于其他情况和组织。

（3）媒体机构。他们热衷于向更多的人宣传创新的成功故事。

（4）行业协会。

外部认可具有双重性：一方面，它增加了其他公司复制创新成果的可能性；另一方面，它增加了公司坚持创新的可能性。

1.5.3 管理创新的基本条件

为了使管理创新有效进行，必须创造以下基本条件。

（1）创新主体应具有良好的心智模式。创新主体（企业家、管理者和企业员工）具有良好的心智模式是实现管理创新的关键。心智模式是指由于过去的经历、习惯、知识素养、价值观等形成的基本固定的思维认知方式和行为习惯。创新主体具有的心智模式：一是远见卓识，二是具有较好的文化素质和价值观。

（2）创新主体应具有较强的能力结构。管理创新主体必须具备一定的能力。这样才可能完成管理创新。管理创新主体应具有核心能力、必要能力和增效能力。核心能力突出表现为创新能力；必要能力包括将创新转化为实际操作方案的能力，以及从事日常管理工作的各项能力；增效能力则是控制协调以加快进展的各项能力。

（3）企业应具备较好的基础管理条件。现代企业中的基础管理主要是指基本的管理工作，涉及基础数据、技术档案、统计记录、信息收集归档、工作规则、岗位职责标准等。管理创新往往在基础管理较好的条件下才有可能产生，因为基础管理好可提供许多必要且准确的信息、资料、规则，有助于管理创新顺利进行。

（4）企业应营造一个良好的管理创新氛围。创新主体能否有创新意识，能否有效发挥其创新能力，与是否拥有一个良好的创新氛围有关。在良好的工作氛围中，员工思想活跃，新点子产生得多而快，而不好的氛围则可能导致员工思维僵化、思路不畅、头脑空白。

（5）管理创新应结合本企业的特点。现代企业之所以要进行管理上的创新，是为了更有效地整合本企业的资源以完成本企业的目标和任务。因此，这样的创新就不可能脱离本企业的特点。

（6）管理创新应有创新目标。管理创新目标比一般目标更难确定，因为创新活动及其目标具有更大的不确定性。尽管确定创新目标是一件困难的事情，但是，如果没有一个合适的目标，则会浪费企业的资源，这本身又与管理的宗旨不符。

【习题】

1. 人类发展与科学技术进步中的每一次重大跨越和重要发现都与（　　）密切相关。
① 思维创新　　　　② 资源创新　　　　③ 方法创新　　　　④ 工具创新
A. ①②③　　　　B. ②③④　　　　C. ①③④　　　　D. ①②④

2. 离开了"（　　）"，人类社会不可能向前迈进，科学技术也不可能有实质性的进步。可以说，它已经成为现代社会发展与进步的基本动力。
A. 创新　　　　B. 资源　　　　C. 管理　　　　D. 质量

3. 创新理论和实践都证明，创新是人人都具有的一种潜在的能力。同时，创新是（　　）的，且可以通过总结和学习加以掌握与应用。
A. 唾手可得　　　　B. 有规律可循　　　　C. 可以借鉴　　　　D. 值得模仿

4. （　　）要解决的问题是发现自然界中确凿的事实和现象之间的关系，并通过建立理论把这些事实和现象联系起来。
A. 发现　　　　B. 科学　　　　C. 技术　　　　D. 发明

5. （　　）的任务是将科学的成果应用到实际问题的解决中。

A. 发现 　　　　　B. 科学 　　　　　C. 技术 　　　　　D. 发明

6. "（　　）"是一种对客观世界中未知的事物、现象及其规律的认识活动。
A. 发现 　　　　　B. 科学 　　　　　C. 技术 　　　　　D. 发明

7. "（　　）"是指具有独创性、新颖性、实用性和时间性的技术成果。它通常是指人类做出的前所未有的成果。它注重的是独创性和时间性（或称首创性）。
A. 发现 　　　　　B. 科学 　　　　　C. 技术 　　　　　D. 发明

8. 对于那些具有新颖性、创造性和实用性的发明，发明人可以申请（　　），利用法律的手段来保护自己的合法权益。
A. 证书 　　　　　B. 专利 　　　　　C. 保密 　　　　　D. 商标

9. （　　）是人们应用已知信息，产生某种新颖且独特、具有社会价值或个人价值的产品的过程。它是一种"破旧立新"，打破世界上已有的，创立世界上尚未有的精神和物质的活动。
A. 创新 　　　　　B. 制造 　　　　　C. 创造 　　　　　D. 专利

10. （　　）的含义：引进新概念、新东西和革新。
A. 创新 　　　　　B. 制造 　　　　　C. 创造 　　　　　D. 专利

11. 创新理论是由熊彼特于1912年在其《经济发展理论》一书中首先提出来的。按照熊彼特的观点，创新包括五个方面的内容，下列（　　）不属于其中。
A. 引入新产品或提供产品的新质量　　B. 开辟新市场
C. 充分提高原有成果的利润率　　　　D. 获得一种原料或半成品的新的供给来源
E. 采用新生产方法（主要是工艺）　　F. 实现新组织形式

12. 可以在学校中通过专业教育学到的处理问题的常规方法称为（　　）。它是专业人士工作中经常用到、非常熟悉的解决本领域问题的方法。
A. 非典型解决方法　B. 典型解决方法　C. 经典解决方案　D. 奇怪创意思想

13. 科技创新是原创性科学研究和技术创新的总称，可以被分成三种类型：（　　）。
① 知识创新　　② 技术创新　　③ 文化创新　　④ 管理创新
A. ②③④　　　B. ①②③　　　C. ①②④　　　D. ①③④

14. 知识创新是指通过科学研究（包括基础研究和应用研究）获得新的基础科学和技术科学知识的过程。它具有的特征包括系统性、科学性和（　　）。
① 综合性　　　② 独创性　　　③ 风险性　　　④ 前瞻性
A. ①②③　　　B. ①③④　　　C. ①②④　　　D. ②③④

15. （　　）是指生产技术的创新，包括开发新技术，或者将已有的技术进行应用创新。
A. 技术创新　　B. 知识创新　　C. 管理创新　　D. 方法创新

16. （　　）是指组织形成创造性思想并将它转换为有用的产品、服务或作业方法的过程。
A. 技术创新　　B. 知识创新　　C. 管理创新　　D. 方法创新

17. 管理创新的内容可以分为（　　）三个相互联系、相互作用的方面。
① 管理思想理论上的创新　　　　② 管理制度上的创新
③ 管理具体技术方法上的创新　　④ 管理队伍建设的创新
A. ②③④　　　B. ①②③　　　C. ①③④　　　D. ①②④

18. 有利于组织开展管理创新的三类因素有组织的（　　）

① 财富   ② 文化   ③ 结构   ④ 人力资源实践

A. ①②③   B. ①②④   C. ①③④   D. ②③④

19. 管理创新的动机通常是对企业或组织现状的不满，包括（　　）。无论出于哪一种原因，管理创新都在挑战组织的某种形式。

① 企业遇到危机

② 商业环境变化以及新的竞争者出现而形成战略性威胁

③ 某些人对操作性问题产生抱怨

④ 阶段性生产任务的加重

A. ②③④   B. ①③④   C. ①②③   D. ①②④

20. 除创新主体应具有良好的心智模式、创新主体应具有较强的能力结构以外，为了使管理创新有效进行，还必须创造的基本条件是（　　）。

① 企业应具备较好的基础管理条件

② 企业应营造一个良好的管理创新氛围

③ 管理创新应结合本企业的特点

④ 管理创新应有创新目标

A. ①②③④   B. ②③④   C. ①②③   D. ①③④

【实验与思考】熟悉科技创新与知识创新

1. 实验目的

本节"实验与思考"的目的如下。

（1）理解和熟悉创新发明的基本概念。

（2）熟悉科技创新的内容构成，了解知识创新、技术创新和管理创新的基本思想。

（3）熟悉管理创新发展的四个阶段，了解管理创新的基本条件。

2. 工具/准备工作

（1）在开始本实验之前，请回顾本书相关内容。

（2）准备一台能够访问因特网的计算机。

3. 实验内容与步骤

（1）什么是典型问题？什么是非典型问题？举例说明。

典型问题：_____

例如：_____

非典型问题：_____

例如：_____

（2）简述科技创新的三种类型。

知识创新：_____

技术创新：_____

管理创新：_____

（3）简述知识创新的特征与能力。

知识创新的特征：_____
_____
_____

知识创新的能力：_____
_____
_____

（4）根据创新的重要程度，可以将创新分为：

① _____
_____

② _____
_____

③ _____
_____

④ _____
_____

（5）介绍管理创新的四个阶段。

第一阶段：_____
_____

第二阶段：_____
_____

第三阶段：_____
_____

第四阶段：_____
_____

4. 实验总结

_____
_____
_____
_____

5. 实验评价（教师）

_____
_____
_____

第 2 章
解决发明问题的传统方法

在长期的自然与社会实践中,人们已经创造和发展了很多解决发明问题的方法,如人们习惯使用的试错法、头脑风暴法等。人们在单独使用这些传统的创新方法时曾经收到过较好的发明创新效果。这些创新方法往往要求使用者具有较高水平的技巧、比较丰富的经验和较大的知识积累量,因此,使用这些方法进行创新的效率普遍不高。特别是当遇到一些较难且复杂的问题时,仅仅依赖"灵机一动",很难解决问题。

传统的创新方法基本上都是以心理机制为基础的,它们的程序、步骤、措施大多是为人们消除发明创新的心理障碍而设计的。这些创新方法一般撇开了各领域的基本知识,方法上高度概括与抽象,因此具有形式化的倾向,在运用中会受到使用者的经验、技巧和知识积累水平的制约。

但是,当我们将这些传统的创新方法与 TRIZ(发明问题解决理论)结合在一起使用的时候,却能收到更好的效果。例如,在由具体问题抽象成 TRIZ 的问题模型时,以及将 TRIZ 的解决方案模型演绎成具体解决方案时,都或多或少地需要应用头脑风暴法、形态分析法等方法。因此,我们在倡导推广应用 TRIZ 创新理论的同时,还应该了解和掌握常用的传统创新方法,力求做到 TRIZ 创新理论与传统创新方法的有机结合,以获得理想的创新效果。

2.1 试错法

试错法是指人们通过反复尝试运用各式各样的方法或理论,使错误(或不可行的方案)逐渐减少,最终获得能够正确解决问题的方法的一种创新方法。它是一种随机寻找解决方案的方法。千百年来,人们一直在使用试错法求解发明问题。当尝试利用一种方法、物质、装置或工艺来求解某一问题时,如果找不到问题的解决方案,就进行第二次尝试,如果还没找到问题的解决方法,则进行第三次尝试,以此类推。这就是试错法解决问题的思路和过程。

当用尽了所有常规方法后,人们就会猜测该问题是否有正确的解决方案。这样的话,要经过一个漫长的寻找过程,有些人可能碰巧走对路子并解决问题,但取得这种结果的概率是很小的。在多数情况下,如果对现有的解决方案均进行尝试之后仍不能解决问题,则需要考虑其他可能的解决方案。在个别情况下,因条件限制,尝试无法继续进行,只能宣告过程终止。

TRIZ 创始人根里奇·阿奇舒勒的学生与合作者尤里·萨拉马托夫对试错法做过这样的评价:"人类在试错法中损失的时间和精力远比在自然灾害中遭受的损失要惨重得多。"相关资料显示,在 20 世纪,在发达资本主义国家中,50% 的研究刚刚开展,就因为没有发展前途而被迫终止了;在苏联时期,有 2/3 的研究根本无法进入生产领域。由此可见,用试错法解决问题具有一定的盲目性，所付出的代价（人力与财力）是巨大的。

例 2-1 爱迪生为人类带来光明。

很多人都读过爱迪生的发明故事。托马斯·阿尔瓦·爱迪生（见图 2-1）是一位举世闻名的美国电学家和发明家，他除了在留声机、电灯、电话、电报、电影等方面有许多发明和贡献以外，在矿业、建筑业、化工等领域也有不少知名创造和真知灼见。相信很多人都知道爱迪生的那句名言："天才是百分之一的灵感加上百分之九十九的汗水。"爱迪生不但有聪慧过人的头脑，而且有不懈努力的精神，因此，他取得了巨大成功。据相关资料记载，在发明电灯时，他和他的助手们历经 13 个月，用过的灯丝材料有 1 600 多种金属材料和 6 000 多种非金属材料，试验了 7 000 多次，终于找到了有实用价值的灯丝材料，为人类带来了光明。

图 2-1　爱迪生

爱迪生的发明为人类的发展和进步做出了巨大贡献。他勇于试验、不畏失败的探索精神和执着的研究态度，令人敬佩，值得我们学习。爱迪生发明电灯所采用的方法就是试错法。

对于解决简单的发明问题，试错法效果明显，此时可能的解决方案的数目不超过 10 个或 20 个，找到正确的解决方案并不困难。而对于较复杂的发明问题，由于可能存在成百上千个可能的解决方案，试错法的效率就非常低，解决此类发明问题的周期较长，所付出的代价很高。

2.2　头脑风暴法

头脑风暴法的发明者是美国 BBDO 广告公司的创始人之一亚历克斯·奥斯本，他于 1939 年首次提出头脑风暴法，并于 1953 年在《应用想象力》一书中正式发表了这种激发创造性思维的方法。

2.2.1　头脑风暴法的组织

头脑风暴法也称为智力激励法、自由思考法或"诸葛亮会议法"，通常指一群人开动脑筋，进行自由且具有创造性特点的思考与联想，并各抒己见，在短暂的时间内提出解决问题的大量构想的一种方法。这种方法是当今最负盛名，同时可以说是极具实用性的一种集体创造性地解决问题的方法。

"头脑风暴"的原意是"突发性精神错乱"，用来表示精神病患者处于大脑失常的状态，其最大特征是在发病时无视他人的存在，言语与肢体行为随心所欲。这虽然不合乎社会行为礼节的规范，但是，从创造思考的启导与引发的目标来看，摆脱世俗礼教与旧观念的束缚，期望构想能无拘无束地涌现，还是有必要的，这正是头脑风暴法的精义所在。

从形式上来看，头脑风暴法是将少数人召集在一起（见图2-2），以会议的形式，对某一问题进行自由的思考和联想，同时提出各自的设想和提案。头脑风暴法是一种发挥集体创造精神的有效方法，与会者可以在没有任何约束的情况下发表个人想法，提出自己的创意。参与的人甚至可以提出看起来异想天开的想法。

图2-2　头脑风暴会议

现代发明创新课题涉及技术领域广泛，因而靠个别发明家单枪匹马式的冥思苦想来求得问题解决的方法将变得软弱无力，收效甚微。相比之下，类似头脑风暴法这种群体式的发明战术则会显得效果更好。

2.2.2　头脑风暴法基本规则

头脑风暴法会议之所以会产生大量新创意，主要有以下原因：一是在轻松、融洽的气氛中，每个人都能展开想象，自由联想，各抒己见；二是能够产生互相激励，互相启发的效果，因为个人的创意会引起他人的联想，引起连锁反应，形成有利于解决问题的多种创意；三是在会议讨论时，更能激发人的热情，激活思维，开阔思路，有益于突破思维定式和旧观念的束缚；四是竞争意识使然，因为争强好胜的天性会使与会者积极开动脑筋，发表独到见解和新奇观点。

在使用头脑风暴法解决问题时，为了减少群体内的社交抑制因素，激励新想法的产生，提高群体的创造力，必须遵守以下4种基本规则。

（1）暂缓评价。在头脑风暴会议上，会议主持人和会议参与者对各种意见、方案的正确与否，不要当场作出评价，更不能当场提出批评或指责。对现有观点的批评不但会占用宝贵的时间和脑力资源，而且容易使与会者人人自危，发言更加谨慎保守，从而遏制新观点的产生。所有想法都有潜力成为好观点、好方法，或者能够启发他人产生新想法。会议参与者着重对想法进行丰富和拓展。这种将评论放在后面"评价阶段"进行的"延迟评判"策略，可以造成一种有利的氛围，有助于参与者提出更多想法。

（2）鼓励提出独特的想法。与会者在轻松的氛围下，各抒己见，避免人云亦云、随波逐流、思维僵化，有利于提出独特的见解，甚至是看似异想天开、荒唐的想法。这样便有可能开辟出新的思维方式，提供比常规想法更好的解决方案。若要产生独特的想法，则可以反过来看问题，也可以换一个角度考虑问题，甚至可以撇开假设等。

（3）**追求数量**。如果追求方案的质量，那么容易将时间和精力集中在对该方案的完善和补充上，从而影响其他方案的提出和思路的开拓，也不利于调动所有成员的积极性。如果头脑风暴会议结束时有大量的方案，就很可能从中发现非常好的方案。因此，头脑风暴法强调所有活动应该以在给定的时间内获得尽可能多的方案为原则。为此，与会者应该解放思想，无拘无束、独立地思考问题，并畅所欲言。

（4）**重视对想法的组合和改进**。对他人好的想法进行组合、取长补短，进行改进，以形成一个更好的想法，从而达到"1+1>2"的效果。与单纯提出新想法相比，对想法进行组合和改进可以产生出更好、更完整的想法。因此，头脑风暴法能更好地体现集体智慧。

2.2.3 头脑风暴会议成员

实施头脑风暴法时要组织由5~10人参加的小型会议。在实施过程中，对头脑风暴会议成员和会议主持人的要求如下。

（1）头脑风暴会议人数的确定。奥斯本认为，参加人数以5~10人为宜，包含主持人和记录员在内以6~7人为最佳。头脑风暴会议参与人数的多少取决于主持人风格、会议成员个体情况等因素。会议人数太多或太少，效果都不太理想。若人数过多，则会使某些人没有畅所欲言的机会；若人数过少，则会使场面冷清，影响参与者的热情。会议参与者最好职位相当，对所要解决的问题感兴趣，但是不必皆属同行。

（2）会议中不宜有过多专家。在进行"头脑风暴"的过程中，如果专家太多，就很难做到"暂缓评价"。权威在场必定会对与会者产生"威慑"作用，带给与会者一定的心理压力，因此难以形成自由的发言氛围。

然而，在实际实施"头脑风暴"的时候，会议参加者往往都是从企业的各个部门汇聚而来的各专业领域的行家里手。在这种场合中，无论是主持人还是参加者，都应注意不要从专业角度发表评论，否则会引起争议，打破暂缓评价的和谐局面，产生不良效果。

还有一点很重要，这就是对专家的人选应严格限制，以便参加者把注意力集中于所涉及的问题上，具体选取原则如下。

① 如果参加者相互认识，就要从同一职位（职称或级别）的人员中选取，领导人员不应参加，否则可能对某些参加者造成某种压力。

② 如果参加者互不认识，则可从不同职位（职称或级别）的人员中选取。在这种情况下，不应宣布参加人员的职称或职务。无论与会者职称或职务级别的高低，都应被同等对待。

③ 参加者的专业应力求与所论及的决策问题一致。这并不是与会成员的必要条件，但是最好包括一些学识渊博，对所论及问题有较深理解的其他领域的专家。

（3）会议成员最好具有不同学科背景。如果会议成员具有相同的学科背景，他们都是同一方面的专家，那么，很可能会沿着固有专业方向的常规思路来开发思维、产生观念。这样，同学科或相近学科的成员所产生的构想范围就会有限，而不能发挥头脑风暴的优势。相反，如果会议成员背景不同，他们就有可能从不同层面、方向和角度提出千差万别的观点，从而更有利于获得"头脑风暴"的成果。

（4）参与者应具备较强的联想能力。这是头脑风暴法获得良好效果的重要保证。在进行"头脑风暴"时，组织者应尽可能提供一个有助于把注意力高度集中于讨论问题的环境。在头脑风暴会议上，有的人提出的设想可能是其他准备发言的人已经思考过的设想。其中一些极具价值的设想，往往是在已提出设想的基础上，经过"头脑风暴"迅速发展起来的，或对两个或多个设想进行综合所得到的。因此，头脑风暴法产生的结果是成员集体创造的成果，是头脑风暴会议成员互相感染和激励，互相补充和完善的总体效果。

（5）头脑风暴会议主持人的确定。只有主持人对整个头脑风暴过程进行适度控制和协调，才能减少头脑风暴的抑制因素，激励新想法，发挥群体的创造力，获得预期的效果。由此可见，头脑风暴会议中的主持人非常重要。

主持人必须做好以下三点。
① 能掌控会议，并使头脑风暴会议的成员严格遵守上文提到的头脑风暴法基本规则。
② 要使会议保持热烈且轻松的氛围。
③ 要保证让全体参与者都能畅所欲言，献计献策。

头脑风暴会议主持人必须具有丰富的经验，能够充分把握讨论问题的本质。主持人应乐于接受头脑风暴法所造成的开放且热烈的会议氛围，努力使参加者暂时放飞自我，从而在思维方式上变得更加自由。主持人应及时发现参加者在哪个方向上提出设想，并巧妙地将脱离正确方向的参加者引回到既定的目标方向上来。从某种程度上来讲，主持人应该是演技相当细腻的"演员"，并在某些方面具备电视节目主持人的素质。

为了更好地掌控头脑风暴会议，主持人可以运用以下技巧，使头脑风暴达到既定目标。

（1）在会议氛围相当热烈时，可能出现许多违背头脑风暴法基本原则的现象，如交头接耳，哄堂大笑，甚至公开评论他人意见等，此时，主持人应当及时制止，并号召大家给予发言者鼓励。

（2）当许多灵感已被陆续激发出来，而参与者开始表现为疲惫状态，灵感激发速度明显下降时，主持人可以用"每人再提两个点子就结束"之类的话语再次激发参与者的创意灵感。

（3）主持人应控制好会议时间，建议控制在 30 分钟左右，以免参加者因太疲倦而产生反感甚至厌恶情绪。

（4）在会议结束时，主持人应对会议的成果表示肯定，并对与会者表示感谢。

2.2.4　头脑风暴法的实施与使用技巧

头脑风暴法的实施可分为会前准备、会议过程和创意评价三个阶段。

1. 会前准备

（1）确定讨论主题。讨论主题应尽可能具体，最好是实际工作中遇到的亟待解决的问题，目的是进行有效联想和激发创意。

（2）如有可能，应提前对提出初始问题的个人、集体或部门进行访谈调研，了解解决该问题的限制条件、制约因素、阻力与障碍，以及任务的最终目标。

（3）确定参加会议人选，并将这些问题写成问题分析材料，在召开头脑风暴会议之前的几天内，连同会议程序及注意事项一起发给各位与会人员。

（4）举行热身会。在正式会议之前召开预备会议，这是因为在多数情况下，会议成员缺乏参加头脑风暴会议的经验，同时，要让他们做到遵守"延迟评价"原则也比较困难。所确定的讨论主题的涉及面不宜太宽。主持人将讨论主题告诉会议参加者，并附加必要的说明，使参加者能够收集确切的资料，并且按正确的方向思考问题。在热身会上，要向与会人员说明"头脑风暴法"的基本规则，解释创意激发方法的基本技术，并对成员所做的任何有助于发挥创造力的尝试都予以肯定和鼓励，从而让参与者形成一种思维习惯来适应头脑风暴法，并尽快适应头脑风暴法的气氛。

2. 会议过程

（1）由会议主持人重新叙述议题，要求会议成员讲出与该问题有关的创意或思路。

（2）与会者想发言时必须先举手，由主持人指名后方可开始发表设想，发言力求简单扼要，一句话的设想也可以，注意不要做任何评价。发言者需要首先提出自己事先准备好的设想，然后提出受别人的启发而得出的思路。从这一阶段开始，就存在着"头脑风暴"的创造性思维方法。

（3）若利用头脑风暴法进行的讨论已到达尾声，那么主持人必须设法使讨论再继续一段时间，务必使每个人尽力想出妙计，因为奇思妙计往往是在挖空心思的情况下产生的。主持人在遇到会议陷于停滞时可采取其他创意激发方法。

（4）创意收集阶段实际上是与创意激发和生成阶段同时进行的。执行记录任务的是组员，也可以是其他组织成员。每一个设想必须以数字注明顺序，以便查找。必要时，可以用录音辅助记录，但不可以取代笔录。记录下来的创意是进行综合和改善所需的素材，所以应该放在全体参加者都能看到的地方。

在与会人员提出设想的时候，主持人必须善于运用激发创意的方法。主持人的语言要妙趣横生，使气氛轻松融洽。同时，主持人还要保证使参与者遵守头脑风暴法的基本规则，即任何发言者都不能否定和批评别人的意见，只能对别人的设想进行补充、完善和发挥。若一次会议未能完全发表全部创意，那么可以再次召开会议，直至将各种创意充分发表出来为止。

主持人必须充分掌握时间，时间过短，设想太少，时间过长，容易疲劳。最好的设想往往是在会议快要结束时提出的。会议结束时间可延后5分钟，因为这段时间里人们容易提出非常好的设想。

3. 创意评价

先确定创意的评价和选取的标准，通用的标准有可行性、效用性、经济性、大众性等。在头脑风暴会议之后，要对创意进行评价和选择，以便对要解决的问题，找到最佳解决办法。

对设想的评价不要在实施头脑风暴法的同一天进行，最好过几天再进行。

下面介绍头脑风暴法的一些常用技巧。

经过多年的研究和实践，人们总结出了大量简单、有效的技巧，这些技巧可以帮助人们在实际操作中得到更好的实施效果。

（1）讨论问题的确定非常重要，因为问题设置不当，头脑风暴会议难以获得成功。

在讨论内容的问题设置方面，应做到以下4点。

- 在设置问题时，必须注意头脑风暴法的适用范围。
- 讨论的问题要具体、明确，不要过大。
- 讨论问题也不宜过小或限制性太强，如不要讨论"A与B方案哪个更好"之类的问题。
- 不要将两个或两个以上的议题同时拿出来讨论。

主持人要对那些首次参加头脑风暴会议的人给予关注，让新参加者熟悉该类会议的特点，并能遵守基本规则。

（2）"停停走走"是实施头脑风暴法的一个常用技巧，即先用3分钟提出设想，再用

5分钟进行考虑，如此反复，形成有行有停的节奏。

（3）"一个接一个"是实施头脑风暴法的又一个常用技巧，即与会者根据座位顺序一个接一个地提出观点，如果轮到的人没有新构想，就跳到下一个人。如此循环，直至会议结束。

（4）参加会议的成员应当定期更换，应在不同部门、不同领域挑选不同的人参加，这样才能防止群体形成固定思维。

（5）会议成员的构成应当考虑男女搭配比例，适当的比例会极大地提高产生构想的数目。

2.2.5 头脑风暴法的优缺点

头脑风暴法具有以下优点。

（1）破除了妨碍人们自由想象的"清规戒律"，使会议成员人人平等，在轻松、愉悦的氛围中自由联想，有利于新创意的出现。

（2）集体讨论能够满足人们进行社会交往的需要，大大提高工作效率。在相同的时间内，集体活动总比个体活动容易产生更多的创意，因而更有可能产生高质量的问题解决方案。

（3）集体讨论更容易创造出适合创造性思维的环境，成员间相互启发，能产生更多高质量的创意。

（4）充分体现集体的智慧。在头脑风暴环境下，有利于将他人的创意加以综合与发展，从而形成更有价值的问题解决方案。

头脑风暴法也有自身的一些局限性。

（1）会议成员之间若有矛盾或冲突，就会形成不愉快的氛围，从而降低思维的自由性，抑制了新创意的产生。

（2）有时因为头脑风暴会议的失控，使头脑风暴会议违背了"暂缓评价"的规则，出现消极的评价，甚至相互批评或谴责，这些必将使人们的创意热情受到"激冷"，从而减少产生的创意数量，降低了创意质量。

（3）会议成员中的一些具有支配欲的人控制讨论进程的试图，会导致会议讨论方向偏离目标方向，并会减少其他人参与讨论的机会。

（4）一些职位较高的人或领域权威人士可能对其他成员施加有形或者无形的压力，使他们很难产生突破性的创意。

（5）集体讨论会花费更多时间，因此，当要解决的事情很紧急时，集体创意方法可能并不适用。

虽然头脑风暴法在实施中存在一些问题，但是这些问题可通过一些措施加以解决。例如，选择有经验的会议组织者和会议主持人，就能够有效减少讨论中可能出现的不利情况，控制讨论进程和方向；恰当地选择与会人员，可以避免个别职位较高的人或领域权威人士带来的不利影响，从而营造轻松、自由的讨论氛围。同时，可以运用一些技巧来减少或避免这些不利的情况。

头脑风暴法作为一种令人愉悦的活动，通常会被参与者欣然接受。另外，人们还对头脑风暴法进行了改进，从而出现了一些头脑风暴法的变形。从总体上来说，头脑风暴法适合解决那些相对简单，并被严格确定的问题，如研究产品名称、广告口号、销售方法，以及产品的多样化研究等。因此，头脑风暴法对解决一般发明问题是有效的。但对于更加复杂的发明问题，这种方法不可能立即给出解决方案，也就是说，它不是一种能快速"收敛"到发明结果的方法。

2.3 形态分析法

试错法、头脑风暴法等方法无法有效解决一些复杂的发明问题。因此，20 世纪 50 年代末，出现了一种基于系统式查找可能解决方案的方法，即形态分析法。

形态分析法是一种从系统论的观点看待事物的创新思维方法。这种方法是由美国加州理工学院教授弗里茨·兹威基与矿物学家里哥尼合作创立的，它对搜索问题的解决方案所设置的限制很有用处，利用它可以对解决方案的可能前景进行系统的分析。

1943 年，兹威基参加了美国火箭研制小组，他把数学中常用的排列组合原理应用于新技术方案的设计中，将火箭的各个主要部件可能具有的各种形态进行了不同的组合，得到了令人惊奇的结果：他在一周之内交出了 576 种不同的火箭设计方案，这些方案几乎包括了当时所有可能的制造火箭的设计方案。1948 年，兹威基公开了他的构思技巧——形态分析法。

2.3.1 形态分析法的特点

形态分析法的特点是从系统论的角度看待事物。首先，把研究的对象或问题分为一些基本组成部分；然后，对每一个基本组成部分单独进行处理，分别提出解决问题的办法或方案；最后，通过不同的组合，形成若干解决整个问题的总体方案。为了确定各个总体方案是否可行，必须采用形态学方法进行分析。

因素和形态是运用形态分析法时要用到的两个非常重要的基本概念。因素是指构成某种事物各种功能的特性因子，形态是指实现事物各种功能的技术手段。例如，对于一种工业产品，可将反映该产品特定用途或特定功能的性能指标作为基本因素，而将实现该产品特定用途或特定功能的技术手段作为基本形态。又如，对于机械上使用的离合器，可将其"传递动力"这个功能作为基本因素，那么"摩擦力""电磁结合力"等技术手段是该基本因素对应的基本形态。

2.3.2 形态分析法的步骤

形态分析法的实施步骤如下。

步骤 1：确定研究课题。这并不是提出一个准确的、具体的设想方案。

步骤 2：因素提取。确定发明对象的主要组成，即基本因素，把问题分解成若干基本组成部分。确定的基本因素在功能上应是相对独立的。因素的数目不宜太多，也不宜太少，一般 3~7 个为宜。

步骤 3：形态分析。按照发明对象对诸因素所要求的功能，列出各因素全部可能的形态。完成这一步需要有很好的知识基础和丰富的工作经验，对本行业和其他行业的各种技术手段了解得越多越好。

步骤 4：编制形态表，进行形态组合。按照对发明对象的总体功能要求，分别将各因素的不同形态方式进行组合，获得尽可能多的合理方案。

步骤 5：优选。从组合方案中选优，并具体化。

例 2-2 确定汽车前照灯的设计方案。

前照灯是汽车的重要部件（见图 2-3）。前照灯是汽车的"眼睛"，也是汽车漂亮外表的重要特征。有了可靠的照明，汽车方能提高夜间行驶速度，并确保安全。前照灯的结构形式直接影响汽车前端的外形，对构建低空气阻力的流线型车身外廓极为重要。考虑到这些功能，要求对前照灯的外形、光源类型、散光玻璃材质、控制方式等因素进行分析，编制形态表（见表 2-1）。

卤素灯　　　　　　　　　氙气灯　　　　　　　　　LED灯

图 2-3　汽车前照灯

表 2-1　汽车前照灯形态表

序号 \ 因素 形态	前照灯外形	前照灯光源	散光玻璃材质	控制方式
1	方形	卤素灯泡	玻璃	手控开关
2	圆形	气体放电灯	树脂	光感应
3	椭圆形	LED		
4	柳叶形			

根据表 2-1，进行各种可能的组合，得到 4×3×2×2＝48 种设计方案。然后，考虑生产成本、重量、可靠性、耐久性、消费者的认可度等，对这些方案分别进行分析对比，从中可选出最优方案。

2.3.3　形态分析法的优缺点

形态分析法的主要优点是对每个总体方案都要进行可行性分析，这有利于寻找到最佳的解决方案。

形态分析法的主要缺点有使用不便、工作量大。如果一个系统由 10 个部件组成（因素），而每个部件又有 10 种不同的制造方法（形态），那么，组合的数目就会达到 100。如果使用手工的方法来进行形态分析，则费时费力，极不方便。计算机可以完成这样数量级的组合，而人则无法分析数量如此巨大的信息。对大量的方案进行可行性分析，往往会使发明的目标变模糊。如果采用选择性形态分析，就可忽略不适当的组合。例如，在确定汽车前照灯设计方案的例子中，可以根据车型和消费定位，去掉某些不合适的组合。若为经济型家庭轿车设计前照灯，则应尽量降低成本，氙气灯（气体放电灯）和光感应的自动开关控制这些高档配置就不需要考虑了。

形态分析法特别适合下列 6 个方面的观念创新。

（1）新产品或新型服务模式。

（2）新材料应用。

（3）新的市场分割和市场用途。
（4）开发具有竞争优势的新方法。
（5）产品或服务的新颖推销技巧。
（6）新的发展机遇的定向确认。

在仅存在唯一一种问题描述方法、开发项目规模很小、涉及问题的概念特性只有一个方面等情况下，不宜采用形态分析法。

2.4 和田十二法

稽核表法，又称检核表法、检验表法，是由形态分析法演变而来的，就是用一张一览表对需要解决的问题进行逐项核对，从各个角度诱发多种创造性设想，以实现创造、发明、革新，或得到解决工作中某一问题的创意性方法。在使用稽核表法时，为了获得解决问题所需的数据，需要构造问题列表。表中列出的问题可以是意想不到的问题，这样有利于突破思维定式。通过稽核表法，可以获得对问题的详述和查找规定问题解决方案的附加数据。早期影响较大的稽核表是奥斯本于1964年设计的。奥斯本的稽核表的提纲达75条之多，后来经过简化，归纳为9个方面（用途、类比、增加、减少、改变、代替、变换、颠倒、组合）。这种稽核表在后来的创意实践中又得到了修正与发展。

在利用稽核表法进行构思创意时，应从以下8个方面（角度）进行思考。
（1）现有发明的用途是什么？是否可以扩充？
（2）现有发明能否吸收其他技术或引入其他创造构思？
（3）现有发明的造型、颜色、制造方法等能否改变？
（4）现有发明的体积、尺寸和重量能否改变？改变后的结果怎样？
（5）现有发明的使用范围能否扩大？使用周期能否延长？
（6）现有发明的功能是否可以重新组合？
（7）现有发明能否改变型号或顺序？
（8）现有发明可否颠倒过来？

例如，为了提升职工的创新能力，美国通用汽车公司给每个职工制定了稽核表（见表2-2）。

表2-2 通用汽车公司的稽核表

序号	内　　容
1	可否利用其他适当的机械来提高工作效率？
2	现有设备有无改进余地？
3	改变流水线、传送带、搬运设备的位置或顺序，能否提高工作效率？
4	为了使各种操作同时进行，能否采用某些专用工具或设备？
5	改变工序能提高零部件的质量吗？
6	能否用低成本的材料来替代目前使用的材料？
7	改变现有的材料切削方法能否节省材料？
8	能不能使员工的操作更安全？
9	怎样才能去掉无用的程序？
10	现在的操作能否再简化？

和田十二法，又称"和田创新法则"或"和田创新十二法"，是我国学者许立言、张福奎在奥斯本稽核表的基础上，借用其基本原理，加以创造而提出的一种思维技法。它既是对奥斯本稽核表法的一种继承，又是一种大胆的创新。例如，其中的"联一联""定一定"等，就是一种新发展。同时，这些技法通俗易懂，简单易行，便于推广。

和田十二法是指人们在观察、认识一个事物时，考虑是否可以进行如下操作。

（1）加一加：加高、加厚、加多、组合等。

（2）减一减：减轻、减少、省略等。

（3）扩一扩：放大、扩大、提高功效等。

（4）变一变：变形状、颜色、气味、次序等。

（5）改一改：改缺点，改不便、不足之处。

（6）缩一缩：压缩、缩小、微型化。

（7）联一联：分析原因和结果有何联系，把某些东西联系起来思考。

（8）学一学：模仿形状、结构、方法，学习先进。

（9）代一代：用其他材料或方法代替。

（10）搬一搬：移作他用。

（11）反一反：能否颠倒一下。

（12）定一定：定个界限、标准，能提高工作效率。

如果按这12个"一"的顺序进行核对和思考，就能从中得到启发，诱发人们的创造性设想。所以，和田十二法是一种打开人们创造思路，从而获得创造性设想的"思路提示法"。

和田十二法简洁、实用，已取得丰硕成果。

加一加：南京的某位小学生发现，上图画课时，既要带调色盘，又要带装水用的瓶子，很不方便。她想，要是将调色盘和水杯"加一加"，变成一样东西就好了。于是，她提出了将可伸缩的旅行水杯和调色盘组合在一起的设想，并将调色盘的中间与水杯底部刻上螺纹，这样，可涮笔的调色盘便产生了。

缩一缩：石家庄市第一中学的某位同学发现地球仪携带不方便，便想到，如果地球仪不用时能压缩变小，携带就方便了。他想，若应用制作塑料球的办法制作地球仪，就可以解决这个问题。对于用塑料薄膜制成的地球仪，用的时候把它的气吹足，放在支架上，可以转动；不用的时候把气放掉，它一下子就缩小到可以方便携带的程度了。

联一联：澳大利亚曾发生过这样一件事，在收获季节里，有人发现一片甘蔗田里的甘蔗产量提高了50%。在甘蔗栽种前的一个月，一些水泥洒落在这块田地里。科学家分析后认为，水泥中的硅酸钙改良了土壤的酸性，导致甘蔗增产。这种将结果与原因联系起来的分析方法经常能使我们发现一些新的现象与原理，从而引出发明。由于硅酸钙可以改良土壤的酸性，因此相关厂家研制出了改良酸性土壤的"水泥肥料"。

定一定：例如，药水瓶印上刻度，贴上标签，注明每天服用几次、什么时间服用和服用几格；城市十字路口的交通信号灯的红灯表示停，绿灯表示行。有了这些规定，我们的行为才能准确而有序。我们应该运用"定一定"的方法发现一些有益的规定并执行规定。

简单的12个字，即"加""减""扩""变""改""缩""联""学""代""搬""反""定"，概括了解决发明问题的12条思路。

【习题】

1. 解决发明问题的传统方法主要是（　　），这种方法对解决简单的发明问题效果明显。
   A. 试错法　　　　B. 德尔菲法　　　　C. 稽核表法　　　　D. 和田十二法
2. （　　）是一种从系统论的观点看待事物的创新思维方法，它对搜索问题的解决方案所设置的限制很有用处，利用它可以对解决方案的可能前景进行系统的分析。
   A. 试错法　　　　B. 头脑风暴法　　　　C. 形态分析法　　　　D. 和田十二法
3. （　　）通常指一群人开动脑筋，进行自由且具有创造性特点的思考与联想，并各抒己见，在短暂的时间内提出解决问题的大量构想的一种方法。
   A. 试错法　　　　B. 头脑风暴法　　　　C. 形态分析法　　　　D. 和田十二法
4. （　　）是指人们通过反复尝试运用各式各样的方法或理论，使错误（或不可行的方案）逐渐减少，最终获得能够正确解决问题的方法的一种随机寻找解决方案的创新方法。
   A. 试错法　　　　B. 头脑风暴法　　　　C. 形态分析法　　　　D. 和田十二法
5. （　　）就是对需要解决的问题进行逐项核对，从各个角度诱发多种创造性设想，以实现创造、发明、革新，或得到解决工作中某一问题的创意性方法。
   A. 试错法　　　　B. 头脑风暴法　　　　C. 形态分析法　　　　D. 和田十二法
6. 阿奇舒勒的学生与合作者尤里·萨拉马托夫做过这样的评价："人类在（　　）中损失的时间和精力，远比在自然灾害中遭受的损失要惨重得多。"
   A. TRIZ 方法　　　B. 拓扑法　　　　C. 形态法　　　　D. 试错法
7. 爱迪生的发明为人类的发展和进步做出了巨大贡献。他勇于试验、不畏失败的探索精神和执着的研究态度，令人敬佩。爱迪生发明电灯所采用的方法就是（　　）。
   A. 头脑风暴法　　B. 稽核表法　　　　C. 试错法　　　　D. 形态分析法
8. 从创造思考的启导与引发的目标来看，摆脱世俗礼教与旧观念的束缚，期望构想能无拘无束地涌现，还是有必要的，这正是（　　）的精义所在。
   A. 头脑风暴法　　B. 稽核表法　　　　C. 试错法　　　　D. 形态分析法
9. 头脑风暴会议之所以会产生大量新创意，主要原因有（　　）。
   ① 在轻松、融洽的气氛中，每个人都能展开想象，自由联想，各抒己见
   ② 能够产生互相激励，互相启发的效果
   ③ 在会议讨论时，更能激发人的热情，激活思维，开阔思路，有益于突破思维定式和旧观念的束缚
   ④ 争强好胜的天性会使与会者积极开动脑筋，发表独到见解和新奇观点
   A. ①②③　　　　B. ①②③④　　　　C. ②③④　　　　D. ①③④
10. 在使用头脑风暴法解决问题时，为了减少群体内的社交抑制因素，激励新想法的产生，提高群体的创造力，必须遵守的基本规则有（　　）。
    ① 暂缓评价　　　　　　　　② 鼓励提出独特的想法
    ③ 追求数量　　　　　　　　④ 重视对想法的组合和改进
    A. ①②③　　　　B. ②③④　　　　C. ①③④　　　　D. ①②③④
11. 实施头脑风暴法时要组织由（　　）人参加的小型会议。
    A. 5~10　　　　　B. 2~4　　　　　C. 10~12　　　　D. 越多越好

12. 在头脑风暴会议中，不宜有过多的（　　），否则就很难做到"暂缓评价"，他们在场会对与会者产生"威慑"作用，造成心理压力。

　　A. 女生　　　　　B. 伙计　　　　　C. 专家　　　　　D. 男生

13. 在头脑风暴会议中，（　　）。

　　A. 与会者的联想能力不能太强　　　B. 与会者最好具有不同学科背景
　　C. 与会者最好具有相同专业背景　　　D. 无须安排主持人角色，有利于与会者自由发挥

14. 在对头脑风暴会议产生的创意进行评价时，评价和选取的标准通常有（　　）。

　　① 可行性　　　② 经济性　　　③ 大众性　　　④ 效用性

　　A. ②③④　　　B. ①②③　　　C. ①②④　　　D. ①②③④

15. 形态分析法的特点是从（　　）的角度看待事物，先把研究对象或问题分为一些基本组成部分并单独处理，再进行不同组合，形成若干解决整个问题的总体方案。

　　A. 系统论　　　B. 矛盾论　　　C. 实践论　　　D. 方法论

16. 通常，在（　　）情况下不宜采用形态分析法。

　　① 新产品或新型服务模式　　　　② 仅存在唯一一种问题描述方法
　　③ 开发项目规模很小　　　　　　④ 涉及问题的概念特性只有一个方面

　　A. ①③④　　　B. ①②④　　　C. ②③④　　　D. ①②③

17. 和田十二法中的（　　），即指在观察、认识一个事物时，考虑是否可以改变形状、颜色、气味、次序等。

　　A. 改一改　　　B. 变一变　　　C. 联一联　　　D. 定一定

18. 和田十二法中的（　　），即指在观察、认识一个事物时，分析其原因和结果有何联系，把某些东西联系起来思考。

　　A. 改一改　　　B. 变一变　　　C. 联一联　　　D. 定一定

19. 和田十二法中的（　　），即指在观察、认识一个事物时，考虑定个界限、标准，以提高工作效率。

　　A. 改一改　　　B. 变一变　　　C. 联一联　　　D. 定一定

20. 和田十二法中的（　　），即指在观察、认识一个事物时，考虑改缺点、改不便、不足之处。

　　A. 改一改　　　B. 变一变　　　C. 联一联　　　D. 定一定

【实验与思考】头脑风暴法实践

1. 实验目的

本节"实验与思考"的目的如下。

了解头脑风暴法，掌握该方法的基本规则和组织方法。

2. 工具/准备工作

（1）在开始本实验之前，请回顾本书的相关内容。

（2）准备一台能够访问因特网的计算机。

3. 实验内容与步骤

（1）头脑风暴法有哪些基本规则？

答：

（2）简述头脑风暴法的 3 个实施阶段。
答：_____
_____
_____

（3）选定一个创新主题，组织一次小型头脑风暴会议。
头脑风暴会议的议题：_____
_____

头脑风暴会议的与会者列在下方。
① _____，专业背景：_____
② _____，专业背景：_____
③ _____，专业背景：_____
④ _____，专业背景：_____
⑤ _____，专业背景：_____
⑥ _____，专业背景：_____
⑦ _____，专业背景：_____
其中，主持人：_____
头脑风暴会议中收集的创意数量：_____个。
请具体描述本次头脑风暴会议的情况：
_____
_____
_____
_____

请评价：你认为此次头脑风暴会议成功吗？
☐ 很成功   ☐ 成功   ☐ 一般   ☐ 不成功

4. 实验总结
_____
_____
_____

5. 实验评价（教师）
_____

第 3 章
创新思维与技法

进行创新，思维方式是很重要的。科技创新思维要讲求缜密性和前瞻性，还要借助于科学的思维模式。掌握行之有效的创新思维模式，可以使我们找准研究的方向，在面对科研难题时，最大限度地发挥自己的优势，扬长避短，寻求解决之道，取得研究的优异成果。

创新思维是指以新颖独创的方法解决问题的思维过程，以求突破常规思维的限制，以超常规甚至反常规的方法、视角去思考问题，提出与众不同的解决方案，从而产生新颖、独到、有意义的思维成果。创新思维的本质在于将创新意识的感性愿望提升到理性的探索上，实现创新活动由感性认识到理性思考的飞跃。运用创新思维的目的就是让我们具有"新的眼光"，突破思维定式，打破技术系统旧有的阻碍模式。对于一些看似很困难的问题，如果我们投以"新的眼光"，站到更高的位置，采用不同的角度来看待，就会得出新奇的答案。

3.1 思维定式

在长期的思维活动中，每个人都形成了自己惯用的思维模式，当面临某个事物或现实问题时，便会不假思索地把它们纳入已经习惯的思维框架进行思考和处理，即思维定式。

思维定式，也称"惯性思维"，是指由先前的活动而造成的一种对活动的特殊心理状态或活动的倾向性。在环境不变的条件下，思维定式使人能够应用已掌握的方法迅速解决问题，有益于对普通问题的思考和处理。而在情境发生变化时，它却不利于创造性思维，会妨碍人采用新的方法，阻碍新思想、新观点和新技术的产生。因此，在创造性思维过程中，需要突破思维定式。思维定式多种多样，常见的思维定式有从众型、书本型、经验型和权威型。

3.1.1 从众型思维定式

从众型思维定式是指没有或不敢坚持自己的主见，总是顺从多数人意志的一种广泛存在的心理现象。例如，羊群效应就是一种典型的从众思维。

羊群是一种散乱的"组织"。羊平时在一起时，经常盲目地走来走去，一旦一只头羊动起来，其他的羊也会不假思索地"一哄而上"（见图3-1）。

羊群效应也称从众效应，是社会心理学中的一个重要表现形式，是指每一个人的行为或观点都会受到来自群体的影响，或者是接受群体的有利影响，或者是受到来自群体的压力，这些都会使每个人的行为或言论向着与群体一致的方向发展变化。羊群效应一般出现在竞争激烈的行业中，而且这个行业中有一个引人关注的领先者（领头羊），其他企业会有意或无意地模仿这个领先者行为。羊群效应是减少研发和市场调研的一种策略，现在被广泛地应用在各个行业中，也称为"复制原则"。当一个公司将经过调研和开发的产品投放市场后，该产品很可能被对手轻易"复制"，对手也就免去了前期的研发成本，但这会加剧竞争。

图 3-1　羊群效应

可见，类似羊群效应的从众型思维定式往往带来的是盲目上马的项目和没有经过充分的市场调研而导致的模糊的前景，甚至会分散一个公司的精力。想要突破从众型思维定式，需要在思维过程中不盲目跟随，具备心理抗压能力；在科学研究和发明过程中，要有独立的思维意识。

3.1.2　书本型思维定式

书本知识对人类所起的积极作用是显而易见的。现有的科学技术是人类多年来认识世界、改造世界的经验总结，其中的大部分都是通过书本传承下来的。因此，书本知识是人类的宝贵财富。我们需要掌握书本知识的精神实质，不能死记硬背，否则将形成书本型思维定式。书本型思维定式经常把书本知识夸大化、绝对化，从而产生片面、有害的观点。

当社会不断发展，而书本知识未得到及时和有效更新时，书本知识就会存在一定程度的滞后性。此时，如果一味地认为书本知识都是正确的或严格按照书本知识指导实践，那么将严重束缚、禁锢创造性思维。

3.1.3　经验型思维定式

经验是人类在实践中获得的主观体验和感受，是通过感官对个别事物的表面现象、外部联系的认识，是理性认识的基础，在人类的认识与实践中发挥着重要作用。但经验有时并不能充分反映出事物发展的本质和规律。

经验型思维定式是指人们对待问题时按照以往的经验去处理的一种思维习惯，即照搬经验，忽略了经验的相对性和片面性，制约了创造性思维的发挥。经验型思维有助于人们在处理常规事物时少走弯路，提高办事效率。我们要把经验与经验型思维定式区分开，突破经验型思维定式，提高思维灵活变通的能力。

3.1.4　权威型思维定式

在思维领域，不少人习惯引用权威的观点，甚至以权威作为判定事物是非的唯一标准，一旦发现与权威相违背的观点，就极力反对，这种思维习惯或方式就是权威型思维定式。

权威型思维定式是思维惰性的表现，是对权威的迷信、盲目崇拜与夸大，属于权威的泛化。权威型思维定式的形成主要源于下列两个方面：一方面，在孩子的婴儿、青少年时期，家长和老师把固化的知识、泛化的权威观念采用灌输式教育方式传授给他们，缺少对教育对象的有效启发，使教育对象形成了盲目接受知识、盲目崇拜权威的习惯；另一方面，在某些领域存在个人崇拜现象，一些人采用各种手段建立或强化自己的权威，不断加强权威定式。

在科学研究中，要区分权威与权威定式，突破权威型思维定式，坚持"实践是检验真理的唯一标准"。

3.2 创造性思维方式

创新思维是在客观需要的推动下，以新获得的信息和已存储的知识为基础，综合运用各种思维形态或思维方式，突破思维定式，经过对各种信息、知识的匹配、组合，或者从中选出解决问题的最优方案，或者系统地加以综合，或者借助类比、直觉等方法，创造出新办法、新概念、新形象、新观点，从而使认识或实践取得突破性进展的思维活动。创新思维具有新颖性、灵活性、探索性、能动性和综合性等特点，是创新过程中的基本手段。创造性思维方式就是从创新思维活动中总结、提炼、概括出来的具有方向性、程序性的思维模式。

3.2.1 发散思维与收敛思维

科学史和科学哲学家托马斯·库恩认为，科学革命时期，发散思维占优势，而常规科学时期，收敛思维占优势，一个好的探索者要在发散思维和收敛思维之间保持必要的张力。

1. 发散思维

发散思维是由美国心理学家乔伊·保罗·吉尔福特提出的，是对同一问题从不同层次、不同角度、不同方向进行探索，从而提供新结构、新点子、新思路或新发现的思维过程（见图3-2）。

发散思维具有流畅性、灵活性和独特性的特点，其具体形式包括用途发散、功能发散、结构发散和因果发散等。

（1）流畅性是指思想的自由发挥，即在尽可能短的时间内生成并表达出尽可能多的思维观念，以及较快地适应、消化新的思想观念，是发散思维的量的指标。

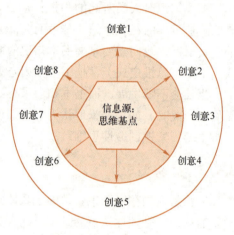

图3-2 发散思维

（2）灵活性是指突破人们头脑中僵化的思维框架，按照某一新的方向来思索问题的特点。常常借助横向类比、跨域转化、触类旁通等方法，使发散思维沿着不同的方面和方向扩散，以呈现多样性和多面性。

（3）独特性表现为发散的"新异""奇特"和"独到"，即从前所未有的新角度认识事物，提出超乎寻常的新想法，使人们获得创造性成果。

例3-1 发散思维的应用——"孔"。

"孔"结构在工程实践中被广泛应用（见图3-3）。利用发散思维，可用"孔"结构解决很多问题。

（1）钢笔尖上有一条导墨水的缝，缝的一端是笔尖，另一端是一个小孔。早期生产的笔尖是没有这个小孔的，既不利于存储墨水，又不利于在生产过程中开缝隙。

（2）铅笔、圆珠笔之类的商品常常是成打（12支）平放在纸盒里的，批发时不便一盒盒拆封点数和查看笔杆颜色，有人想出在每盒盒底对应每一支笔的下面开一个较大的孔，查验时只要翻过来一看，就可知道数量和颜色，省时又省力。

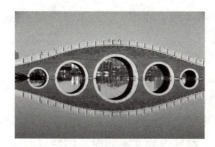 

图 3-3　桥孔

(3) 对于弹子锁,人们最怕钥匙断在里面或被人塞入纸屑、火柴梗,因为很难钩取出来。在制造锁时,如果在钥匙口上预留一个小孔,那么,在出现上述情况时,用细铁丝一捅,异物就出来了。

(4) 防盗门上有小孔,装上"猫眼"能观察门外来人。

采用发散思维,首先可以尽可能多地提出解决问题的办法,然后收敛,最后论证各种方案的可行性,并最终得出理想方案。

2. 收敛思维

收敛思维是将各种信息从不同的角度和层面聚集在一起,尽可能利用已有的知识和经验,将各种信息重新进行组织、整合,实现从开放的自由状态向封闭的点进行思考,从不同的角度和层面,把众多的信息和解题的可能性逐步引导到条理化的逻辑序列中,以产生新的想法,寻求相同目标和结果的思维方法(见图3-4),从而可形成一个合理的方案。

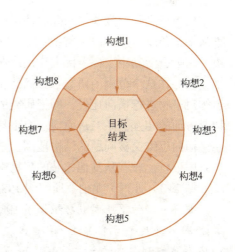

图 3-4　收敛思维

在收敛思维的过程中,要想准确地发现最佳的方法或方案,必须综合考察各种发散思维成果,并对它们进行归纳、分析、比较。收敛式综合并不是简单的排列组合,而是具有创新性的整合,即以目标为核心,对原有的知识从内容到结构上进行有目的地评价、选择和重组。通常,发散思维所产生的设想或方案多数都是不成熟或者不切实际的。因此,必须借助收敛思维对发散思维的结果进行筛选,得出最终合理可行的方案或结果。

例 3-2　隐形飞机。

隐形飞机(见图3-5)的制造是一种多目标聚焦的结果。要制造一种使敌方的雷达探测不到,红外及热辐射仪等追踪不到的飞机,需要分别实现雷达隐身、红外隐身、可见光隐

图 3-5　隐形飞机

身、声波隐身四个目标，每个目标中还有许多具体的小目标，通过具体解决一个个小目标，最终制造出隐形飞机。

3.2.2 横向思维与纵向思维

横向思维是截取历史的某一横断面，研究同一事物在不同环境中的发展状况，并通过同周围事物的相互联系和相互比较，找出该事物在不同环境中的异同的思维过程。纵向思维是从事物自身的过去、现在和未来的分析对比中，发现事物在不同时期的特点和前后联系，从而把握事物本质的思维过程。

横向思维与纵向思维的综合应用能够帮助人们对事物有更全面的了解和判断，它们是重要的创造性思维。

1. 横向思维

横向思维是由爱德华·德·博诺于1967年在其著作《水平思考法》中提出的。横向思维从多个角度入手，改变解决问题的常规思路，拓宽解决问题的视野，从而使难题得到解决，在创造活动中发挥着巨大作用。在横向思维的过程中，首先把时间概念上的范围确定下来，然后在这个范围内研究各方面的相互关系，使横向比较和研究具有更强的针对性。横向思维对事物进行横向比较，即把研究的客体放到事物的相互联系中去考察，可以充分考虑事物各方面的相互关系，从而揭示出不易觉察的问题。

横向思维突破问题的结构范围，是一种开放性思维，思维过程中将事物置于很多事物、关系中进行比较，从其他领域的事物中获得启示，从而得到最终的结果。

例3-3 彼得·尤伯罗斯组织1984年洛杉矶奥运会。

彼得·尤伯罗斯因成功组织了1984年的洛杉矶奥运会，被世界著名的《时代周刊》评选为1984年度的"世界名人"。在尤伯罗斯之前，举办现代奥运会简直是一场经济灾难，1976年蒙特利尔奥运会亏损10亿美元，1980年莫斯科奥运会用去资金90亿美元，而第23届奥运会，在洛杉矶政府没有提供任何资金的情况下，居然获利2.25亿美元，令全世界为之惊叹。这项成就就要归功于尤伯罗斯在奥运经费问题上采用了横向思维（见图3-6）。

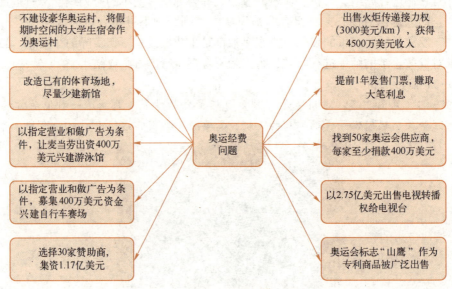

图3-6 奥运会经费的横向思维

尤伯罗斯运用横向思维，通过拍卖奥运会电视转播权、出售火炬传递接力权、引入新的赞助营销机制等方式，扩大了收入来源。在开源的同时，尤伯罗斯全力压缩开支，充分利用已有设施，不盖新的奥运村，招募志愿人员为奥运会义务工作。凭借着天才的商业头脑和运作手段，尤伯罗斯使不依赖政府拨款的洛杉矶奥运会盈利2.25亿美元，成为现代奥运会恢复以来真正盈利的第一届奥运会，尤伯罗斯也因此被誉为奥运会的"商业之父"。

2. 纵向思维

纵向思维被广泛应用于科学和实践之中。事物发展的过程性是纵向思维得以形成的客观基础。任何一个事物都要经历从萌芽、成长、壮大、发展、衰老到死亡的过程，并且在这个发展过程中可捕捉到事物发展的规律性，纵向思维就是对事物发展过程的反映。纵向思维按照由过去到现在，由现在到将来的时间先后顺序来考察事物。

纵向思维对未来的推断具有预测性，它可能符合事物发展的趋势。在现实社会中，通过对事物现有规律的分析来预测未知的情况相当普遍，纵向思维方法在气象预测、地质灾害预测等领域被广泛应用，对指导人们的行为、决策和规划起着较大作用。

3.2.3 正向思维与逆向思维

正向思维是按常规思路，以时间发展的自然过程、事物的常见特征、一般趋势为标准的思维方式，是一种从已知到未知来揭示事物本质的思维方法。与正向思维相反，逆向思维在思考问题时，为了实现创造过程中设定的目标，跳出常规，改变思考对象的空间排列顺序，从反方向寻找解决办法。正向思维与逆向思维相互补充、相互转化。

1. 正向思维

正向思维是人们常用的思维方式，是在对事物的过去、现在进行充分分析的基础上，推知事物的未知部分，提出解决方案。

正向思维具有如下特点：在时间维度上，与时间的方向一致，随着时间的推进而进行，符合事物的自然发展过程和人类认识的过程；认识具有统计规律的现象，能够发现和认识符合正态分布规律的新事物及其本质；在面对生产和生活中的常规问题时，正向思维具有较高的处理效率，能取得很好的效果。

2. 逆向思维

逆向思维利用了事物的可逆性，从反方向进行推断，寻找常规的"岔道"，并沿着"岔道"继续思考，运用逻辑推理来寻找新的方法和方案。逆向思维在各种领域、活动中都有适用性。无论哪种方式，只要从一个方面想到与之对立的另一方面，就属于逆向思维。

3.2.4 求同思维与求异思维

求同思维是指在创造活动中，把两个或两个以上的事物，根据实际的需要，联系在一起进行"求同"思考，寻求它们的结合点，然后从这些结合点中产生新创意的思维活动。

求异思维是指对某一现象或问题，进行多起点、多方向、多角度、多原则、多层次、多结果的分析和思考，捕捉事物内部的矛盾，揭示表象下的事物本质，从而选择富有创造性的观点、看法或思想的一种思维方法。

1. 求同思维

求同思维是从已知的事实或者已知的命题出发，沿着单一方向一步步推导，从而获得满意的答案。获得客观事物共同本质和规律的基本方法是归纳法，把归纳出的共同本质和规律进行推广的方法是演绎法。在这些过程中，肯定性的推断是正面求同，否定性的推断是反面求同。

求同思维追求秩序和思维缜密性，能够以严谨的逻辑性环环相扣，以实事求是的态度，从客观实际出发，来揭示事物内部存在的规律和联系，并且要通过大量的实验或实践来对结论进行验证和检验。

求同思维进行的是异中求同，只要能在事物间找出它们的结合点，就基本上能产生意想不到的结果。组合后的事物所产生的功能和效益并不是原先几种事物的简单相加，而是整个事物出现了新的性质和功能。

例3-4 活版印刷机。

在中世纪的欧洲，古登堡发明了活版印刷机（见图3-7）。据说，古登堡首先研究了硬币打印机，它能在金币上压出印痕，可惜印出的面积太小，没办法用来印书。接着，古登堡又看到了葡萄压榨机。葡萄压榨机由两块很大的平板组成，成串的葡萄放在两块板之间便能压出葡萄汁。古登堡仔细比较了这两种机械，从"求同思维"出发，结合二者的长处，经过多次试验，终于发明了欧洲第一台活版印刷机。它的出现将知识迅速传播开来，为欧洲科学技术的繁荣和整个社会的进步做出了巨大贡献。

图3-7 古登堡发明活版印刷机

2. 求异思维

在遇到重大难题时，采用求异思维，常常能突破思维定式，打破传统规则，寻找到与原来不同的方法和途径。求异思维在经济、军事、创造发明、生产和生活等领域被广泛应用。求异思维的客观依据是任何事物都有的特殊本质和规律，即特殊矛盾表现出的差异性。要进行求异思维，必须积极思考和调动长期积累的社会感受，这样才能带来新颖的、独创的、具有社会价值的思维成果。

例3-5 松下无绳电熨斗。

松下电器的熨斗事业部在20世纪40年代发明了日本第一台电熨斗。虽然该部门不断创新，但到了20世纪80年代，电熨斗还是进入了滞销行列。如何开发新品，使电熨斗再现生机，是当时该部门很头痛的一件事。

一天，被称为"熨斗博士"的熨斗事业部部长召集了几十名年龄不同的家庭主妇，请她们从使用者的角度来提要求。一位家庭主妇说："熨斗要是没有电线就方便多了。""妙，无线熨斗！"部长兴奋地叫起来，马上成立了攻关小组来研究该产品。

攻关小组首先想到用蓄电池，但研制出来的熨斗很笨重，不方便使用，于是研发人员又观察、研究妇女的熨衣过程，发现熨烫时并非总拿着熨斗，整理衣物时就要把熨斗竖立在一边。

统计发现，一次熨烫最长时间为 23.7 秒，平均为 15 秒，竖立时间为 8 秒。根据实际操作情况，设计人员对蓄电熨斗进行了改进，设计了一个充电槽，每次熨后将熨斗放进充电槽充电，8 秒钟即可充足，这样使得熨斗重量大大减轻，于是，新型无绳电熨斗诞生了（见图 3-8），成为当年的畅销产品。这个例子告诉我们，使用求异思维经常会得到意想不到的收获。

图 3-8　无绳电熨斗

3.3　创造性思维技法

对创新思维的内在规律加以总结归纳，形成有助于方案产生或问题解决的策略，即为创造性思维技法。在具体的问题解决和方案生成中，对创造性思维技法的系统化应用和辅助工具的支持也是非常关键的。创造性思维技法是有效、成熟的创造性思维的规律化总结与结构化表达。

3.3.1　整体思考法

整体思考法是由爱德华·德博诺开发的一个全面思考问题的模型，它提供了"横向思考"的工具，避免把时间浪费在相互争执上。这种方法将思维方式分为六类（见图 3-9），每次思考时思考者只能用一种方式思考，以有效避免思维混杂，为在需要一种确定类型的思维时提供形式上的便利。

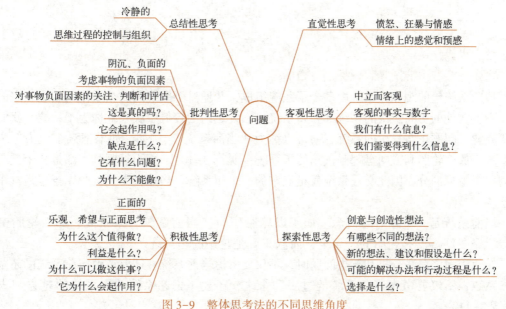

图 3-9　整体思考法的不同思维角度

客观性思考：在进行客观思考时，思考者要撇开所有建议与讨论，而仅对事实、数字和信息进行思考。提出问题并回答，列出已有信息和需求信息，这些问题包括：已得到什么信息？缺少什么信息？想得到什么信息？怎样得到这些信息？

探索性思考：尽可能多地提出各类新奇建议，创造出新观念、新选择。在创造性思维中，探索性思考是极其重要且极有价值的思考方式，其中的价值通过其他思考方式加工处理后，可逐步变成切实可行的方案。

积极性思考：以一种积极的态度来看待事物的优点，寻找事物发展的可能性。例如：它为什么有利？它为什么能做？为什么它是一件要努力做好的事情？其中包含了什么潜在价值？有时，一些概念所包含的优势刚开始并不明显，需要刻意去寻找。

批判性思考：思考时，要在事实基础上对问题提出质疑、判断、检验，甚至逻辑否定，并批判性地找到方案不可行的原因。例如：它起作用吗？它安全吗？它同事实相吻合吗？这事能做吗？批判性思考可以纠正事物中存在的错误和问题本身。

总结性思考：思考过程中对思考方案的及时总结，对下一步进行安排。在进行总结性思考时，思考者要控制思维的进程，保持冷静，以决定下一个思考步骤所使用的思考模式，或者评价所运用的思维并及时对思考结果进行总结。

直觉性思考：在进行直觉性思考时，思考者要表达出对项目、方法的感觉或其他情绪，但并不要求给出原因。例如：项目有没有前景？使用这种方法能不能达到目的？直觉与感情可能是思考者在某一领域多年的经验，在潜意识中进行的综合判断。尽管有时候没办法将直觉背后的原因说清楚，但它在思考过程中可能非常有用。在进行直觉性思考之后，通常还需要应用一些其他的思考方法对其结果加以验证。

整体思考法的一般思考顺序：客观性思考→探索性思考→积极性思考→批判性思考→探索性思考→总结性思考→批判性思考→直觉性思考。在实际运用时，应针对不同的问题性质，结合思考方式自身的思维特点来安排其顺序。

3.3.2 多屏幕法

多屏幕法（又称九屏幕法）是典型的 TRIZ "系统思维" 方法，即对情境进行整体考虑，不但考虑目前的情境和探讨的问题，而且包括它们在层次和时间上的位置与角色。多屏幕法具有可操作性、实用性强的特点，可以帮助使用者更好地质疑和超越常规，突破思维定式，为解决实践中的疑难问题提供清晰的思维路径。

按照系统论的观点，系统由多个子系统组成，并通过子系统间的相互作用实现一定的功能。系统之外的更高层次的系统称为超系统，系统之内的较低层次系统称为子系统。我们所要研究的、问题正在发生的系统，通常也称为"当前系统"。例如，如果把汽车作为一个当前系统，那么轮胎和方向盘都是汽车的子系统（见图3-10）。因为每辆汽车都是整个交通系统的一个组成部分，因此交通系统就是汽车的一个超系统。当然，大气、车库等也是汽车的超系统。

当前系统是一个相对的概念。如果以轮胎作为"当前系统"来研究，那么轮胎中的橡胶、子午线等就是轮胎的子系统，而汽车就是轮胎的超系统。

在使用多屏幕法分析和解决问题时，不仅要考虑当前系统，还要考虑当前系统的超系统和子系统；不仅要考虑当前系统的过去和未来，还要考虑超系统和子系统的过去和未来（见图3-11）。

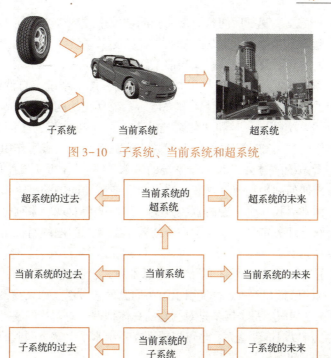

图 3-10　子系统、当前系统和超系统

图 3-11　系统思维的多屏幕法

为了便于理解，我们将汽车作为当前系统来进行多屏幕法分析（见图 3-12）。

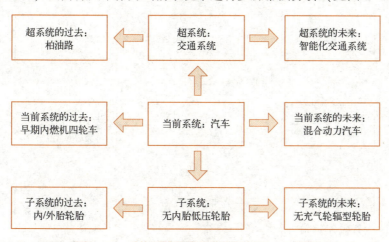

图 3-12　系统思维的多屏幕法的例子——汽车

多屏幕法是理解问题的一种很好的手段，它可以帮助我们定义任务或矛盾，找出解决问题的新途径。它多层次、多方位地从与当前问题所在系统（如汽车）相关的系统中分析问题，这样能更好地理解当前的问题并找到解决方案。

考虑"当前系统的过去"是指考虑发生当前问题之前该系统的状况，包括系统之前的运行状况、其生命周期的各阶段情况等，考虑如何利用过去的各种资源来防止此问题的发生，以及如何改变过去的状况来防止问题发生或减少当前问题的有害作用。

考虑"当前系统的未来"是指考虑发生当前问题之后该系统的可能状况，考虑如何利用以后的各种资源,以及改变以后的状况来防止问题发生或减少当前问题的有害作用。

当前系统的"超系统"元素可以是各种物质、技术系统、自然因素、人与能量流等。分析如何利用超系统的元素及组合,解决当前系统存在的问题。

当前系统的"子系统"元素同样可以是各种物质、技术系统、自然因素、人与能量流等。分析如何利用子系统的元素及组合,解决当前系统存在的问题。

当前系统的"超系统的过去"和"超系统的未来"是指分析发生问题之前和之后超系统的状况,并分析如何利用和改变这些状况来防止或减弱问题的有害作用。

当前系统的"子系统的过去"和"子系统的未来"是指分析所发生问题之前和之后子系统的状况,并分析如何利用和改变这些状况来防止或减弱问题的有害作用。

进行分析后,再来寻找这个问题的解决方案,我们就会发现一系列完全不同的观点:新的任务定义取代了原有任务定义,产生了一个或若干个考虑问题的新视角,发现了系统内没有被注意到的资源等。

多屏幕法体现了如何更好地理解问题的一种思维方式,也确定了解决问题的某个新途径。另外,各个屏幕显示的信息并不一定都能引出解决问题的新方法。如果找不出好的办法,则可以暂时先空着。但无论如何,每个屏幕是对问题的总体把握,对解决问题肯定是有帮助的。练习多屏幕思维方式,可以锻炼创造力,也可以提高在系统水平上解决问题的能力。

例 3-6 焦炭输送问题。

在炼焦过程中,高温焦炭的输送过程:焦炭从炉口出来后,通过传送带(皮带)传送到指定位置。在整个过程中,高温焦炭会对传送带产生很大的伤害。

建立多屏幕图,如图 3-13 所示。

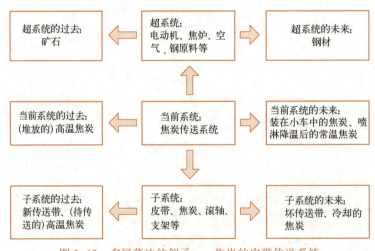

图 3-13 多屏幕法的例子——焦炭的皮带传送系统

当前系统:焦炭传送系统。

当前系统的过去:(堆放的)高温焦炭。

当前系统的未来:装在小车中的焦炭、喷淋降温后的常温焦炭。

当前系统的子系统:皮带、焦炭、滚轴、支架等。

当前系统的超系统:电动机、焦炉、空气、钢原料等。

超系统的过去:矿石。

超系统的未来:钢材。

子系统的过去：新传送带、（待传送的）高温焦炭。
子系统的未来：坏传送带、冷却的焦炭。
下面利用多屏幕图寻找资源并解决问题。

方案一：利用当前系统的未来资源，将原本在小车中冷却的焦炭提前在传输过程中进行冷却。为此，在皮带上方设立喷淋装置，对传送过程中的焦炭进行冷却，保护皮带。

方案二：利用子系统的未来系统，即利用已经冷却的焦炭对皮带进行保护。具体做法是，在高温焦炭的出料口处，设置一个冷却焦炭的出口，先在传送带上铺一层冷却的焦炭，再让传送带传输高温焦炭，高温焦炭和传送带之间有一层冷却的焦炭隔离，高温焦炭不会直接伤害传送带，同时高温焦炭最终也会变成冷却的焦炭，和预先铺在传送带上的冷却焦炭是相同的物质，所以不会对焦炭造成污染。

此类多角度考虑问题的方法可将所探讨的问题视为一组相互关联的问题，这样便可对它进行更为全面的理解。由于对这些新问题中的有些问题可提供更易寻找和实施的解决方案，因此可大大提高求解问题的效率。尽管思维的多屏幕法总是能扩展问题的情境和拓宽看待问题的视野，但是它不一定能保证提示新的问题求解方法。

3.3.3 金鱼法

在创新过程中，有时产生的想法看起来并不可行甚至不现实，但是，此种想法的实现却令人称奇。如何才能克服对"虚幻"想法的自然排斥心理呢？金鱼法（见图3-14）可帮助我们解决此问题。金鱼法首先将一个"异想天开"的想法分为两个部分，即现实部分和非现实（幻想）部分。然后，把非现实部分又分为两部分，即现实部分和非现实部分，以此类推，直到余下的非现实部分有时会变得微不足道，而想法看起来却愈加可行为止。

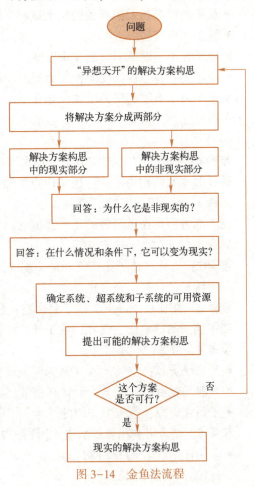

图 3-14 金鱼法流程

金鱼法具体做法如下。

（1）将非现实部分分为两个部分：现实部分与非现实部分。精确界定什么样的想法是现实的，什么样的想法看起来是非现实的。

（2）解释非现实部分是不可行的原因。尽力对此进行严谨且准确的解释，否则最后可能又会得到一个不可行的想法。

（3）找出在哪些情况和条件下想法的非现实部分可变为现实的。

（4）检查系统、超系统和子系统中的资源能否提供此类条件。

（5）如果能，则可定义相关想法，即应怎样对情境加以改变，才能实现想法的看似不可行的部分。将这一新想法与初始想法的可行部分组合为可行的解决方案构想。

（6）如果我们无法通过可行途径来利用现有资源，为看起来不现实的部分提供实现条件，则可将这一"看起来不现实的部分"再次分解为现实部分与非现实部分。然后，重复步骤（1）~（5），直到得出可行的解决方案构想。

金鱼法是一个迭代的分解过程，其本质是将幻想的、不现实的问题求解构想变为可行的解决方案。

例 3-7 让毛毯飞起来。

步骤 1：将问题分为现实和非现实两部分。

现实部分：毯子是存在的。非现实部分：毯子能飞起来。

步骤 2：非现实部分为什么不现实？

毯子比空气重，而且它没有克服地球重力的作用力。

步骤 3：在什么情况下，非现实部分可变为现实？

施加到毯子上向上的力超过毯子自身重力。毯子的重量小于空气的重量。

步骤 4：列出所有可利用资源。

- 超系统资源：空气；风（高能粒子流）；地球引力；阳光和重力。
- 当前系统资源：毯子的形状和重量。
- 子系统资源：毯子中交织的纤维。

步骤 5：利用已有资源，基于之前的构想（步骤 3）考虑可能的方案。

- 毯子的纤维与太阳释放的粒子流相互作用，可使毯子飞起来。
- 毯子比空气轻。
- 毯子在不受地球引力的宇宙空间。
- 毯子上安装了提供反向作用力的发动机。
- 毯子由于下面的压力增加而悬在空中（气垫毯）。
- 磁悬浮。

……

步骤 6：构想中的非现实方案，再次回到第一步。

选择非现实的构想之一：毯子比空气轻，回到第一步。

步骤 1：分为现实和非现实两部分。

现实部分：存在重量轻的毯子，但它比空气重。

非现实部分：毯子比空气轻。

步骤 2：为什么毯子比空气轻是非现实的？

制作毯子的材料比空气重。

步骤 3：在什么条件下，毯子会比空气轻？

制作毯子的材料比空气轻；毯子像尘埃微粒一样大小；作用于毯子的重力被抵消。

步骤 4：考虑可利用资源。

- 超系统资源：空气；风（高能粒子流）；地球引力；阳光和重力。
- 当前系统资源：毯子的形状和重量。
- 子系统资源：毯子中交织的纤维。

步骤 5：结合可利用资源，考虑可行的方案。

- 采用比空气轻的材料制作毯子（如微格金属，这种创新材料的重量是泡沫塑料的 1/100，见图 3-15）。

- 使毯子与尘埃微粒的大小一样，其密度等于空气密度。
- 毯子由于空气分子的布朗运动而移动；在飞行器内使毯子飞起来，飞行器以相当于自由落体的加速度向上运动，以抵消重力。

步骤6：构想中的非现实方案，再次回到第一步。
……

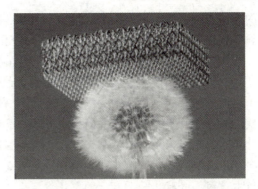

图3-15　微格金属

3.4　因果分析法

当我们面对一个技术问题的时候，牵涉的因素往往很多，这时，分析的关键是理顺问题产生的原因，并充分挖掘技术系统内外部资源，以找到有效解决问题的方案。常见的因果分析法有"五个为什么"分析法、故障树、鱼骨图、因果分析等。

3.4.1　"五个为什么"分析法

在丰田公司的改善流程中，有一个著名的"五个为什么"分析法。要解决问题必须找出问题的根本原因，而不是问题本身；根本原因隐藏在问题的背后。举例来说，你可能会发现一个问题的源头是某个供应商或某个机械中心，即问题发生在哪里；但是，造成问题的根本原因是什么呢？答案必须依靠深入挖掘，并询问问题何以发生才能得到。先问第一个"为什么"，获得答案后，再问为何会发生，以此类推，问五次"为什么"。丰田公司的成功秘诀之一就是把每次错误视为学习的机会，不断反思和持续改善，精益求精。识别因果关系链，可对问题进行诊断。

这个方法的使用前提是对问题的信息进行充分了解。下面这个例子可以帮助我们理解这种方法的特点。

例3-8　丰田汽车。

丰田汽车公司前副社长大野耐一曾通过"五个为什么"分析法找出了停机的真正原因。有一次，大野耐一发现一条生产线上的机器总是停转，虽然机器修过多次，但仍不见好转。于是，大野耐一与工人进行了以下问答。

一问："为什么机器停了？"

答："因为超过负荷，所以熔丝（俗称保险丝）断了。"

二问："为什么超负荷呢？"

答："因为轴承的润滑不够。"

三问："为什么润滑不够？"

答："因为润滑泵吸不上来油。"

四问："为什么吸不上来油？"

答："因为油泵轴磨损后变得松动了。"

五问："为什么磨损了呢？"

答："因为没有安装过滤器，混进了铁屑等杂质。"

经过连续五次问"为什么"，才找到问题的真正原因，于是可根据找出的原因寻求解决的方法，即在油泵轴上安装过滤器。如果没有这种刨根问底的精神来发掘问题，那么很可能只是换根保险丝就草草了事，真正的问题还是没有解决。

例 3-9 托马斯·杰斐逊纪念堂的外墙。

坐落于美国华盛顿的托马斯·杰斐逊纪念堂是为了纪念美国第三任总统托马斯·杰斐逊而建的。1938年，托马斯·杰斐逊纪念堂在罗斯福的主持下开工，1943年，在托马斯·杰斐逊诞生200周年时，托马斯·杰斐逊纪念堂落成并向公众开放。托马斯·杰斐逊纪念堂的外墙采用花岗岩材料，后来发生了脱落和破损严重问题，如果继续下去，就需要推倒重建，要花一大笔钱，这需要华盛顿市议会的商讨决议。在议员们投票之前，需要请专家分析一下根本原因，并找出一些可行的解决方案。

专家利用"五个为什么"分析法找到了问题的根本原因。

（1）花岗岩经常脱落和破损的直接原因是经常清洗，而清洗液中含有酸性成分。为什么需要用酸性清洗液？

（2）花岗岩表面特别脏，因此，使用去污性能强的酸性清洗液。花岗岩表面脏主要是由鸟粪造成的。为什么这个大楼上的鸟粪特别多？

（3）楼顶常有很多鸟聚集。为什么鸟愿意在这个大楼上聚集？

（4）大楼上有一种鸟喜欢吃的蜘蛛。为什么大楼上的蜘蛛特别多？

（5）楼里有一种蜘蛛喜欢吃的虫。为什么这个大楼会滋生这种虫？因为大楼采用了整面的玻璃幕墙，阳光充足，温度适宜。

于是，专家给出了解决方案：拉上窗帘。

"五个为什么"分析法并不复杂，只要一再追问为什么，就可以避免表面现象的干扰，而深入系统分析根本原因。若能找到问题的根本原因，那么问题会迎刃而解。

3.4.2 鱼骨图

鱼骨图是由日本质量管理专家石川馨创建的，故又名石川图，这是一种发现问题"根本原因"的方法，也称为"因果图"。鱼骨图分析法把问题以及原因采用类似鱼骨的样式串连起来，"鱼头"是问题点，"鱼骨"则是原因。"鱼骨"又可分为不同层次，"大鱼骨"是大方向，"小鱼骨"是大方向的子因，而"细鱼骨"则是子因的子因。鱼骨图分析法与头脑风暴法相结合，可以有效地寻找问题的原因。

根据不同的问题类型，可以有不同的鱼骨图模板（见图3-16）。

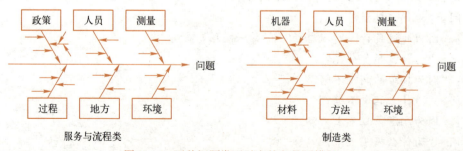

图3-16 两种问题类型对应的鱼骨图模板

对于列举出来的所有可能的原因，还要进一步评价这些原因发生的可能性，可用V（非常可能）、S（有些可能）和N（不太可能）三种类型来标志。对标有V和S的原因，评价其解决的可能性时，用V（非常容易解决）、S（比较容易解决）和N（不太容易解决）三种类型来标志。对标有 VV、VS、SV、SS 的原因，进一步评价它们实施纠正措施的难易度，用 V（非常容易验证）、S（比较容易验证）和 N（不太容易验证）三种类型来标志。

经过评价，可将 VVV、VVS、VVN 等原因在鱼骨图中标识出来。图 3-17 是针对"X 研究所项目管理水平低下"问题绘制的鱼骨图。

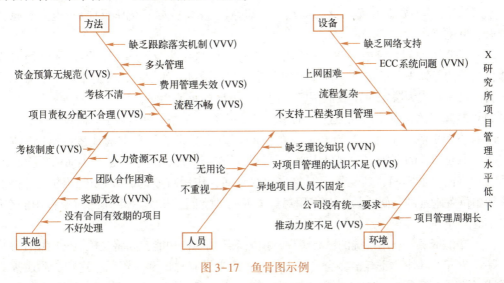

图 3-17　鱼骨图示例

3.5　资源分析法

"资源"最初是指自然资源。人们不断发现、利用和开发新能源，创造出很多新的设计和技术，如太阳能蓄电池、风力发电机、超级杂交水稻、基因技术等。这些新技术、新成果大多都来源于人们对现有资源的创造性应用。

TRIZ 在不断发展的过程中，提出了对技术系统中"资源"这一概念的系统化认识，并将它结合到对问题应用求解的过程中。TRIZ 指出，对技术系统中可用资源的创造性应用能够增加技术系统的理想度，这是解决发明问题的基石。

3.5.1　资源的分类

资源有很多分类方式。从资源存在形态的角度出发，可将资源分为宏观资源和微观资源；从资源使用的角度出发，可将资源分为直接资源和派生资源；从分析资源的角度出发，可将资源分为显性资源和隐性资源。显性资源是指已经被认知和开发的资源，隐性资源是指尚未被认知或虽已被认知却因技术等条件不具备还不能被开发利用的资源。从资源与 TRIZ 中其他概念结合的角度出发，可将资源分为发明资源、进化资源和效应资源。

TRIZ 指出，任何技术都是超系统或自然的一部分，都有自己的空间和时间，通过对物质、场的组织和应用来实现功能。因此，资源通常包含物质资源、能量资源、信息资源、时间资源、空间资源、功能资源。

（1）物质资源：用于实现有用功能的一切物质。系统或环境中任何种类的材料或物质都可看作可用物质资源，如废弃物、原材料、产品、系统组件、功能单元、廉价物质、水。TRIZ 理论指出：应该使用系统中已有的物质资源解决系统中的问题。

（2）能量资源：系统中存在或能产生的场或能量流。一般能够提供某种形式能量的物质或物质的转换运动过程都可以称为能源。能源主要分为三类：第一类是来自太阳的能量，除辐射能以外，还经它转化为很多形式的能源；第二类是来自地球本身的能量，如热能和原子能；第三类是来自地球与其他天体相互作用所引起的能量，如潮汐能。

系统中或系统周围的任何可用能量都可看作一种资源，如机械资源（旋转、压强、气压、水压等）、热力资源（蒸汽能、加热、冷却等）、化学资源（化学反应）、电力资源、磁力资源、电磁资源。

（3）信息资源：系统中存在或能产生的信息。信息作为反映客观世界各种事物的特征和变化结合的新知识，已成为一种重要的资源，在人类自身的划时代改造中产生了重要的作用。其信息流将成为决定生产发展规模、速度和方向的重要力量。

（4）时间资源：系统启动之前、工作中以及工作之后的一切可利用时间。

（5）空间资源：系统本身及超系统的可利用空间。为了节省空间或者当空间有限时，任何系统中或周围的空闲空间都可用于放置额外的作用对象，特别是某个表面的反面、未被占据（如表面）的空间、其他作用对象之间的空间、作用对象的背面或外面的空间、作用对象初始位置附近的空间、另一个作用对象上或内的空间、被另一个作用对象占用的空间、环境中的空间等。

（6）功能资源：利用系统的已有组件，挖掘系统的隐性功能，如将飞机机舱门用作舷梯。

除系统资源以外，还有很多容易被人们忽视或者没有意识到的资源，这些资源通常都是由系统资源派生而来的，TRIZ 中称之为潜在资源或隐藏资源。充分挖掘出所有的资源是解决问题的关键。

3.5.2 资源分析步骤

资源分析就是从系统的高度来研究和分析资源，挖掘系统的隐性资源，实现系统中隐性资源显性化、显性资源系统化，强调资源的联系与配置，合理地组合、配置、优化资源结构，提升系统资源的应用价值或理想度（或资源价值）。资源分析可以帮助我们找到解决问题所需的资源，并在这些可能的方案中找到理想度相对比较高的解决方案。

资源分析的步骤如下。

步骤一：发现与寻找资源。可以使用的工具：多屏幕法和组件分析法等。

（1）多屏幕法从时间和系统层次两个维度对情境进行系统思考，强调系统、动态、相关联地看待事物。将寻找到的资源填入表3-1。

表3-1 多屏幕法资源列表

	物质资源	能量资源	信息资源	时间资源	空间资源	功能资源
当前系统						
子系统						
超系统						
当前系统的过去						
当前系统的未来						
子系统的过去						
子系统的未来						
超系统的过去						
超系统的未来						

（2）组件分析法是指从构成系统的组件入手，分清层级，建立组件之间的联系，明确组件之间的功能关系，构建系统功能模型的过程。

组件分析法强调从功能的角度寻找资源。将找到的资源填入表3-2。

表 3-2　组件分析法资源列表

	物质资源	能量资源	信息资源	时间资源	空间资源	功能资源
工具						
当前系统						
子系统						
超系统						
系统作用对象						

步骤二：挖掘与探索资源。挖掘就是向纵深获取更多有效的、新颖的、潜在的、有用的资源。探索就是对资源进行分类，对系统进行聚集，以问题为中心寻找更深层级的资源及派生资源。

派生资源可以通过改变物质资源的形态而得到，主要有物理方法和化学方法。

（1）物理方法是指改变物质的物理状态（相变），包括物理参数的变化，如形状、大小、温度、密度、重量等；机械结构的变化，如直接相关（材料、形状、精度）、间接相关（位置、运动）。

（2）化学方法是指改变物质的化学状态，包括物质分解的产物，燃烧或合成物质的产物。

步骤三：整合资源是指工程师对不同来源、不同层次、不同结构、不同内容的资源进行识别与选择、汲取与配置、激活并有机融合，使它具有较强的系统性、适应性、条理性和应用性，并创造出新的资源的一个复杂的动态过程。

资源整合是指通过组织和协调，把系统内部彼此相关又彼此分离的资源，以及系统外部既参与共同作用又拥有独立功能的相关资源整合成一个大系统，取得"1+1>2"的效果。

步骤四：评估与配置资源。在解决问题的过程中，最优利用资源的理念与理想度的概念紧密相关。事实上，某一解决方案中采用的资源越少，求解问题的广义成本就越小，理想度就越高。

对于资源的遴选，资源评估从数量上有不足、充分和无限，从质量上有有用的、中性和有害的；从应用准备情况来看，资源的可用度有现成的、派生的和特定的，从范围来看，有操作区域内、操作时段内、技术系统内、子系统中和超系统中，从价格来看，有昂贵、便宜和免费等。理想的资源是取之不尽、用之不竭、不用付费的资源。

资源配置是指经济中的各种资源（包括人力、物力、财力）在各种不同的使用方向之间的分配。资源配置的三要素：时间、空间和数量。资源利用的核心思想：挖掘隐性资源，优化资源结构，体现资源价值。

【习题】

1. 运用创新思维的目的就是让我们具有"新的眼光"，（　　），打破技术系统旧有的阻碍模式。

A. 突破思维定式　　B. 弃用传统思维　　C. 只用全新方法　　D. 跟着感觉努力

2. 创新思维具有新颖性、灵活性等特点，但下列（　　）不属于其中。
A. 探索性　　　　　B. 能动性　　　　　C. 稳定性　　　　　D. 综合性

3. 发散思维是对同一问题从不同层次、不同角度、不同方向进行探索，从而提供新结构、（　　）等的思维过程。
① 新点子　　　　　② 新思路　　　　　③ 新发现　　　　　④ 新资源
A. ②③④　　　　　B. ①③④　　　　　C. ①②④　　　　　D. ①②③

4. 收敛思维是将各种信息从不同的角度和层面（　　），尽可能利用已有的知识和经验，以产生新的想法，寻求相同目标和结果的思维方法，从而可形成一个合理的方案。
A. 提炼　　　　　　B. 聚集　　　　　　C. 发散　　　　　　D. 推广

5. 横向思维突破问题的结构范围，是一种（　　）思维，将事物置于很多事物、关系中进行比较，从其他领域的事物中获得启示，从而得到最终的结果。
A. 开放性　　　　　B. 收敛性　　　　　C. 独特性　　　　　D. 聚合性

6. 任何一个事物都要经历一个生命周期，可在这个周期中捕捉事物的发展规律。（　　）就是对事物发展过程的反映。
A. 横向思维　　　　B. 深度思维　　　　C. 纵向思维　　　　D. 广度思维

7. 正向思维是按（　　），以时间发展的自然过程、事物的常见特征、一般趋势为标准的思维方式，是一种从已知到未知来揭示事物本质的思维方法。
A. 重要节点　　　　B. 常规思路　　　　C. 创新方法　　　　D. 特殊状态

8. （　　）是指在创造活动中，把多个事物根据实际需要联系在一起进行思考，寻求它们的结合点，然后从这些结合点中产生新创意的思维活动。
A. 求异思维　　　　B. 常规思维　　　　C. 独特思维　　　　D. 求同思维

9. （　　）是指对某一现象或问题，进行多起点、多方向、多角度、多原则、多层次、多结果的分析和思考，捕捉事物内部的矛盾，揭示表象下事物本质的一种思维方法。
A. 求异思维　　　　B. 常规思维　　　　C. 独特思维　　　　D. 求同思维

10. 作为一个全面思考问题的模型，（　　）提供了"横向思考"的工具，它将思维方式分为六类，每次思考时使用其中的一种方式思考，以有效避免思维混杂。
A. 因果分析法　　　B. 多屏幕法　　　　C. 整体思考法　　　D. 金鱼法

11. 在整体思考法中，（　　）思考是指思考者要撇开所有建议与讨论，而仅对事实、数字和信息进行思考。
A. 积极性　　　　　B. 客观性　　　　　C. 直觉性　　　　　D. 探索性

12. 在整体思考法中，（　　）思考是指尽可能多地提出各类新奇建议，创造出新观念、新选择，它是极其重要且极有价值的思考方式。
A. 积极性　　　　　B. 客观性　　　　　C. 直觉性　　　　　D. 探索性

13. 在整体思考法中，（　　）思考是指思考者要表达出对项目、方法的感觉或其他情绪，但并不要求给出原因。在此之后，通常还应该用一些其他思考方法对其结果加以验证。
A. 积极性　　　　　B. 客观性　　　　　C. 直觉性　　　　　D. 探索性

14. 根据系统论的观点，系统由多个子系统组成，系统之外的高层次系统称为超系统，其中，（　　）是一个相对的概念。
A. 独立系统　　　　B. 核心系统　　　　C. 当前系统　　　　D. 实际系统

15. （　　）是典型的 TRIZ "系统思维" 方法，即对情境进行整体考虑，不但考虑目前的情境和探讨的问题，而且有它们在层次和时间上的位置与角色。
    A. 资源图法　　　　B. 多屏幕法　　　　C. 根原因法　　　　D. 六系统法
16. 在创新过程中，（　　）可以帮助人们克服对 "虚幻" 想法的自然排斥心理。
    A. 金鱼法　　　　　B. 青鱼法　　　　　C. 青蛙法　　　　　D. 孔雀法
17. 常见的因果分析法有 "五个为什么" 分析法、（　　）等。
    ① 故障树　　　　　② 布线图　　　　　③ 鱼骨图　　　　　④ 因果分析
    A. ②③④　　　　　B. ①②③　　　　　C. ①②④　　　　　D. ①③④
18. "鱼骨"图是一种发现问题 "（　　）" 的方法，也称为 "因果图"。
    A. 发生发展　　　　B. 根本原因　　　　C. 解决问题　　　　D. 缓解问题
19. TRIZ 指出，任何技术都是超系统或自然的一部分，通过对资源的组织和应用来实现功能。资源通常按照物质、（　　）、功能、信息等角度来划分。
    ① 能量　　　　　　② 时间　　　　　　③ 空间　　　　　　④ 金融
    A. ②③④　　　　　B. ①②④　　　　　C. ①③④　　　　　D. ①②③
20. 在 TRIZ 创新方法中，资源利用的核心思想有（　　）。
    ① 放弃显性资源　　　　　　　　　　② 挖掘隐性资源
    ③ 优化资源结构　　　　　　　　　　④ 体现资源价值
    A. ①②③　　　　　B. ①③④　　　　　C. ②③④　　　　　D. ①②④

【实验与思考】创造性思维技法的实践

1. 实验目的

本节 "实验与思考" 的目的如下。

（1）了解思维定式。

（2）了解创造性思维方式，通过实践，掌握创造性思维技法的应用。

2. 工具/准备工作

（1）在开始本实验之前，请回顾本书的相关内容。

（2）准备一台能够访问因特网的计算机。

3. 实验内容与步骤

（1）简述思维定式对人的影响。

答：_____

_____

（2）请使用多屏幕法分析如何安全测量一条毒蛇的长度。条件是既不能被蛇咬伤，又不能伤害毒蛇。我们将放在透明玻璃容器中的毒蛇作为当前系统。

当前系统的 "过去"：毒蛇之前会爬行、吃东西、休息，利用毒蛇的这些特点，可以有如下想法。

① _____

② _____

③ _____

当前系统的 "未来"：毒蛇以后还会爬行、吃东西、休息，并且还会冬眠，利用毒蛇的这些特点，可以有如下想法。

① _____
② _____
③ _____
④ _____

当前系统的"超系统"：可以是玻璃容器，甚至是房间。因此，可以利用玻璃容器、树枝、空气等进行测量。于是，可以有如下想法。

① _____

② _____

③ _____

当前系统的"子系统"：包含蛇皮、蛇头。于是，可以有如下想法。

① _____
② _____

根据上述分析，请在图 3-18 中完成填空。

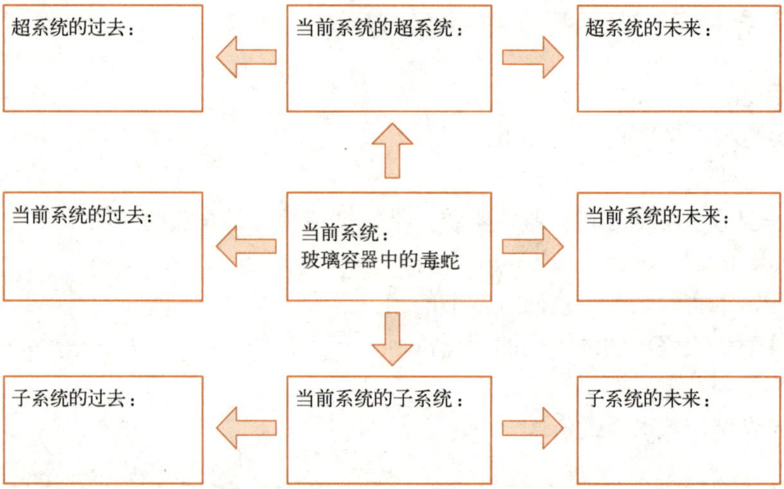

图 3-18 用多屏幕法测量毒蛇的长度

(3) 请使用金鱼法分析如何用空气"赚钱"。
步骤 1：将不现实的想法分为两个部分。
现实部分：_____
非现实部分：_____
步骤 2：分析非现实部分不可行的原因。
答：_____
步骤 3：找出使想法的非现实部分变为现实的条件。
答：_____

步骤 4：确认当前系统、超系统或子系统中的资源能否提供此类条件。
答：_____

步骤 5：如果能，则可定义相关想法，即确定如何对情境加以改变，才能实现想法中看似不可行的部分。将这一新想法与初始想法的可行部分组合为可行的解决方案构想。
答：_____

步骤 6：如果我们无法通过可行途径来利用现有资源为看起来不现实的部分提供实现条件，则可将这一"看起来不现实的部分"再次分解为现实部分与非现实部分。然后，重复步骤 1~步骤 5，直到得出可行的解决方案构想为止。
答：_____

对于这个例子，我们还可以继续进行哪方面的考虑？（如果有的话）
答：_____

根据上述分析，请在图 3-19 中完成填空。

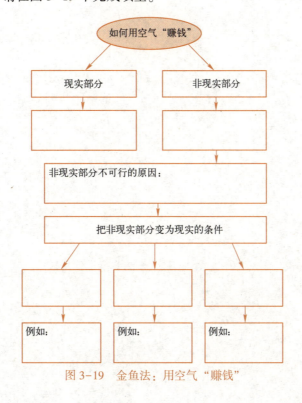

图 3-19　金鱼法：用空气"赚钱"

4. 实验总结

_____

_____

_____

5. 实验评价（教师）

_____

第4章
批判性思维方法

批判性思维就是通过一定的标准来评价思维，进而改善思维，是合理的、反思性的思维，它既是思维技能，又是思维倾向和思想态度，是一种人格或气质，体现思维水平，也凸显现代人文精神。批判性思维的一般过程包括质疑、求证和判断，如图4-1所示。

图 4-1　批判性思维的一般过程

4.1　什么是批判性思维

批判性思维没有学科边界，任何涉及智力或想象的论题都可以从批判性思维的视角来审查。在批判性思维方法中，人们使用理论来理解思维的运作方式，再将它应用到日常生活中。为了掌握批判性思维方式，要有对思维方式进行仔细检视和反思的意愿，愿意对自己的思维方式进行分解与剖析；要愿意正视自身思维方式中的弱点，能够在此基础上对思维方式进行重塑，以求纠正思维方式中的刻板和故步自封倾向。为此，必须制订高的标准，学习可行的方法以逐步趋近这些标准，以最终掌控自己的思维方式，以及在意识层面觉察和优化自身的思维方式。

4.1.1　思考者的技能

优秀的思维方式是实用的。无论面对什么样的情境、目标和困难，只要你能够掌控自己的思维方式，就能使事情向好的方向发展。相反，不良的思维方式会招来麻烦，浪费时间和精力，以及带来沮丧和痛苦。

人们进行思考通常是为了了解一些情况、应对一些困难、回答一些问题或完成一些事情。无论如何理解一件事情，我们都会有多种方法来处理它。我们需要充分的信息来帮助选择处理的办法。恰当应对各种问题是思维需要面对的任务。

没有一种万能的方法能保证你发现事情的真相，但是，却有一种方法可以让你更加接近真相，这就是优秀的思维方式。批判性思维方式可以使人们用最优的思维方式解决问题。为了最大限度地发挥思维技能，必须学会有效批判自己的思维方式、了解思维的本质。

一生中，很少有人会认真地对思维方式进行研究和思考。但是，如果停下来想一想思维方式在你的生活中所起的作用，就会发现你做过的、想要做的和感觉到的任何事情都会受到你的思维方式的影响。思维的作用是如此之重要，如果你像植物学家观察植物那样关注自己的思维方式，你的人生会就此改观。你会注意到他人注意不到的东西，你将成为那些致力于发现人类思维实质，了解人类在思考什么、如何去思考，能够对人类思维方式进行评价和改进的少数人之一。

4.1.2 培养好的思维方式

一个人不可能一夜之间就成为一个优秀的篮球运动员或者舞蹈家,同样,我们也不能期望自己一夜之间就变成一个熟练的批判性思维者。提升思维水平必须有对思维方式进行思考的动机。思维方式的进步就像其他领域的进步一样,都需要理论的指导、精力的投入和努力练习。

思维练习中存在一个主要问题:大多数技能练习都是看得见的,而思维并不可见。但越来越多的劳动报酬都是由劳动者所能达到的思维活动水平决定的,而不是他们的身体力量或者体力劳动。因此,即使思维方式在大多数情况下都不可见,它却是我们拥有的非常重要的东西。人们在思考的时候通常没有注意到思维是如何运作的,常常认为思维是自然发生的。

想要成为一名优秀的思考者,必须在思考自己的思维时关注其中暗含的结构,"概念"就是其中一种。如果你能够认真使用思维的技巧,就能更好地利用这些结构。当你能够清楚地注意到自己的思维、认识到自己思维方式的优缺点、能够监视自己的思维过程时,你就成了一名优秀的思考者。

随着思维技能的提高,你会掌握更多思维工具,这些工具可以帮助你在思考任务中更加谨慎地进行推理。批判性思维能够帮助你使用更多好方法,而规避不好的方法。

4.1.3 批判性思维的定义

在《韦伯斯特新世界词典》中,"批判性"被解释为"以仔细的分析和判断为特点,尝试对事物的好坏进行客观的判断。"综合这些内容,可给出批判性思维的合适定义:建立在良好判断的基础上,使用恰当的评估标准对事物的真实价值进行判断和思考。

批判性思维是一种对思维方式进行思考的艺术,它能够优化我们的思维方式,它的分析、评估、创造性三个维度包括下列三个紧密联系、互相影响的阶段。

(1) 分析思维方式阶段。在任何情境中,关注思维的各个元素:目的,悬而未决的问题,信息,解释和推理,概念,假设,结果和意义,观点。

(2) 评估思维方式阶段。指出它的优势和劣势:内容的清晰度、准确性、精确性、相关性、深度、广度、重要性和公正性。

(3) 创造性思维方式阶段。强调其优势,减少劣势。

换个说法,批判性思维是指为了提高思维水平而对自身思维进行的系统性监视。当我们进行批判性思考的时候,不能从它的表面价值进行评定,必须清晰、准确、相关、有深度、有广度和有逻辑性地对思维进行分析与评价。所有推理都发生在观点和参考框架中,都是由一定的目标引发的,具有一定的信息基础,用来推理的所有信息和数据都必须能够被解释,这些解释涉及的概念需要假设,思维中使用的基本参考信息都有一定的意义。思维中的缺陷可能发生在思维过程中的任何一个阶段,因此要密切注视思维的每一个方面。

当我们进行批判性思维的时候,需要能够对思维的各个方面进行批判性的分析和质疑,这种质疑非常重要。批判性思维中一些常见的质疑方式如下:让我们来思考一下,这里基本的问题是什么?我应该用哪种观点思考这一问题?这样假定对我来说有没有意义?我能从这些数据中得出哪些合理的推论?这些图形有什么含义?这里基本的概念是什么?这些信息与那些信息一致吗?什么原因使问题变得复杂?我怎样才能检验这些数据的准确性呢?如果这些都符合,这有什么其他的含义吗?这是一个可靠的信息来源吗?

在运用上述问题来反思我们的思维方式时，可以发现批判性思维活动中一些基本的"动作"，它们适用于任何学科、任何问题。我们需要学习批判性思维，并且努力把它内化为学习和生活中的基本工具。积极使用其中的分析和评估工具，能够提高我们的思维质量。批判性思维的详细定义如图4-2所示。

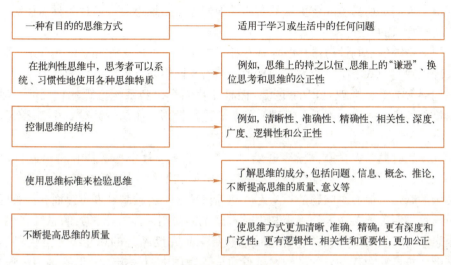

图4-2 批判性思维的详细定义

想一想：据说，爱因斯坦读书时的表现很糟糕，他的父亲在询问班主任"孩子将来应该从事什么职业"时，老师的回答是"无所谓，因为他在任何领域都不会取得成功"。爱因斯坦上学时并没有表现出过人的天分，在成为科学家后，他也否认自己的智力超常："我没有任何特殊的天分，我只是好奇心比较强。"

优秀思考者有一些共同的特征，他们会系统、认真地思考自己解决问题的方式；会对自己不理解的问题进行提问；不关心对其智力水平的界定，也不理会智力试验的结果；他们认为无论记忆好坏、反应快慢，学习过程中非常重要的是坚持不懈的投入，以及在学习过程中掌握优秀的思维技巧。只要去做，个体就能掌握优秀的思维技巧。

4.2 批判性思维的演进

批判性思维的起源可以追溯到大约2500年前的古希腊哲学家苏格拉底，而作为一个技能的概念，可追溯到杜威的"反省性思维"："能动、持续和细致地思考任何信念或被假定的知识形式，洞悉支持它的理由以及它所进一步指向的结论。"而在现代社会，批判性思维被普遍确立为教育，特别是高等教育的目标之一。

苏格拉底认为一切知识均从疑问中产生，越追求进步，疑问越多；疑问越多，进步越大。苏格拉底承认自己本来没有知识，他教授给别人的知识并不是由他灌输的，而是像一个"助产婆"一样帮助别人产生的。苏格拉底的助产术集中表现在他经常采用的"诘问"形式中。他以提问的方式揭露对方学说中的矛盾，动摇对方论证的基础，帮助对方认知。

4.2.1 演进过程

苏格拉底的"诘问"方法是由爱利亚学派的逻辑推论和芝诺的反证法发展而来的。苏格拉底的讽刺"消极"形式产生了揭露矛盾的辩证思维的积极成果，其实践被后来众多学者所传承，这其中就包括记录其思想的柏拉图、亚里士多德，以及一些希腊智者。这些学者都强调，我们所看到的东西与事情实质之间有很大的区别，只有受过专门思维训练的人，才能够透过虚假的表面看到事情的实质。这个时期，希腊智者的实践诱发人们进一步探求事情真相的需求。人们更加渴望理解更深的实质，他们进行系统思考，通过各种途径对些微的线索进行广泛且深入的调查。

中世纪，系统的批判性思维传统体现在托马斯·阿奎那的著作和教学实践中。托马斯·阿奎那在理论阐述的各个阶段都系统地思考、撰写和回答来自各个方面的批判。阿奎那不但引起了我们对人类潜在推理意识的注意，而且让我们意识到系统推理的重要性。阿奎那强调，进行批判性思维的人并不总是对现有的观念进行批判，而是只针对一些缺乏合理基础的观念进行批判。

在文艺复兴时期，大量欧洲学者开始对宗教、艺术、社会、法律和自由进行批判性思考。他们认为，人类生活中大部分的活动都需要分析和批判。这些学者包括科利特、伊拉斯谟以及英国的摩尔。他们对问题的思考态度与苏格拉底等古希腊学者不谋而合。英国学者弗朗西斯·培根则明确地关注人们寻求知识时对思考的误用。他指出，人的思维有很多定式，不能任由思考自由发展。他强调"通过信息收集来研究世界"的思想，为当代科学的发展奠定了基础。笛卡儿在其发表的批判性思维的重要著作中明确指出，思维必须清晰和精确，提出"良好的思考必须建立在有根据的假设之上"，认为思维的每一部分都应该禁得起质疑、批判和证实。在同一时期，托马斯·莫尔提出了一种新的社会秩序——乌托邦。在乌托邦中，现实社会中的各个方面都受到了严厉的批判。托马斯·莫尔想表达的意思：新社会是在对现实社会制度的彻底分析和批判上形成的。

17世纪中期英国经验主义流派哲学家霍布斯与洛克认为，无论是接受当下主流的传统意识，还是传统文化上的正常观念，都必须以批判的眼光进行扬弃。霍布斯采用自然主义观点来解释这个世界，他认为任何事情的解释都需要证据和推理。洛克认为，人类所有的思想和观念都来自人类的感官经验，感觉来源于感受外部世界，而反思则来自于心灵观察本身。

罗伯特·波义耳和牛顿的研究深受思想自由与批判思想的精神的影响。波义耳在他的著作《怀疑的化学家》中严厉批判了之前的化学理论。牛顿提出了一种影响深远的理论框架，该框架对当时被普遍接受的观点进行了严厉批评。他甚至将批判的对象延伸到了哥白尼、伽利略和开普勒。

在批判性思维的发展中，另一重大贡献应该归属于法国的启蒙思想家，包括培尔、孟德斯鸠、伏尔泰和狄德罗。他们的理论的前提都是如果人的思想能够被严格的推理所约束，人们就能够更好地理解和揭示自然社会与政治社会的真相。这些思想家都注意到，要做到对社会批判，批判者必须首先认清自己在思想上的优势和劣势。他们非常重视思维的训练，进行交流的观点都必须首先进行严格的分析和批判。他们认为，所有权威提供的信息都必须经受住来自各方面的严格的推理和质疑。

18世纪的思想家扩大了批判性思维的概念体系，进一步发展了批判性思维的能力，并将批判性思维作为人类思想中的一种基本工具。批判性思维应用于经济领域，产生了亚当·斯密的《国富论》；应用于对王权传统的批判，产生了《独立宣言》；应用于人类思维自身，产生了康德的《纯粹理性批判》。

19世纪，奥古斯特·孔德和赫伯特·斯宾塞将批判性思维进一步扩展到人类的社会生活领域。批判性思维应用于对资本主义问题的研究，产生了马克思的《资本论》；应用于对人类历史和生物的研究，产生了达尔文的《进化论》；应用于对人类潜意识的研究，产生了弗洛伊德的研究成果；应用于文化领域，确立了人类学研究领域；应用于语言，产生了语言学领域。

20世纪，人们对批判性思维的本质的理解逐渐变得明确。1906年，威廉·格雷厄姆·萨姆纳基于田野研究写成了社会人类学著作《民俗学》。同时，萨姆纳认识到了在生活和教育中开展批判性思维的重要性："批判是对已有的各种观点接受之前必须进行的审查和质疑。利用批判来了解它们是否符合事实。批判性能力是教育和培训的产物，是一种思维习惯和能力。批判性思维是人类应具有的基本能力，男女都应该接受这种训练。这是我们有效应对生活中的各种错觉、欺骗、迷信的唯一保证。好的教育意味着能够给予学生以良好的批判性能力的发展。任何科目的教师，如果坚持给予学生以准确知识以及实施传统的教学方法，或者教学过程严格一致，那么这种教师很难培养学生的批判性思维。人们在接受教育的过程中不应该过多地受到传统的约束，应该能够自由发表自己的观点，通过自己的努力寻找相关的证据。他们应该能够面对偏见，坚持己见。只有在教育过程中形成学生的批判性思维，才能说这种教育能够培养真正的好学生。"

批判性思维主要是对相信什么和干什么作出判断，这种判断需要有分析和评价，需要做到清楚、准确、相关、有深度，并具有严格的逻辑性。在此基础上进行的严格推理具有合理框架，推理过程具有明确的目的性。推理过程中使用到的数据必须得到相应的解释，概念及其内涵和外延必须表述清楚。只有做到这些，才称得上科学的批判性思维。

4.2.2 社会影响

思维方式决定着人正在做的事情。思维决定行为、感受和需求。大多数人的思维方式都是潜意识的。而在没有意识到自身思维过程的情况下，改变思维的质量是不可能的。这就像大部分悲观的人都不会承认自己是悲观的一样，他们以消极、悲观的方式思考自我和生命经验，总是千方百计地让自己不高兴。我们都是自己非理性思维方式的受害者，它妨碍我们对机会的觉察和把握，使我们不能专注于有意义的事情，妨害我们的人际关系，使我们坠入痛苦的深渊。

掌握批判性思维，人就可以控制自己的思维方式，把握自己的各种情绪，逐渐不被他人的情绪左右，从而提升自己的生活质量。

20世纪80年代以来，"批判性思维"成为高等教育的目标之一。"世界高等教育大会"（巴黎，1998年10月5~9日）发布了《面向二十一世纪高等教育宣言：观念与行动》，其中第一条的标题是"教育与培训的使命：培养批评性和独立的态度"。另外，第五条"教育方式的革新：批判性思维和创造性"中指出，高等教育机构必须教育学生，使他们成为具有丰富知识和强烈上进心的公民。他们能够批判地思考和分析问题，寻找社会问题的解决方案并承担社会责任；为了实现这些目标，课程需要改革，以便超越学生对学科知识的简单的认知性掌握，课程必须包含使学生获得在多元文化条件下进行批判性和创造性分析的技能，以及独立思考和集体工作的技能。

4.3 思维的公正性

并不是所有的思维方式都是公正的。人们常常自私、狭窄地学习和应用思维技能。但是，优秀的思考者不会用思维技能来追求自私的目标，不会试图去控制他人。即使需要付出代价，他们也会努力保持公正，养成特定的思维特质——谦逊、勇气、整合性、自主性、换位思考、坚毅和对推理的信心。

4.3.1 批判性思维的强弱

批判性思维可能走向两个不同的方向：自我中心和公正。在学习批判性思维所需的思维技巧时，我们既可以自私又可以公正地使用它们。例如，当教授学生如何识别推理中的错误（通常称为谬误）时，大多数学生能很容易地从他人的推理中找出错误，但是很难找出自己推理中的错误。有些学生善于通过指出他人谬误使得对手的思考看起来很糟糕，但是很少以此来分析和评价自己的推理。

我们称这样的思考者为批判性较弱的思考者。即使一些思维在很多方面是好的，如高水平的思考技巧和批判性的思维方式，但是它们缺少了比那些技巧更为重要的公正，思考者没能善意地考虑反对者的观点，缺少公正性。

传统上，批判性较弱的思考者被称为诡辩家。诡辩是一种以赢得辩论为目的的思维技巧（见图 4-3），它不管思维中是否存在问题，也不管相关的观点是否被忽略了，目的就是要赢。诡辩的思考者使用低水平的言辞和论证，使得不合理的思维看起来合理，又使得合理的思维看起来不合理。

图 4-3 诡辩：白马非马

批判性强的思考者不会轻易地被圆滑、诡辩的言辞和思维诡计所蒙蔽。批判性强的思考者的鲜明特点就是对公平和正义的追求。他们总是向着道德而努力，决不会做出利用或伤害他人的行为。他们能对他人观点进行换位思考，尽管不一定赞同，但是，他们也渴望倾听别人的观点。当遇到更合理的推理的时候，他们会改变自己的观点。他们用合乎道德的方式进行思考，不会用他们的思维来控制他人或者隐瞒真相（用批判性较弱的思维方式）。因此，我们需要培养批判性思维的公正性。

在学习批判性思维的基本技能时，需要培养公正性，"练习"公正的思维方式。掌握了这种公正性，就能避免利用思维技能仅服务于自身的利益，就能以同样标准对待所有观点，就会希望自己和对手都能合理推理，就能对对手和自己采用同样的推理评判标准，就能像质疑他人一样质疑与反思自己的目的、证据、结论、意义和观点。公正性需要一系列相互联系、相互依赖的思维特质。

除公正性以外，批判性高的思维方式还要求思维有高度的条理性。当培养自己的推理能力、内化公正性的思维特质的时候，也会培养出许多诡辩家没有的技能和洞察力。批判性强的思考者具有深度洞察力。当我们考察公正性思维者具备的思维特质时，也要考察这些思维特质是如何提高思维质量的。批判性弱的思考者虽然掌握了一些能够帮助他们达成目的的思维技能（如辩论的技巧），但他们不具有公正思考者所强调的特质。

公正的批判性思维者具有的思维特质（见图4-4）与养成的公正的批判性思维习惯有关，这些特质相互联系，可以让一个人的思维更开放、更有原则，从而提高思维功能。事实上，人们也会不自觉地形成一些相反的特质（见图4-5）。

图 4-4　公正的批判性思维者需要具备的思维特质

图 4-5　与优秀的思维品质相反的一些特质

4.3.2　思维公正性的七个特质

公正性要求我们努力平等地对待每一种观点。我们需要认识到，人们常常对他人的观点抱有偏见，会给他人的观点贴上"喜欢"（赞成我们观点的人）或"不喜欢"（不赞成我们观点的人）的标签。人们常常忽视反对意见，这在有自私理由时更为明显。因此，当情境要求我们考虑自己不愿接受的观点时，公正性的思维品质就显得尤为重要了，它要求坚持良好的思维标准（如准确性、逻辑清晰、广度等），不受个人和团体利益的影响。

公正性的反面是思维的不公正性，是指推卸准确、清晰地表达相左意见的责任。不公正的思考和行动中通常有自欺的因素。当我们不公正地思考的时候，我们常常为自己进行"公正性"的辩护，努力找出能够证明我们自身行为是合理的理由，努力去证实我们自己是"正确的"。

公正性要求我们同时拥有思维的"谦逊""勇气"、换位思考、"正直""坚毅"、自主和对推理的信心（用好的推理说服自己）特质。除非这些特质整体发挥作用，否则公正性是不完备的。但需要强调的是，完全公正的思维状态是我们永远达不到的理想状态。没有永远公正的人，公正性的每一点进步都是个体不断地与自己内在私心进行斗争的结果，我们时刻都要面对这样的心理斗争。虽然心理斗争势必产生痛苦，但回报是高度自控的批判性思维，这种思维不会轻易地被别人操纵，持这种思维的人能够看到事实和真相，做到客观、公正。

特质之一：思维"谦逊"——努力认识到自己对未知知识的忽视程度。

思维"谦逊"对成为公正的批判性思维者非常重要。思维谦逊就是要认识到自己对未知知识的忽视程度，它要求我们清晰地认识到以自我为中心而导致的自欺行为，对自己的偏见和观点的局限性有所了解。思维"谦逊"不是懦弱、服从，而是摒弃自负，找出那些不能被正确的推理所支持的信念。

与思维"谦逊"相反的是思维"自负"，即认为自己知道了实际并不知道的事情。思维"自负"的人缺乏对自欺行为和观点局限性的认识，他们常常声称了解自己其实并不了解的事情，也会因此成为自己持有的偏见的受害者。

思维"自负"的人并不一定就是指那些外表上看起来自以为是、高傲自大的人。思维"自负"的人的外在表现可能是谦虚的。例如，一个不加思考就表现为顺从的人，他表面上经常否定自己（"我什么也不是"），但在思维上对自己的错误信仰非常坚定。

思维"自负"和思维"公正"是不能融合的，因为如果对自己判断的事情过分自信，就很难作出公正的判断。错误的知识（错误的概念、偏见和幻想）使我们不能作出公正的判断。人们喜欢快速、过分自信地作出判断，这些不良习惯是普遍存在的。

特质之二：思维"勇气"——培养自己敢于挑战某些大众观点的勇气。

具有思维"勇气"，就意味着你能够公正地面对各种意见、信念和观点，即使这会让你感到痛苦，但它可以让你准确、公平地评判与你意见相左的观点。思维"勇气"的一个重要作用就是可以帮助你判断社会大众普遍接受的观点中，哪些是合理的，哪些仅仅是主观喜好的结果。

为了确定信息的准确性，一个人不能只是被动、不加批判地接受所有东西。要具有思维"勇气"，需要认识到那些被社会认为是危险和荒谬的观点也许包含一定的道理，而群体普遍认同的观点也可能包含错误。要做到公正思考，必须培养思维"勇气"，不畏惧由于不遵从某些大众观点而可能受到的社会惩罚。

与思维"勇气"相对的是思维"懦弱"，它是指害怕自己的观点与他人不同。如果缺乏思维"勇气"，就不敢对那些我们认为是危险、荒谬的意见、信念和观点进行认真思考。如果缺乏思维"勇气"，那么，当面对强烈冲突的观点时，会感到威胁，不愿去审视自己的思维，也就很难做到思维的公正。

特质之三：思维换位思考——思维同理心，从他人的角度学习和理解相反的观点。

思维换位思考就是从他人的角度思考问题，从而真正地理解他人的观点。这要求我们准确地再现他人的观点和推理，从他人的前提、假设和观点方面进行推理。

与思维换位思考相对的是思维的以自我为中心，也正因为此，就不能理解他人的思想、感受和情感。不过，以自我为中心的倾向是人的思维的自然本性，因为人的大部分注意力都集中在自己身上。人们总是认为自己的痛苦、需求和希望都是重要的，他人的痛苦、需求和希望则无关紧要。人们通常不会主动从反对者的角度考虑问题，也不会主动从那些可能改变自己观点的角度思考问题。

公正的思维需要努力置身于他人所处的情境，思考他人观点，尊重那些孕育出不同观点的背景和环境，公正地对待他人。但是，从他人的观点思考问题不是一件容易的事，这是一项很难获得的技能。

特质之四：思维"正直"——用同样的标准评判自己和他人。

思维"正直"是指尊重严谨的思维，用同样的标准要求自己和他人。要练习为他人辩护，这要求我们承认自身思维和行动的不一致性，并识别出自身思维中的不一致。当思想和行为一致的时候，我们的思维就是"正直"的。

思维"正直"的反面是思维"虚伪"，它是指一种不诚实、自相矛盾的思维状态。思维的天性是以自我为中心，是虚伪的，它会为人们不合理的思维和行为进行"辩解"，使之合理化。所有的人都有思维不"正直"的时候。在这个时候，我们的思维是不公正的，不能通过合理的思考来发现自身思维和生活中的矛盾。

特质之五：思维"坚毅"——不轻易放弃；战胜挫折和困难。

思维"坚毅"指的是战胜挫折、完成复杂任务的品格。思维"坚毅"的人在面对复杂任务和挫折时不会放弃，他们知道认真对复杂问题进行推理比快速得出结论更加重要。思维"坚毅"要求人们严格遵守理性标准，而不是根据第一印象作出判断或快速给出简单化的答案。它还要求人们对困惑和未解决的问题进行认真思考，并从中获得深刻的见解。高水平的思维活动需要思维"坚毅"，因为其中包含一定的思维挑战。没有思维的坚毅性，就无法迎接和战胜这些挑战。

与思维"坚毅"相反的是思维"懒惰"。思维"懒惰"的人在应对挑战性任务的时候很容易放弃，他们对复杂思维活动带来的痛苦和沮丧的容忍度较低。

想一想：一些学生在一门课程的起步阶段就放弃学习了，这是由于他们缺乏思维坚毅性，没有能够深入地思考这一课程，从而没有获得更深的见解。他们回避可能会令他们沮丧的思考，毫无疑问，最终，他们会因为无法解决学习和生活中遇到的复杂问题而处处受挫。

学生常常因为以下两种原因而缺乏思维坚毅性。

（1）本能地厌恶思维困难，往往选择容易的事情，选择省事的方法。这就是思维的自我中心本能。

（2）学校教育中很少培养思维的坚毅性，反而鼓励学生快速完成任务。那些反应较快的学生常常被认为是聪明的，认真、谨慎解决问题的学生通常得不到赞赏。然而，学习和生活中需要解决的问题常常是复杂的，因此需要勤奋、努力的态度和扎实的思维技巧，而不是反应的速度。思维过程中的专注程度将决定我们解决问题的程度。

一些反应较快的学生在面对困难任务的时候也容易放弃，因为他们认为自己能够快速找到"正确"答案，能够避免思维"痛苦"。当没有做到这样时，他们常常责备题目"愚蠢"。事实上，这些学生没有认识到每一个问题都没有唯一"正确"的回答；一些答案仅仅有恰当和更恰当之分，并不存在简单、快捷地解决复杂问题的有效方法。

特质之六：对推理的信心——重视证据和推理，将之视为发现真相的重要工具。

对推理的信心建立在两种信念的基础上，第一种信念就是给人们提供自由推理的环境，鼓励人们靠自己的推理能力得出结论，这会满足人性高层次的需要。这种信念同时建立在第二种信念的基础上。第二种信念是指人们可以学会自己思考，形成有价值的观点，得出合理的结论，清晰、准确、相关、有逻辑地进行思考，借助良好的推理和明确的证据来说服彼此，并且消除那些人类本性和社会生活中障碍的影响，成为理性的人。

当一个人有了对推理的信心时，他就会按照合理的推理行动。合乎理性这一观点就成为人一生中最有价值的东西之一，从而可将正确的推理作为接受或拒绝某一观点和立场的基本标准。

与对推理的信心相反的是对推理的怀疑。不严谨的思考者会感到合理推理带来的威胁。人在本性上是不擅长分析自己观点，而又对自己观点坚信不疑的。我们对自己的观点分析得越多，就会发现其中存在越多的问题，就会更少地去坚持未经分析过的观点。如果缺乏对推理的信心，那么人们自然会坚信自己的观点，而无论这些观点有多么荒唐。

特质之七：思维自主——重视思考的独立性。

思维自主意味着坚持用合理的标准进行思考。思维自主的思考者在决定接受或者拒绝某个观点的时候不依赖他人。只有在证据证明他人的观点是合理的时候，他们才会接受他人的观点。

在形成观点的过程中，批判性思维者拒绝不公正权威的影响，能够认识到合理权威的贡献。他们仔细地建立自己思维和行动的准则，而不是盲目地接受他人提供的准则。他们不局限于常规做事的方式，经常批评他人对社会习俗和现实的盲目接受。独立的思考者会努力探索有深刻见解的观点，无论这些观点是否被社会接受。独立的思考者不是任性的、顽固的、对他人合理的建议不负责任的，他们是自我检视的思考者，审慎地对待自己的错误和思考中的问题，能够自由地选择自己认为有价值的观点。

与思维自主相反的是思维"遵从"或思维依赖。思维自主是很难培养的，因为无论是在知识领域，还是经济领域，在很大程度上，人们总是被动地接受社会现实，自主性思考往往不会得到社会权威认可，简单遵从社会期望的思维和行为模式往往才会被社会接受。因此，大多数人在思维和行为上都会因循守旧，缺少自己独立思考的能力和动力，成为思维"遵从"的思考者。如果人们不加批判地接受他人的文化价值观，没有经过自己分析就遵从别人的信念，其思维就不是自由的。人们不可能在思维"遵从"的情况下做到思考公正，因为独立思考是多角度看待问题的前提条件。

4.3.3 推理无处不在

"思考"与"推理"这两个词在日常生活中常被作为同义词使用，也就是思考即推理。推理一词更为正式，因为它突出了思维的智力维度。理解事物的过程随时随地地伴随着结论的推演，而任何时候，当我们的头脑试图根据一些原因得出结论时，实际上就是一个推理的过程。批判性思考者经常会将思维标准进行权衡并融入推理元素中，进而发展自己的思维特质。当然，我们通常并没有完全意识到自己的全部推理过程。

推理伴随着我们每天的生活。从早晨起床开始，我们便不断作出选择、完成推理：早餐吃什么，穿什么衣服出门，是否走进上学途经的商店，选择与哪个朋友吃午餐，等等。此外，无论是解读对面司机的行为，还是对迎面而来的车辆作出反应，即选择加速或减速，这些过程中同样伴随着连续性的推理过程。由此，每个人都会对日常生活中遇到的事物，甚至所有的物质存在，包括诗歌、微生物、民众、数字、历史事件、社会背景、心理状态、个性特质、过去、现在和将来等，进行归因和推理。

为了更好地进行推理，我们试图挖掘这一过程的本质机制。我们想要解决的问题是什么？我们需要怎样的信息？我们是否拥有这些信息？如何检验这些信息的准确性？只有深入理解推理过程及其机制，才能有效规避某些错误，降低错误发生的可能性。

4.3.4 思维元素

思维元素也称为思维成分或思维基本构成。作为推理的基本维度，思维的这些元素的组合塑造了推理过程，也为思维的运作提供了整体逻辑。当我们能够熟练地识别出思维元素时，就能从基本成分层面更好地理解问题，也就能更好地识别出思维缺陷。识别思维元素的能力对培养批判性思维是至关重要的。

1. 思维元素概览

思维元素总是以一个相互关联的集合序列呈现。所有思维中都有八种元素（见图4-6）：目的，悬而未决的问题，信息，解释和推理，概念，假设，结果和意义，观点。思维有一定的目的性，人们在一定的观点下提出假设，产生一定的结果和意义，用一定的观念、理论来解释数据、事实和经验，并解决问题。

图 4-6 思维的八种元素

在推理的过程中，人们总是通过赋予事物一定的心理意义来理解客观事物。例如，听到抓门声会想到"那是狗"，看到阴云密布会想到"要下雨了"。一些思维活动发生在无意识层面，多数时候，人们的思维过程都不是明确可见的，只有在遇到有人质疑我们思维的可靠性，需要为自己的逻辑推理进行辩护时，思维过程才会变得意识化与清晰化。人的一生都在不断经历着确定目标，然后寻找途径实现目标的过程，其中让我们得以进行决断的正是推理这一心理机制。

推理具有目的性，这是指人们对事物的思考都是与其目标、欲望、需求和价值观念相一致的。每个人都存在着应对外部环境的模式化行为，而思维是这一模式化的主要部分。个体的思维即使是针对简单的事物，也同样遵循个体的行为模式，并迎合个体预设的目标。想要了解一个人（包括我们自己）的思维，必须了解其目的、内容，以及思维活动发展的趋势。将个体的目标与需求提升到意识认知层面是达成这种理解、培养批判性思维的关键。

推理中运用的知识是我们在解读、分类或整合信息时所凭借的整体观点或概念。所有学科（化学、地质学、文学、数学）都存在一系列的基本概念或专业性词汇，它们帮助人们理解、掌握这一学科的内涵。推理过程中信息的使用是指通过一些事实、数据或经验来支持推理的结论。当人们在进行推理时，"得出结论的依据是什么"这一问题很有探讨价值。

推理的意义是引导我们的思维方向。就考察个人诚信度而言，批判性思维的一项可靠原则就是看一个人是否"言必行，行必果"。

2. 思维元素的整合

要掌握思维的这些元素，必须用不同的方式对这些基本元素进行解释，直到这些元素间非线性的复杂联系在头脑中形成直觉性的概念联结为止。例如，无论健康与否，人体的基本结构都是存在的，而思维元素的存在也是如此，并不受思维质量或水平的影响。

思维的各个元素之间是相互关联的。因此，元素之间没有绝对的界限。

4.4 批判性思维的六个阶段

事实上，大多数人都没有完全表现出自己思维发展的潜能，这个巨大的潜力在绝大多数情况下仍处于休眠和未开发状态。改变思维习惯、提高思维水平是一个漫长和缓慢的过程。想要发展成为一名具有批判性思维的思考者，需要经历6个发展阶段（见图4-7）。

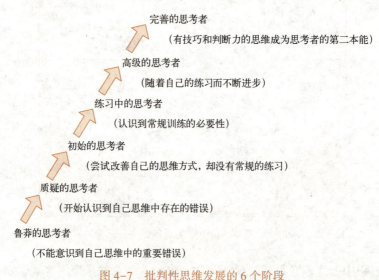

图4-7　批判性思维发展的6个阶段

阶段1：鲁莽的思考者

人生来就是鲁莽的思考者。一些人长期处在鲁莽的思考者阶段，他们从来不对自己的思维进行反思，根本没有意识到思维对人生的重要作用。处在这一阶段的人不知道如何分析和评价自己的思维方式，不知道如何确定自己的目的是否清晰、自己的假设是否公正、自己的结论是否符合逻辑。他们没有认识到思维特质的存在，更不会去努力掌握这些特质。在这一阶段，错误的思维方式经常会给他们的生活带来很多问题，但是他们并没有意识到这些错误。

尽管没有认识到，但这一阶段以自我为中心的倾向主导着他们的思考。由于缺少思维技能，因此他们注意不到自己的以自我为中心的倾向和偏见，以及自己不合理地忽略很多观点仅仅是因为他们不想改变自己的行为和观点。

清楚地认识到自己处于鲁莽的思考者阶段是向下一阶段过渡的条件。为了做到这一点，必须能够意识到自己思维中的错误、自己的思维常常是以自我为中心和不合理的、改变自己的思维是必要的。真诚的反思能够激发改变的动机。

阶段2：质疑的思考者

我们不能解决自己没有意识到的问题，不能处理一个不存在的情况。如果不能认识到自己知识的局限性，就不会寻求自己没有的知识。如果不知道自己需要哪些技能，就得不到应有的培养。

当意识到"一般"的思考者的思维方式较差（开始认识到自己思维中存在的错误）时，我们就进入了批判性思维的第二个发展阶段，即质疑的思考者阶段。我们开始注意到自己常常：

- 使用错误的、不完全的或误导性的信息；
- 作出与所掌握证据无关的推论；
- 没有发现自己的错误；
- 形成错误的概念；
- 从具有偏见的观点中进行推理；
- 以自我为中心和偏离理性地进行思考。

在质疑的思考者阶段，我们认识到思考方式塑造着生活，意识到思维中的问题可能导致生活中的问题。

想一想：反思下面这些人的思维方式。

- 认为抽烟很"酷"的青少年。
- 认为头盔影响了视野，因而觉得不戴头盔更安全的摩托车驾驶员。
- 认为喝醉酒也能"安全驾驶"的驾驶员。

如果你发现自己的思维处在这一阶段，就会发现改变自己的思维习惯是一项很大的挑战，提高思维水平的过程困难重重，因为这需要你在日常生活中做出广泛且艰难的改变。

在发展对自己思维质疑的能力时，自欺是一个明显的障碍。很多人拒绝承认他们自身的思维是生活中麻烦的来源。如果拒绝接受这一事实，就回到了鲁莽的思考者阶段。

阶段3：初始的思考者

当一个人积极地接受质疑并且想要成为一个更好的思考者时，他就进入了初始的思考者阶段（尝试改善自己的思维方式，但是没有常规的练习）。在思维发展的这一阶段，我们开始仔细地对待思维方式，能够向着清晰控制思考的终极目标前进。这一阶段是获得领悟和培养毅力的阶段。

一旦人们发现自己习惯于不良的思维方式，就会意识到问题的严重性。在初始的思考者阶段，我们应该认识到自己的思考有时是以自我为中心的。例如，我们常常忽视别人的需求，过分专注于自己的需求。我们会发现自己很少理解他人的观点，并且总是假设自己的观点是"正确的"。甚至，我们会发现自己经常试图控制别人，以达到自己的目的，或者过分听从于他人来实现自己的私利（为了回报而遵从他人）。

在作为初始的思考者思考自己的思维方式时，我们开始：
- 分析情景或问题的逻辑性，清晰、准确地表达问题；
- 检查信息的准确性和相关性；
- 区分出原始信息和他人对此事件的描述信息；
- 找到得出结论的假设；
- 找到有偏见的信念、不公正的结论、错误使用的词汇和忽略的意义；
- 注意到什么时候我们的私利会影响自己的观点。

作为初始的思考者，我们会逐渐懂得如何处理相关的思维元素（目的、问题、信息、解释等），会逐渐认识到检查思维方式的清晰性、准确性、相关性、精确性、逻辑性、公正性、广泛性、深刻性和公平性的好处，尽管此阶段还不能娴熟地掌握这些技能。我们就像芭蕾舞的初学者一样，感觉自己的基本动作不够优雅，还会摔跤、犯错误。我们对现在的思维水平不满意，但此时必须强迫自己严格思考。想要达到初始的思考者阶段，我们的一些价值观必须改变，必须探索自己思考的根本，并找出这样思考的原因。

影响我们思维形成的主要因素包括：
(1) 出生在一种文化当中；
(2) 出生在某一个时代；
(3) 出生在某一个地方；
(4) 父母或其他长辈抱有的特定信念（包括关于家庭、人际关系、婚姻、童年、服从、信仰和教育等的信念）；
(5) 已经建立的各种关系（在周围人群的基础上，有同样的观点、价值观和禁忌）。

许多影响因素会使我们产生错误的信念。批判性思维要求我们找出这些错误信念，并且代之以合理的信念。

例如，我们思考下列领域：社会、哲学、道德、智力、人类学、经济、历史、生物和心理学，由此形成自己独特的信念系统。通过这样的思考，我们应该意识到对自己的思维方式了解得很少。我们的思维方式是一个未开发的"世界"、一个被我们的生活所塑造的内部"世界"。这一内部"世界"的重要性不言而喻，它决定我们是高兴还是沮丧，决定我们所看到的、所想的事物。它可以让我们疯狂，也可以给我们提供安慰和平静。如果我们能够认识到这些事实，就会有动机去控制自己的思考，最终掌控自己的生活。

阶段4：练习中的思考者

从初始的思考者走向练习中的思考者（认识到常规训练的必要性）的唯一途径就是设计训练计划并进行日常训练。有很多设计训练计划的方法，你可以发现一些合适的起点，制订自己的计划，而真正的挑战是能够坚持完成你的计划。通过制订计划并且在实践的检验下反复修改，你会不断进步。戒骄戒躁，接受一些暂时的失败，不要气馁。人类思维的发展就像人类身体的成长一样。理论指导、反复训练和及时反馈是必要的。

下面是一些能够帮助你制订训练计划的建议。每一条建议都代表了一种可能提升思维方式的方法。你可以根据这些建议对训练计划进行检验，并加入自己的观点。

(1) 利用"浪费"的时间。事实上，没有人能够充分、有效甚至快乐地利用所有的时间。有时，我们会被无法控制的事情激怒，良好计划的缺乏带来了许多消极的后果，无端地将时间浪费在为过去的事情感到后悔和懊恼中，甚至只会注视着某个地方而发呆。但关键是，时间被浪费了。

试一试：利用你常常会浪费掉的时间来练习你的思维能力。例如，在方便的时候，你可以问自己下列问题。

- 我的思维在今天的哪些时候是最差的？我的思维在今天的哪些时候是最好的？
- 我今天实际上在思考什么？
- 我解决了哪些问题？
- 我是否无谓地为一些消极的思维而感到沮丧？
- 如果可以重新过这一天，那么我应该做出哪些改变？为什么？
- 我今天做了哪些对自己长期目标有益的事情？
- 我所做的事与自己的价值观相一致吗？
- 如果我以今天的方式生活10年，那么，最终，我能够完成一些有价值的事情吗？

对每个问题花上一点时间是重要的，时常回顾一下这些问题很有用。

（2）每天解决一个问题。从今天开始，每天选择一个问题，以便当你有空闲的时候进行思考。通过分析这个问题的要素，你要找出它的逻辑。

（3）将思维标准内化。每个星期选取一个思维标准进行研究，并积极地将它应用到自己的思维中。例如，这一个星期专注于清晰性，下一个星期专注于准确性，如此坚持下去。如果你正在专注于清晰性，那么试着注意自己在交流中不够清晰的地方，注意别人没有清晰表达的情况。在阅读的时候，检查你是否清楚自己阅读的内容。在写报告时，问一问自己是否清楚自己想要说什么、是否清楚地将自己的想法表达了出来。

（4）坚持写思维日志。每个星期写一定数量的日志条目。你可按照下面的原则将重要的事件记录下来。

- 描述那些对你的情感重要的事件（你非常关心的事情）。
- 一次只记录一个事件。
- 单独描述自己在某一情况下的行为，描述要详细和准确（你说了什么？你做了什么？你是如何反应的？）。
- 在描述的基础上，分析事件中到底发生了什么，挖掘事件的深层含义。
- 评价你对事件的分析（在这一事件中，你学到了什么？如果可以重来，那么你会对自己的行为做出哪些改变？）。

（5）重新塑造你的性格。每个月选择一种思维特质进行练习，努力思考你如何才能培养这一特质。如果你正专注于思维"谦逊"，就试着承认自己错误的情况，找出即使面对有力的证据证明自己是错误的时候也拒绝承认自己犯了错的情况。当别人试图指出你工作或者思维中的缺陷时，你要注意自己会在什么情况下开始防御。你还要注意自己在什么时候因自大而阻碍了学习。

（6）改变自我。每天通过回答下列问题观察自己：反思自己一天的行为，是否被细微的事情惹怒了？是否说了一些失去理性的话来坚持自己的意见？是否将自己的意愿强加给他人？当对某种事物产生强烈情感时，是否没能表达自己的意愿，以致后来愤恨自己？

一旦意识到以自我为中心的思维在起作用，就能通过系统思考（与更理性的人的对比）得出更合理的思维方式来代替它。

（7）改变你看待事物的方法。无论是个人生活事件还是社会生活事件，这个世界中的每一个事件都会有一个基本意义。事件的界定情况决定了我们对它的感受、行动方式，以及它对我们的意义。而事实上，每一种情况都有很多种定义方法，这给我们很多机会去改善生活。原则上，只有依靠自己的力量，才能使自己的生活更加快乐和圆满。

（8）关注自己的情绪。当你存在一些消极的情绪时，问自己"什么思维产生了这一情绪？这一思维有没有缺陷？我的假设是什么？我应该做这些假设吗？我做此思考时依据的信息是什么？这种信息可靠吗？"等问题。

（9）分析群体对你生活的影响。仔细分析你所属的群体鼓励哪些行为、不鼓励哪些行为。对于一个特定的群体，它要求或者希望你做什么？禁止你做什么？如果你的结论是你所属的群体没有要求你做任何事情，也没有任何禁忌的事情，那么很可能是因为你还没有对群体进行深入分析。

阶段5：高级的思考者

高级的思考者具有分析自己思维的习惯，会在更深层的思维水平上理解观点，能够控制个体与生俱来的以自我为中心和以社会为中心的倾向，而且能够做到思维上的"谦虚"和持之以恒。在学习任何一种技能时，反复练习都能带来进步，并且是持续进步。运用批判性思维的方式进行反复练习，最终成为一个高级的思考者，这应该是我们学习批判性思维方法的目标。

高级的思考者会系统地审查自己对概念、假设、推理和观点的思考。换句话说，那些有批判性思考能力并且定期剖析自己思维的人，以及注重培养自己思维的清晰性、准确性、精确性、相关性、逻辑性和合理性的人，都是高级的批判性思考者。

高级的思考者具备的一些重要特征：
- 理解思维在自己生活中扮演的重要角色；
- 理解思维、感受和需求之间的密切关系，对思维、感受和需求进行定期监控；
- 有效使用一系列改善自己思维的策略，定期批判性地思考自己的习惯；
- 坚持发展新的思维习惯，注重思维的完整性；
- 审慎对待生活中的不一致和矛盾；
- 有同理心且懂得换位思考，有勇气直面产生负面情绪的思维。

当我们发现自己能够很好地掌握理性生活规则时，我们就接近高级的思考者阶段了。想要达到思维发展的高级阶段，可能要花几年甚至更长的时间，因为许多因素都会影响我们向该方向的发展，其中比较重要的有动机、投入和反复练习。

阶段6：完善的思考者

如果想要我们能够自动地做出原本需要刻意付出努力的事情，那么需要反复练习。当高度熟练的表现成为思维活动的特征时，我们就进入了完善的思考者阶段（有技巧和判断力的思维成为思考者的第二本能）。

"完善"思维有以下特点：
- 系统地管理自己的思维，不断地监控、修改并且重新思考策略以获得思维的持续进步；
- 拥有深刻的、内化的思维技巧，批判性思维既是有意识的，又是高度自觉的；
- 积极地进行自我评价，主动地分析生活中重要领域的思维，并且不断发展出在更深层的思维水平上的新见解；
- 致力于公平的思维，尽力控制以自我为中心的本性；
- 系统地监控思维中概念、假设、推理、意义和观点的作用，并且不断完善这种监控；

- 对思维有高水平的认识和实际洞察力，将批判性思维内化为自己的思维习惯；
- 自觉评价自己思维的清晰性、准确性、精确性、相关性、逻辑性和合理性，以及所有的思维标准；
- 经常有效并且富有洞察力地批评自己的思维，不断改善和监控自己的思维，表达自己思维中固有的优缺点；
- 关注自己思维的易谬性，能够做到思维的"谦逊""正直""坚毅""勇气"和自主，以及对推理有信心和懂得换位思考，能够很好地控制以自我为中心和以社会为中心的思维。

完善的思考者需要一个批判型社会，一个重视批判性思维、会对有批判性思维的个体进行"奖励"的社会，一个父母、学校、社会团体和大众传媒重视培养并尊重批判性思维的社会。当人们必须用理性来应对并解决生活中的非理性问题时，如果要求所有人都达到批判性思考者发展的最高水平，就显得过于苛刻了。虽然大多数人都不会成为完善的批判性思考者，但是，认识到要成为一名完善的批判性思考者也是很重要的，因为它提出了我们的奋斗目标，我们要把它看成可能实现的目标并为之不断努力。

以下罗列的是对完善的思考者来说非常重要的特征。

（1）完善的思考者能意识到自己思维的运作机制。
- 意识到自己的思维和行动模式。
- 深思熟虑后做出思维的改变。

（2）完善的思考者能高度整合不同知识和大量信息。
- 灵活地运用不同的知识。
- 洞察基本概念和原则，组织大量信息。

（3）完善的思考者是合乎理性的。
- 能够概括知识，合理地使用概念和问题的逻辑。
- 能够在多重思维框架下推理，通过思考"增加"理解和洞察力。

（4）完善的思考者是有逻辑的。
- 经常分析事物的逻辑，综合分析多个理由和证据。
- 保持高度的一致性。

（5）完善的思考者是目光长远的。
- 采取长远的观点，规划自己的发展。
- 关注最终价值。

（6）完善的思考者是深刻的。
- 对自己的基本信仰和价值观有深刻见解。
- 抓住自己思维和情绪的根本，确保自己的信仰有理性的基础。
- 了解思维、感受和行动背后的深刻动机。

（7）完善的思考者是能够进行自我修正的。
- 应用思维标准评价自己的思维、感受和行为。
- 发现并批评自己的以自我为中心和以社会为中心的思维，关注自己的矛盾。

（8）完善的思考者是自由的。
- 追求理性。
- 能够调整自己的生活模式、习惯和行为。

- 是理性和公平的"榜样"。

因为完善的思考者成功地将自己的理想和思维、情感、行动联系起来,所以他们在行动时有很高的自我满足感和幸福感。理性是他们自我认同的重要部分,他们能够很好地调整自己的思维,能洞察那些企图利用地位和权势来威胁他们的策略,能够对那些因为惧怕权势而企图逃避的人表达异议。他们意识到了人类生命的短暂,从而更加珍惜现有的生活。他们努力做到诚实和自我完善,建立没有自欺和欺骗他人的人际关系。

完善的思考者能够意识到自身在广阔世界中的位置,努力去实现自己能够实现的目标。他们有自己的信念和观点却不深陷其中,不被自己的偏见和谬见所蒙蔽。

无论大脑开发到何种程度,我们的思维永远是有限的、易犯错误的、以自我为中心的、存有偏见和非理性的。因此,无论是现在还是将来,都不可能存在"完美"的思考者。人类所有的发展都会受到人类易谬性的限制。所以,完善的思考者能够强烈地意识到自己的局限性,知道自己离"完美"的思考者还有多远,他们会不断学习,不断开发自己的头脑,以及不断反思与批评。

【习题】

1. 批判性思维就是通过一定的（　　）来评价思维,进而改善思维,是合理的、反思性的思维。
   A. 标准　　　　　B. 技巧　　　　　C. 规范　　　　　D. 修饰
2. 批判性思维的一般过程包括质疑、（　　）和判断。
   A. 检查　　　　　B. 观察　　　　　C. 求证　　　　　D. 调查
3. 批判性思维（　　）学科边界,涉及智力或想象的论题都可从批判性思维的视角来审查。
   A. 明确　　　　　B. 没有　　　　　C. 限定　　　　　D. 规范
4. 在批判性思维方法中,人们通过（　　）来理解思维的运作方式,再将它应用到日常生活中。
   A. 数学运算　　　B. 积累时间　　　C. 开展实践　　　D. 使用理论
5. 无论面对什么样的情境、目标和困难,只要你能够掌控自己的（　　）,就能使事情向好的方向发展。
   A. 知识水平　　　B. 思维方式　　　C. 经济能力　　　D. 身体条件
6. 思维方式的进步就像其他领域的进步一样,都需要理论的指导、精力的投入和（　　）。
   A. 努力练习　　　B. 经济开销　　　C. 时间积累　　　D. 方法更新
7. 20世纪80年代以来,世界各国都把"批判性思维"作为（　　）的目标之一,指出"必须教育学生,使他们成为具有丰富知识和强烈上进心的公民。他们能够批判地思考和分析问题,寻找社会问题的解决方案并承担社会责任"。
   A. 职业能力　　　B. 能力基础　　　C. 高等教育　　　D. 社会实践
8. （　　）就是要认识到自己对未知知识的忽视程度,它要求我们清晰地认识到以自我为中心而导致的自欺行为,对自己的偏见和观点的局限性有所了解。
   A. 思维"谦虚"　B. 换位思考　　　C. 思维"勇气"　D. 思维"正直"
9. 具有（　　）,就意味着你能够公正地面对各种意见、信念和观点,即使这会让你感到痛苦,但它可以让你准确、公平地评判与你意见相左的意见、信念和观点。

A. 思维"谦虚" B. 换位思考 C. 思维"勇气" D. 思维"正直"

10. （　　）就是从他人的角度思考问题，从而真正地理解他人的观点。

A. 思维"谦虚" B. 换位思考 C. 思维"勇气" D. 思维"正直"

11. （　　）是指尊重严谨的思维，用同样的标准要求自己和他人。要练习为他人辩护，这要求我们承认自身思维和行动的不一致性，并识别出自身思维中的不一致。

A. 思维"谦虚" B. 换位思考 C. 思维"勇气" D. 思维"正直"

12. （　　）指的是战胜挫折、完成复杂任务的品格。这样的人在面对复杂任务和挫折时不会放弃，他们知道认真对复杂问题进行推理比快速得出结论更加重要。

A. 思维自主 B. 思维元素 C. 思维"坚毅" D. 对推理的信心

13. 重视证据和推理并将之视为发现真相的重要工具指的是（　　），它将给人们提供自由的环境，会满足人性高层次的需要。

A. 思维自主 B. 思维元素 C. 思维"坚毅" D. 对推理的信心

14. （　　）意味着坚持用合理的标准进行思考。只有在证据证明他人的观点是合理的时候，这样的思考者才会接受他人的观点。

A. 思维自主 B. 思维元素 C. 思维"坚毅" D. 对推理的信心

15. 人生来就是（　　）思考者。一些人长期处在这个思考者阶段，他们从来不对自己的思维进行反思，根本没有意识到思维对人生的重要作用。

A. 练习中的 B. 鲁莽的 C. 初始的 D. 质疑的

16. 当我们开始认识到自己思维中存在的错误时，就进入了（　　）思考者阶段。在这个阶段，我们认识到思考方式塑造着生活，意识到思维中的问题可能导致生活中的问题。

A. 练习中的 B. 鲁莽的 C. 初始的 D. 质疑的

17. 当一个人积极地接受质疑并且想要成为一个更好的思考者时，他就进入了（　　）思考者阶段。在思维发展的这一阶段，我们尝试改善自己的思维，但是没有常规的练习。

A. 练习中的 B. 鲁莽的 C. 初始的 D. 质疑的

18. 从初始的思考者走向（　　）思考者的唯一途径就是认识到常规训练的必要性，设计训练计划并进行日常的训练。

A. 练习中的 B. 鲁莽的 C. 初始的 D. 质疑的

19. （　　）思考者具有分析自己思维的习惯，会在更深层的思维水平上理解观点，能够控制个体与生俱来的以自我为中心和以社会为中心的倾向，而且能够做到思维上的"谦虚"和持之以恒。

A. 典型的 B. 高级的 C. 优秀的 D. 完善的

20. 当高度熟练的表现成为思维活动的特征时，我们就进入了（　　）思考者阶段。

A. 典型的 B. 高级的 C. 优秀的 D. 完善的

【实验与思考】学习使用思维导图工具

1. 实验目的

本节"实验与思考"的目的：学习使用思维导图工具。

2. 工具/准备工作

（1）在开始本实验之前，请回顾本书的相关内容。

（2）准备一台能够访问因特网的计算机。

3. 实验内容与步骤

由东尼·博赞发明的思维导图，又称心智导图，是表达发散性思维的有效图形思维工具。它简单却有效和高效，是一种实用的思维工具。思维导图运用图文并重的技巧，把各级主题的关系用相互隶属与相关的层级图表现出来，把主题关键词与图像、颜色等建立"记忆"连接。

思维导图充分发挥人的左、右脑的机能，利用记忆、阅读、思维的规律，协助人在科学与艺术、逻辑与想象之间平衡发展，从而开启大脑的无限潜能，因此具有思维的强大功能。

放射性思考是人类大脑的自然思考方式，每一种进入大脑的资料，无论是感觉、记忆还是想法，包括文字、数字、符码、香气、食物、线条、颜色、意象、节奏、音符等，都可以成为一个思考中心，并由此中心向外发散出成千上万的关节点。

每一个关节点表示与中心主题的一个联结，而每一个联结又可以成为另一个中心主题，再向外发散出成千上万的关节点，呈现出放射性立体结构，而这些关节点的联结可以视为人的记忆，就如同大脑中的神经元一样互相连接，也就是个人"数据库"。

（1）选择安装。网络上有很多优秀的思维导图软件。请你上网搜索并比较，选择一款思维导图软件，然后在其官网上下载并安装。

你选择下载并安装的思维导图软件：_____。

（2）制作"批判性思维"知识思维导图。在思维导图软件的帮助下，完成本章"批判性思维"知识思维导图的制作，其中的知识以本章内容为主，你还可通过搜索网络资料以适当补充新知识。注意通过保存文件、打印文档或者屏幕截屏等方式保存制作成果。

------------------------请将制作成果粘贴于此------------------------

（3）简述你对"批判性思维"的认识。在批判性思维的六个阶段中，你认为自己当前处于哪个阶段？

答：_____
_____
_____

4. 实验总结

_____
_____
_____

5. 实验评价（教师）

第 5 章
TRIZ 创新方法基础

相比传统的创新方法,比如试错法、头脑风暴法等,作为一套成熟的理论和方法体系,TRIZ(发明问题解决理论)具有鲜明的特点和优势。实践证明,运用 TRIZ 理论,可大大加快人们创造发明的进程,帮助人们系统地分析问题情境,消除思维障碍,快速发现问题本质或矛盾,确定问题探索方向。

5.1 TRIZ 起源与发展

TRIZ 是"发明问题解决理论"俄文单词转换成拉丁字母以后的首字母缩写。"发明问题解决理论"有表面和隐含两层含义,表面含义是强调解决实际问题,特别是发明问题;隐含含义是由解决发明问题而最终实现(技术和管理)创新,因为解决问题就是要实现发明的实用化,这符合创新的基本定义。

苏联发明家根里奇·阿奇舒勒和他的同事们在研究了来自世界各地的上百万个专利(其中包含二十多万个高水平发明专利)以后,提出了一套体系相对完整的"发明问题解决理论"(TRIZ)。

5.1.1 理论体系

阿奇舒勒在分析专利的过程中,从不同的角度,利用不同的分析方法对这些专利进行了分析,总结出了多种规律。如果按照抽象程度由高到低进行划分,那么可以将经典 TRIZ 中的这些规律表示为一个金字塔结构(见图 5-1)。

随着 TRIZ 的不断发展,不仅增加了很多新发现的规律和方法,还从其他学科和领域中引入了很多新的内容,极大地丰富和完善了 TRIZ 的理论体系(见图 5-2)。

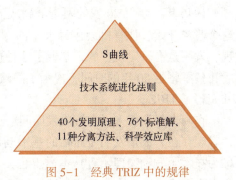

图 5-1 经典 TRIZ 中的规律

从图 5-2 中可以看出:
(1) TRIZ 的哲学范畴是辩证法和认识论;
(2) TRIZ 的理论基础是自然科学、系统科学和思维科学;
(3) TRIZ 的知识体系源于对海量专利的分析和总结;
(4) TRIZ 的思维基础是创新思维方法;
(5) TRIZ 的问题分析工具包括因果分析、资源分析、功能(组件)分析、裁剪分析和

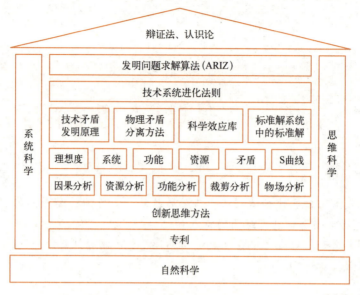

图 5-2 经典 TRIZ 的理论体系结构

物场分析；

（6）TRIZ 的基本概念——理想度、系统、功能、资源、矛盾和 S 曲线；

（7）TRIZ 的创新问题求解工具包括技术矛盾发明原理、物理矛盾分离方法、科学效应库、标准解系统中的标准解；

（8）TRIZ 的理论核心是技术系统进化法则；

（9）TRIZ 的创新问题通用求解算法是发明问题求解算法（ARIZ）。

5.1.2 发展历程

1946 年，年仅 20 岁的阿奇舒勒成为苏联里海舰队专利部的一名专利审查员，也就是从这个时候开始，他有机会接触大量的专利并对它们进行分析研究。在研究中，阿奇舒勒发现，发明是有一定规律的，掌握了这种规律有助于创造更多、更高级别的发明。阿奇舒勒先后花费了将近 50 年的时间，揭示了隐藏在专利背后的规律，构建了 TRIZ 的理论基础，创立并完善了 TRIZ。

在阿奇舒勒看来，在解决发明问题过程中，人们所遵循的科学原理和技术进化法则是一种客观存在。大量发明所面临的基本问题是相同的，它们所需要解决的矛盾（在 TRIZ 中，称为技术矛盾和物理矛盾）本质上也是相同的。同样的技术创新原理和相应的解决问题的方案会在后来的一次次发明中被反复应用，只是被使用的技术领域不同而已。因此，将那些已有的知识进行整理和重组，形成一套系统化的理论，就可以用来指导后来者的发明和创造。正是基于这一思想，阿奇舒勒与苏联的科学家们一起，对数以百万计的专利文献和自然科学知识进行研究、整理和归纳，最终建立了一整套系统化的、实用的、解决发明问题的理论和方法体系（见图 5-3）。

在 20 世纪 90 年代初期和中期，TRIZ 才被系统地传到了欧美其他国家并引起学术界和企业界的关注。特别是在 TRIZ 被传入美国后，密歇根州等地先后成立了 TRIZ 研究咨询机构，继续对 TRIZ 进行深入的研究，使 TRIZ 得到了更加广泛的应用和发展。

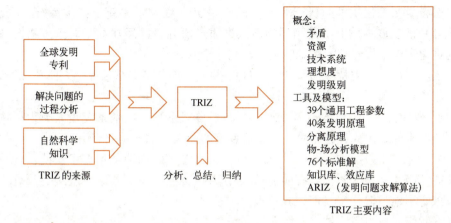

图 5-3 TRIZ 的来源与内容

在我国学术界，一些研究专利的科技工作者和学者在 20 世纪 80 年代中期就已经初步接触 TRIZ，并对它做了一定的资料翻译和技术跟踪。在 20 世纪 90 年代中后期，国内部分高校开始研究 TRIZ，并在本科生、研究生课程中介绍 TRIZ，在一定范围内开展了持续的研究和应用工作。进入 21 世纪，TRIZ 开始从学术界走向企业界。

2008 年，科学技术部、发展和改革委员会、教育部、中国科学技术协会联合发布了《关于加强创新方法工作的若干意见》，明确了创新方法工作的指导思想、工作思路、重点任务及其保障措施等。目前，我国已分批在绝大多数省（自治区、直辖市）开展了以 TRIZ 理论体系为主的创新方法的推广应用工作。

5.2 TRIZ 重要概念

在学习 TRIZ 的过程中，首先需要了解它的许多基本概念，包括 TRIZ 中的一些通用表述名词及其含义，如技术系统、功能、矛盾、理想度等，以便进一步深入学习 TRIZ 中的工具和方法。

5.2.1 技术系统

"系统"一词源于古希腊语，是由部分构成整体的意思。亚里士多德说："整体大于部分之和。"由此可见，人们对系统的研究从古代就已经开始了。"宇宙、自然、人类，一切都在一个统一的运转系统之中！世界是关系的集合体，而非实物的集合体。"这是人们早期对系统的朴素认知。随着人们对自然系统认知的加深，形成了系统的原始概念。再由自然系统到人造系统和复合系统，逐渐深入，形成了系统的概念。

朴素的系统观是指一个能够自我完善，达到动态平衡的元素集合（生物链、环境链），如一个池塘。系统一般是一个可以自我完善的，并且能够动态平衡的物品集合，如四季变化形成的气象系统、动物种群相互依存的食物链系统、水循环系统等。系统的概念发展大致经历了四个阶段：古代整体系统观，近代机械系统观（实现单一功能），辩证系统观（整体与部分、运动与静止、联系与制约），现代复杂系统观（多功能的组合体、多功能相互交互的结果）。

对自然科学和工程技术的研究表明：任何系统（生物学系统、技术系统、信息系统、社会系统等）的发展本质上都是相同的。人类通过研究，已经建立了关于生物学系统和经济系统的进化理论，而对技术系统的类似研究才刚刚开始。

研究表明，作为一类特殊的系统，与自然系统（如自然生态系统、天体系统等）相比，技术系统应该具有如下两个鲜明的特征。

（1）技术系统是一种"人造"系统。不同于自然系统，技术系统是人类为了达到某种目的而创造出来的。因此，技术系统与自然系统的最大差别就是它有明显的"人为"特征。

（2）技术系统能够为人类提供某种功能。人类之所以创造某种技术系统，就是为了实现某种功能。因此，技术系统具有明显的"功能"特征。在对技术系统进行设计、分析的时候，应该牢牢地把握住"功能"这个概念。

于是，我们对技术系统的定义如下：技术系统是指人类为了实现某种功能而设计、制造出来的一种人造系统。

作为一种特殊的系统，技术系统符合系统的定义，具有系统的五个基本要素（输入、处理、输出、反馈和控制），也具有系统应该拥有的所有特性。

技术系统是相互关联的组成成分的集合。同时，各组成成分有其各自的特性，而它们的组合具有与其组成成分不同的特性，用于完成特定的功能。技术系统是由要素组成的，若组成系统的要素本身也是一个技术系统，即这些要素由更小的要素组成，称之为子系统。反之，若一个技术系统是较大技术系统的一个要素，则称较大系统为超系统。这体现了技术系统的层次性。

例如，汽车是一个技术系统，它的子系统有汽车发动机、汽车轮胎、外壳等，同时我们还可以把整个交通系统看作它的超系统。而如果汽车发动机是一个技术系统，那么它的子系统有变速齿轮、传动轴等，汽车则是它的超系统。

技术系统进化是指实现技术系统功能的各项内容从低级向高级变化的过程。新的技术系统在刚刚诞生的时候，往往是简单的、粗糙的和效率低下的。随着人类对其要求的不断提高，需要不断地对技术系统中的某个或某些参数进行改善。

5.2.2 功能

20世纪40年代，美国通用电气公司的工程师劳伦斯·戴罗斯·迈尔斯首先提出"功能"的概念，并把它作为价值工程研究的核心问题。

功能的由来有两种：一种是人们的需求，另一种是人们从实体结构中抽象出来的。人们的需求是主动地提出功能，结构中抽象是被动地挖掘出功能。如汽车、飞机的出现，最初不是人们想要利用它们运载人或物，而是随着时代的发展，人们逐渐发掘出其功能。因此，广义的功能定义为：研究对象能够满足人们某种需要的一种属性。例如，冰箱具有满足人们"冷藏食品"的属性；起重机具有帮助人们"移动物体"的属性。企业生产的实际上是产品的功能，用户购买的实际上也是产品的功能。如用户购买电冰箱，实际上是购买"冷藏食品"的功能。

在 TRIZ 中，功能是产品或技术系统特定工作能力抽象化的描述，它与产品的用途、能力、性能等概念不尽相同。例如，钢笔，它的用途是写字，而功能是存、送墨水；铅笔，它的用途是写字，而功能是摩擦铅芯；毛笔，它的用途是写字，而功能是浸含墨汁。

任何产品都具有特定的功能，功能是产品存在的理由，产品是功能的载体；功能附属于产品，又不等同于产品。

5.2.3 矛盾与冲突

在现实生活中，人们用"矛盾"来比喻相互抵触，互不相容的关系。工程中同样存在矛盾。例如，在飞机制造中，为了提高飞机外壳的强度，很容易想到的方法是增加外壳的厚度，但是厚度的增加势必会造成重量的增加，而重量增加却是飞机设计师最不想见到的。在其他诸多行业中，这样的矛盾也十分常见。

TRIZ 中的技术问题可以定义为技术矛盾和物理矛盾。

技术矛盾是指为了改善系统的一个参数，而导致另一个参数的恶化。技术矛盾描述的是两个参数的矛盾。例如，改善汽车的速度，导致了安全性发生恶化。在这个例子中，涉及的两个参数是速度和安全性。

物理矛盾就是针对系统的某个参数，提出两种不同的要求。当对一个系统的某个参数具有相反的要求时，就出现了物理矛盾。例如，飞机的机翼应该尽量大，以便在起飞时获得更大的升力，同时飞机的机翼应该尽量小，以便减少高速飞行时的阻力；钢笔的笔尖应该细，以便用钢笔能够写出较细的文字，同时钢笔的笔尖应该粗，以避免锋利的笔尖将纸划破。可见，物理矛盾是对技术系统的同一参数提出相互排斥的需求时出现的一种物理状态。无论是技术系统的宏观参数，如长度、导电率和摩擦系数，还是描述微观量的参数，如粒子浓度、离子电荷和电子速度等，都可以对其中存在的物理矛盾进行描述。

通过对大量发明专利的研究，阿奇舒勒发现，真正的"发明"（指发明级别为第二、第三和第四级的专利）往往都需要解决隐藏在问题当中的矛盾。于是，阿奇舒勒规定：是否出现矛盾（又称"冲突"，冲突可以理解为必须解决的矛盾）是区分常规问题与发明问题的一个主要特征。由此我们可以简单地认为，如果问题中不包含矛盾，那么这个问题就不是一个发明问题（或 TRIZ 问题）。与一般性的设计不同，只有在不影响系统现有功能的前提下成功地消除矛盾，才能认为是发明性地解决了问题。也就是说，矛盾应该是这样解决的：在完善技术系统的某一部分或优化某一参数的同时，其他部分的功能或其他参数不会被影响。

5.2.4 物场模型与标准解

在科学研究中，模型是对系统原型的抽象，通过抽象，就可以利用模型来揭示研究对象的规律性。TRIZ 中的"物质-场"模型（简称"物场模型"）是一种用图形化语言对技术系统进行描述的方法，也是理解和使用其标准解系统的基础。

1. 物质

任何工具，无论是简单的还是复杂的，之所以出现，都是为了实现某种目的。通常，工具所要达到的目的就是工具功能的具体体现。同时，任何工具都需要有一个作用对象。只有当该工具作用于这个作用对象上的时候，工具的功能才得以实现。因此，从这个角度来讲，工具是功能的载体，作用对象是功能的受体，而作用就是联系工具和作用对象的"桥梁"。例如，当我们用锤子砸钉子的时候，锤子是工具，钉子是作用对象，而"砸"就是将锤子和钉子联系起来的作用。

"物质"是指工程系统中包含的任意复杂级别的具体对象，可以是任何实质性的东西，如基本粒子、铅笔、车轮、电话、汽车、航天飞机等。物场模型中物质的含义比一般意义物质更广一些：它不仅包括各种材料，还包括技术系统（或其组成部分）、外部环境，甚至活的有机体。这样设置的目的在于利用物场模型来简化解决问题的进程。

2. 场

在物理学中，人们把实现物质微粒之间相互作用的物质形式称为场。目前已经发现的基本场共有四种：重力场、电磁场、强作用场和弱作用场。

在技术系统中，物质之间的作用是多种多样的，能量的供给形式也是千变万化的。于是，阿奇舒勒对场这个物理学概念进行了泛化，将存在于物质之间的各种各样的作用都用场来表示，并使用了更细的分类法，如力场（压力、冲击、脉冲）、声场（超声波、次声波）、热场、电场（静电、电流）、磁场、电磁场、光学场（紫外线、可见光、红外线）、辐射场（电离、放射性）、化学场（氧化、还原、酸性、碱性环境）、气味场等。

TRIZ中指出，系统的进化本质上就是向着更高级、更复杂的场的进化。按照可控性由低到高的顺序，可以将场依次排列为：重力场→机械场→声场→热场→化学场→电场→磁场→辐射场。因此，如果某个技术系统当前采用的是机械场的方式，那么，接下来，可以考虑用声场、热场、化学场、电场或磁场来替代机械场，从而推动技术系统向更高级的形式进化。

在TRIZ中，技术系统是由"物质"和"场"这两种元素所构成的集合体。物场模型就是从功能的角度对技术系统进行抽象和建模，从而使我们能够将注意力集中在问题发生的那个点上（最小范围）。对问题的模型描述，就是对问题所处情境的模型化抽象，也就是对需要改进的最小限度的可工作的技术系统的模型化描述。

3. 物场分析

TRIZ理论中的功能一般遵循以下两条原理。

（1）任何一个系统，经过分解后，其底层的功能都可以分解为3个基本元素，即物质1、物质2和场。

（2）将相互作用的3个基本元素进行有机组合，形成一个功能。

表达一个系统的功能时，主要使用三角形形式，它简单实用且应用广泛（见图5-4）。在三角形物场模型中，两个下角通常表示两种物质（S），上面的一个角通常表示场（F）。一个复杂的系统，经过分解后，可以运用多个组合三角形模型表示（见图5-5）。

图5-4 简单三角形形式的物场模型

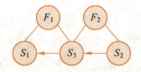

图5-5 复杂三角形形式的物场模型

例5-1 用洗衣机洗衣服。

S_1——衣服，S_2——洗衣机，F_1——清洗（机械场）。用洗衣机洗衣服的物场模型如图5-6所示。

例5-2 奔驰的列车。

S_1——列车，S_2——铁轨，F_1——支撑（机械场）。奔驰的列车的物场模型如图5-7所示。

图 5-6 用洗衣机洗衣服的物场模型

图 5-7 奔驰的列车的物场模型

4. 物场模型

根据物场分析，可以将技术系统中的物理矛盾或技术矛盾归纳为以下 4 种类型。

（1）有效模型。这是一种理想的状态，也是设计者追求的状态。功能的 3 个元素都存在，且相互之间的作用充分。

（2）不充分模型。功能的 3 个元素齐全，但设计者追求或预期的相互作用未能实现或只是部分实现。

（3）缺失模型。功能的 3 个元素不齐全，可能缺少物质，也可能缺少场。

（4）有害模型。虽然功能的 3 个元素齐全，但是产生的相互作用是一种与预期相反的作用，设计者不得不想办法消除这些有害的相互作用。

对于第一种情况，系统一般不存在问题；而如果是属于后三种模型中的任何一种，系统就会出现各种问题，因此，后三种模型自然是 TRIZ 理论重点关注的情况。为了能够简单、方便地描述物场模型，推荐采用表 5-1 中的图形符号表示系统中存在的物场类型。

表 5-1 常用的相互作用表示符号

符 号	意 义	符 号	意 义
—→	期望的作用	∿→	有害的作用
---→	不足的作用	⇒	改变的模型

例 5-3 加贴玻璃纸。

为了保护个人隐私，在浴室的玻璃上贴上不透明的玻璃纸。

在这个例子中，没有贴玻璃纸之前，浴室的物场模型可以用图 5-8a 表示。

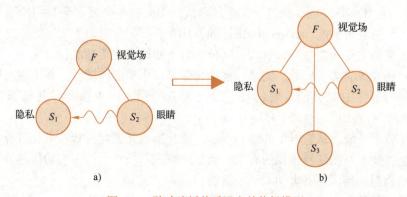

图 5-8 贴玻璃纸前后浴室的物场模型

显然，S_2 与 S_1 的相互作用不是我们期望的作用，为了抑制这种作用，引入 S_3（玻璃纸）。在引入玻璃纸之后，浴室的物场模型可以用图 5-8b 表示。

5. 标准解系统

阿奇舒勒从 20 世纪 70 年代初开始着手进行物场分析、物场模型和标准解的开发，到 1977 年，他总结出了 10 个标准解，其后标准解的数量逐渐增加到 32 个、48 个，并最终增加到 76 个。为了方便大家使用，阿奇舒勒按照功能的不同，将这些标准解分为 5 级，18 子级，每一级都针对一种特定类型的问题，从而将标准解组织成一个系统，称为标准解系统。1985 年，阿奇舒勒正式发布了包含 76 个标准解的标准解系统。

标准解系统各级中解法的先后顺序反映了技术系统必然的进化过程和方向。标准解适用于解决标准问题并能快速获得解决方案，通常在生产实践中用来解决概念设计的开发问题。标准解是阿奇舒勒后期进行 TRIZ 理论研究的重要成果，也是 TRIZ 高级理论的精华之一。

5.2.5 理想度、理想系统与最终理想解

阿奇舒勒在研究中发现，所有的技术系统都在沿着增加其理想度的方向发展和进化。关于理想度的定义，阿奇舒勒是这样描述的：系统中有用功能的总和与系统有害功能和成本之和的比例。

1. 理想度

技术系统的理想度与有用功能总和成正比，与有害功能总和成反比。理想度越高，产品的竞争能力越强。可以说，创新的过程，就是提高系统理想度的过程。因此，在发明创新中，应以提高理想度作为设计的目标。人类不断改善技术系统以使它速度更快、效果更好和成本更低的本质就是提高系统的理想度。以理想度的概念为基础，引出了理想系统和最终理想解的概念。

每个技术系统之所以被设计、制造，就是为了提供一个或多个有用功能（Useful Function，UF）。一个技术系统可以执行多种功能，在这些有用功能中，有且只有一个最有意义的功能，这个功能是技术系统存在的目的，称为主要功能（Primary Function，PF）。主要功能也称为首要功能或基本功能。注意，一个系统往往具有多个有用功能，至于哪个有用功能才是主要功能，就要具体问题具体分析了。另外，为了使主要功能得以实现，或提高主要功能的性能，技术系统中往往具有多个辅助性的有用功能，称为辅助功能（Auxiliary Function，AF）或伴生性功能。同时，每个技术系统中会有一个或多个我们所不希望出现的效应或现象，称为有害功能（Harmful Function，HF）。

例如，坦克的主要功能是消灭敌人。同时，为了使这个主要功能得以实现，且能够更好地实现，坦克还需要防护、机动、瞄准、自动装弹等有用功能的辅助。在实现有用功能的同时，坦克在运行过程中会引起空气污染，放出大量的热，产生振动，发出噪声，这些在 TRIZ 中都被看作有害功能。

对于一个技术系统，从它诞生的那一刻起，就开始了其进化过程。进化过程中的具体表现：在数量上，技术系统能够提供的有用功能越来越多，所伴生的有害功能越来越少；在质量上，有用功能越来越强，有害功能越来越弱。

下面的公式就是理想度的定义，它表示了技术系统的进化趋势。

$$I = \frac{\sum_{i=1}^{\infty} B_i}{\sum_{j=1}^{0} C_j + \sum_{k=1}^{0} H_k} = \infty$$

其中，I 为理想度，B 为技术系统的效益，C 为成本，H 为有害功能，i 为变量 B 的数量，j 为变量 C 的数量，k 为变量 H 的数量。

上式将有用功能用技术系统的效益来表示，将有害功能细化为系统的成本（如时间、空间、能量、重量等）和系统产生的有害作用之和。上式明确指出，在技术系统的进化过程中，其效益不断增加，有害作用不断降低，成本不断减小（系统实现其功能所需的时间、空间、能量等不断减少，同时，系统的体积和重量也不断减小），系统的理想度不断提高，最终趋近于无穷大。

根据上述定义，可以用以下三种方法来提高系统的理想度。
（1）增加有用功能。
（2）降低有害功能或成本。
（3）将（1）与（2）结合使用。

2. 理想系统

随着技术系统的不断进化，其理想度会不断提高，即技术系统变得越来越理想。当技术系统的有用功能趋近于无穷大，有害功能为零，成本为零的时候，就是技术系统进行的终点。此时，由于成本为零，因此技术系统已经不再具有真实的物质实体，也不消耗任何的资源。同时，由于有用功能趋近于无穷大，有害功能为零，因此技术系统不再具有任何有害功能，且能够实现它应该实现的一切有用功能。这样的技术系统就是理想系统。

在 TRIZ 中，理想系统是指，作为物理实体，它并不存在，也不消耗任何的资源，却能够实现所有必要的功能，即系统的质量、尺寸、能量消耗无限趋近于零，系统实现的功能趋近于无穷大。因此，也可以说，理想系统没有物质形态（即体积为零、重量为零），也不消耗任何资源（消耗的能量为零、成本为零），却能实现所有必要的功能。

理想系统只是一个理论的、理想化的概念，是技术系统进化的极限状态，是一个在现实世界中永远也无法达到的终极状态。但是，理想系统就像北极星一样，为设计人员和发明家指出了技术系统进化的终极目标，是寻找问题解决方案和评价问题解决方案的最终标准。

在现实世界中，设计人员和发明家的使命就是不断改善系统的有用功能、消除有害功能和降低成本，使技术系统逐步向理想系统逼近。

3. 最终理想解

产品创新的过程就是产品设计不断迭代，理想度不断由低级向高级演化的过程，该过程无限逼近理想状态。当设计人员不需要额外的花销就实现了产品的创新设计时，这种状况就称为最终理想解（Ideal Final Result，IFR）。或者，基于理想系统的概念而得到的针对一个特定技术问题的理想解决方案，也称为最终理想解。

最终理想解的实现可以这样表述：系统自己能够实现需要的动作，并且同时没有有害作用的参数。通常，最终理想解的表述中需要包含以下两个基本点：系统自己实现这个功能；没有利用额外的资源，并且实现了所需的功能。

最终理想解是从理想度和理想系统延伸出来的一个概念，是用于问题定义阶段的一种心理学工具,是一种用于确定系统发展方向的方法。它描述了一种超越了原有问题的机制或约束的解决方案,指明了在使用 TRIZ 工具解决实际技术问题时应该努力的方向。这种解决方案可以被看作与当前所面临的问题没有任何关联的、理想的最终状态。

例如,高层建筑物的玻璃窗的外表面需要定期清洗。目前,清洁工作需要在高层建筑物的外面进行,是一种高危险、高成本的工作,只有那些经过特殊培训和认证的"蜘蛛人"才能够胜任。能不能在高层建筑物的内部对玻璃进行清洁呢?该问题的最终理想解可以定义为:在不增加玻璃窗设计复杂度的情况下,在实现玻璃现有功能且不引入新的有害功能的前提下,玻璃窗能够自己清洁外表面。

通过这个例子可以看出,最终理想解是针对一个已经被明确定义出来的问题,所给出的一种理想的解决方案。通过将问题的求解方向聚焦于一个清晰、可见的理想结果,最终理想解为后续使用其他 TRIZ 工具解决问题创造了条件。

最终理想解的确定和实现可以按照下面提出的问题,分为 6 个步骤来进行。
(1) 设计的最终目的是什么?
(2) 最终理想解是什么?
(3) 达到最终理想解的障碍是什么?
(4) 出现这种障碍的结果是什么?
(5) 不出现这种障碍的条件是什么?
(6) 创造这些条件时可用的资源是什么?

上述问题一旦被正确地理解并描述出来,问题就得到了解决。当确定了创新产品或技术系统的最终理想解后,检查它是否符合最终理想解的特点,并进行系统优化,直到确认达到或接近最终理想解为止。最终理想解同时具有以下 4 个特点。
(1) 保持了原系统的优点。
(2) 弥补了原系统的不足。
(3) 没有使系统变得更复杂。
(4) 没有引入新的不足。

因此,设定了最终理想解,就是设定了技术系统改进的方向。最终理想解是解决问题的最终目标,即使理想的解决方案不能完全获得,它也会引导你得到巧妙和有效的解决方案。

以定义最终理想解作为解决问题的开端有以下好处。
(1) 有助于产生突破性的概念解决方案。
(2) 避免选择妥协性的解决方案。
(3) 有助于通过讨论来清晰地设立项目的边界。

这个强有力的工具不仅可以用在 TRIZ 中,也可以用于其他科学领域。它是研发人员确定理想目标的有效方法——如何在不增加系统复杂度的前提下得到所需的功能。

5.3　TRIZ 核心思想

阿奇舒勒发现,技术系统进化过程不是随机的,而是有客观规律可以遵循的,这种规律在不同领域反复出现。TRIZ 的核心思想有以下 3 条。
(1) 在解决发明问题的实践中,人们遇到的各种矛盾以及相应的解决方案总是重复出现的。

（2）用来彻底而不是折中解决技术矛盾的创新原理与方法的数量并不大，一般科技人员都可以学习、掌握。

（3）解决本领域技术问题的有效的原理与方法往往来自其他领域的科学知识。

阿奇舒勒还发现，"真正的"发明专利往往都需要解决隐藏在问题当中的矛盾。于是，阿奇舒勒规定：是否出现矛盾是区分常规问题与发明问题的一个主要特征。发明问题是指至少解决一个矛盾（技术矛盾或物理矛盾）的问题。

由于 TRIZ 的来源是对高水平发明专利的分析，因此，人们通常认为，TRIZ 更适合解决技术领域里的发明问题。目前，TRIZ 已逐渐由原来"擅长"的工程技术领域，向自然科学、社会科学、管理科学、生物科学等多个领域逐渐渗透，尝试解决这些领域中的问题。

5.4 理想化方法的应用

理想化方法是科学研究中创造性思维的基本实现方法之一，它主要是在大脑中设立理想的模型，把对象简化、钝化，使它升华到理想状态，通过思想实验的方法来研究客体运动的规律。一般的操作程序：首先，对经验事实进行抽象，形成一个理想客体；然后，通过思维的想象，在观念中模拟其实验过程，把客体的现实运动过程简化，并上升为一种理想化状态，使它更接近理想指标。在一定条件下，把物质看作质点，把实际位置看作数学上的点，忽略摩擦力的存在，这些都是理想化的结果。在科学的发展历史中，很多科学家正是通过理想化方法获得了划时代的科学发现，如伽利略的惯性定律、牛顿的抛体运动实验等。

"理想化"涉及的范围非常广，包括理想系统、理想过程、理想资源、理想方法、理想机器、理想物质等。

（1）理想系统既没有实体和物质，又不消耗能源，但是它能实现所有需要的功能，并且不传递、不产生有害作用（如废弃物、噪声等）。

（2）理想过程就是只有过程的结果，无须过程本身，在提出需求的一瞬间就获得了所需要的结果。

（3）理想资源就是存在无穷无尽的资源，可随意使用，而且不必支付成本（如空气、重力、阳光、风、泥土、地热、地磁、潮汐等）。

（4）理想方法就是不消耗能量和时间，仅通过系统自身调节，就能够获得所需的功能。

（5）理想机器没有质量、体积，但能实现所需的功能（类似理想系统）。

（6）理想物质就是没有物质，但是功能得以实现。

从以上描述可以看出，真正的理想系统是不存在的。但是，我们通过创新的方法巧妙应用，可以让现实中的系统无限趋近理想化的系统，即一步步提高现实系统的理想度。

就提高某种产品或者某个技术系统的理想度而言，我们可以从以下 6 个方向进行努力。

（1）增加新的、有用的功能，或从外部环境（较为理想的就是自然环境）获得功能。

（2）提高有用功能的级别，把尽可能多的功能高效传输到工作元件上。

（3）降低成本，充分利用内部或外部已存在的、可利用的资源，尤其是免费的理想资源。

（4）减小有害功能的数量，尽量剔除那些无效、低效、产生副作用的功能。

（5）降低有害功能的级别，预防和抑制有害功能的产生，或者将有害功能转化为中性功能。

（6）将有害功能移到外部环境中，使之不再成为系统的有害功能。

总之，理想度是一个综合反映技术系统的成本、经济效益与社会效益的客观指标。它可以作为评估某项技术创新成果、某种引进技术和某个重大技术专项的重要指标。

例 5-4 运送矿渣。

在炼铁时，高炉里会生成矿渣以及融化的镁、钙等氧化物的混合物。炽热的矿渣达到 1000℃，倒进大的钢水包里，并通过铁路平板车运去加工。目前，利用开口的料斗运送矿渣，由于表面冷却，将会产生硬的外壳，这样不仅损失原料部分，还很难倒出矿渣。在工厂，为了捣碎这部分矿渣，要用专门的设备敲击外壳。但是，有窟窿的硬壳同样会阻挡矿渣的倒出。在传统的产品改进思路中，设计者首先想到的就是为料斗设计隔热的盖子，这将使料斗变得特别沉重。盖上和打开盖子时不得不使用吊车，这不但增加子系统的复杂性，而且增加的子系统降低了系统的可靠性。显然，这不符合最终理想解 4 个特点中的后两个。理想的盖子是什么样的呢？应该是不存在盖子，却实现了盖子的功能，即将矿渣和空气隔绝。

如果用最终理想解方法来分析，那么会得到截然不同的创新设计方案。

（1）设计的最终目的是什么？

答：矿渣不会冷却，能够很好地进行保温。

（2）最终理想解是什么？

答：矿渣自己保温。

（3）实现最终理想解的障碍是什么？

答：料斗周围有冷空气。

（4）出现这种障碍的结果是什么？

答：矿渣变硬，不容易倒出。

（5）不会出现这种障碍的条件是什么？

答：矿渣上面有隔绝冷空气的物质。

（6）创造这些条件可用的资源是什么？

答：矿渣、空气。

解决方案：在液态矿渣上泼冷水，泼上去的水和热矿渣由于相互作用而产生矿渣泡沫。泡沫是很好的保温体和"盖子"，而且不会阻挡液态矿渣的倒出。这里，解决问题的资源是矿渣本身，矿渣和冷水的结合可以产生新的特性。

【习题】

1. 苏联发明家阿奇舒勒和他的同事们在研究了来自世界各地的上百万个专利以后，提出了一套体系相对完整的"发明问题解决理论"，即（　　）。

　　A. Python　　　　B. Java　　　　C. TRIZ　　　　D. DIY

2. 下列描述经典 TRIZ 体系结构的句子中，不正确的是（　　）。

　　A. TRIZ 的理论基础是工业工程、心理学和唯心主义

　　B. TRIZ 来源于对海量专利的分析和总结

　　C. TRIZ 的理论核心是技术系统进化法则

D. TRIZ 的基本概念包括进化、理想度、系统、功能、矛盾和资源
3. 一项技术成果之所以能通过专利审查，获得专利证书，必定有其（　　）。
   A. 可爱之处　　B. 独到之处　　C. 盈利亮点　　D. 工作能力
4. 专利的作用就是准确地确定一个边界，在这个范围之内，用法律的形式对技术领域的（　　）进行经济利益的保护。
   A. 产量　　B. 质量　　C. 创新　　D. 利润
5. 从技术的角度来看，判断是否具有创新性，其创新的程度有多高，重要的是要识别出该（　　）的创新的核心是什么。
   A. 产品或技术　　B. 规章制度　　C. 文学作品　　D. 思想方法
6. 发明的独特之处就在于（　　），解决现有技术系统中存在的问题。
   A. 实现利润　　B. 实现理想　　C. 获得表扬　　D. 解决矛盾
7. 与自然系统相比，作为一类特殊的系统，技术系统具有鲜明的特征。下列（　　）不是对技术系统的正确描述。
   A. 以天然物为要素，由自然力所形成的系统
   B. 是一种"人造"系统，有明显的"人为"特征
   C. 不同于自然系统，技术系统是人类为了实现某种目的而创造出来的
   D. 人类之所以创造它，是为了实现某种功能
8. （　　）的由来有两种：一种是人们的需求，另一种是人们从实体结构中抽象出来的。
   A. 能力　　B. 力量　　C. 功能　　D. 智慧
9. 现实生活中，人们常用"（　　）"来比喻相互抵触，互不相容的关系。
   A. 和谐　　B. 竞争　　C. 斗争　　D. 矛盾
10. 技术矛盾描述的是两个参数的矛盾，是指为了（　　）系统的一个参数，而导致另一个参数的（　　）。
    A. 改善，恶化　　　　　　B. 恶化，改善
    C. 扩大，缩小　　　　　　D. 提高，降低
11. 当对一个系统的某个参数具有（　　）的要求时，就出现了物理矛盾。
    A. 很高　　B. 相反　　C. 相同　　D. 一致
12. 研究中发现，所有的技术系统都在向着增加其（　　）的方向发展和进化。
    A. 理想度　　B. 利润率　　C. 功能性　　D. 高质量
13. 根据定义，可以用三种方法来提高系统理想度，但下列（　　）不属于其中之一。
    A. 增加有用功能　　　　　B. 改善无用功能
    C. 降低有害功能或成本　　D. 将 A 与 C 结合起来
14. （　　）是指既没有实体和物质，又不消耗能源，但是能实现所有需要的功能，而且不传递、不产生有害的作用（如废弃物、噪声等）。
    A. 超级系统　　B. 创新成果　　C. 理想系统　　D. 最终理想解
15. 基于理想系统的概念而得到的针对一个特定技术问题的理想解决方案，被称为（　　）。
    A. 最佳状态　　B. 做好结果　　C. 成功　　D. 最终理想解
16. 对理想的技术系统的描述不正确的是（　　）。

  A．可以实现所有必要的功能   B．不消耗任何资源
  C．作为实体并不存在   D．消耗少量资源，实现必要功能

17．在 TRIZ 中，关于最终理想解的说法，下面（　　）是不正确的。

  A．保持了原系统的优点   B．没有引入新的缺点
  C．消除了原系统的缺点   D．使系统变得更复杂

18．理想度定义公式表示了技术系统的进化趋势。在下列选项中，（　　）不是定义理想度公式中的内容。

  A．中性功能 B．有用功能 C．成本 D．有害功能

19．下列描述 TRIZ 核心思想的句子中，不正确的是（　　）。

  A．在解决发明问题的实践中，人们遇到的各种矛盾以及相应的解决方案总是重复出现
  B．"和谐"是解决问题的理想办法，且方法很多
  C．用来彻底而不是折中解决技术矛盾的创新原理与方法，其数量并不多
  D．解决本领域技术问题的有效原理与方法，往往来自其他领域的科学知识

20．由于 TRIZ 最初来源于对高水平发明专利的分析，因此，人们通常认为，TRIZ 更适合解决（　　）的发明问题。

  A．经济领域 B．机械行业 C．技术领域 D．管理范畴

【实验与思考】最终理想解方法的实践

1. 实验目的

本节"实验与思考"的目的如下。

（1）了解 TRIZ 创新理论的由来与发展。
（2）熟悉 TRIZ 创新方法的基本概念。
（3）熟悉 TRIZ 理想系统与最终理想解的重要概念。
（4）熟悉 TRIZ 的核心思想。

2. 工具/准备工作

（1）在开始本实验之前，请回顾本书的相关内容。
（2）准备一台能够访问因特网的计算机。

3. 实验内容与步骤

（1）养兔子。

农场主有一大片农场，放养大量的兔子。兔子需要吃到新鲜的青草，但农场主不希望兔子跑得太远而自己照看不到，也不愿意花费大量力气到远处割草来喂兔子。这个问题的最终理想解是什么？尝试用最终理想解分析来解决该问题。

请分析并记录。

① 设计的最终目的是什么？

答：_____

② 问题的最终理想解是什么？

答：_____

③ 实现最终理想解的障碍是什么？

答：_____

④ 出现这种障碍的结果是什么？

答：_____

⑤ 不出现这种障碍的条件是什么？

答：_____

⑥ 创造无障碍条件的可用资源是什么？

答：_____

解决方案：_____

_____

_____

(2) 安全熨斗。

如果衣服起了褶皱，那么需要用熨斗来熨平。如果在熨衣服的时候突然来了电话，或者有人敲门等，那么我们有可能会立即放下手中的熨斗去处理这些事情，回来时，发现熨斗还放在衣服上，衣服上已经被熨斗烧了一个大洞。

此时，我们会想：熨斗能自行"站立"起来就好了（见图5-9）。这种想法显然是熨斗设计的一个最终理想解。

图 5-9　安全熨斗

请分析并记录。

① 设计的最终目的是什么？

答：_____

② 最终理想解是什么？

答：_____

③ 实现最终理想解的障碍是什么？

答：_____

④ 出现这种障碍的结果是什么？

答：_____

⑤ 不出现这种障碍的条件是什么？

答：_____

⑥ 创造无障碍条件的可用资源是什么？

答：_____

解决方案:

4. 实验总结

5. 实验评价(教师)

第 6 章
无所不在的发明创造

　　中国是一个文明古国，也是一个发明大国。在漫长的中国历史上，我们的祖先创造了灿烂的科技文化，中国人一直走在世界科技创新的前列，为推动人类的进步与发展做出了不可磨灭的贡献。

　　从公元前 4000 年算起，截止到明朝末年，世界科技史上的 100 项重大发明的前 27 项中，有 18 项是中国人发明的。印刷术、指南针、造纸术和火药被称为我国的四大发明，它们曾在世界文明史上写下了一页页光辉的篇章；其他众多的发明，也在同期名列世界前茅，富有创新精神的中华民族对人类的科技、经济发展起了巨大的推动作用。

　　今天，在回顾历史的时候，人们往往只注意到那些给人类社会发展带来巨大影响的发明创造，例如：制陶技术为人类提供了最早的人造容器；冶炼技术为人类提供了最早的金属制品——青铜器；十进位计数法为科学的发展奠定了基础；造纸术对人类的文化传播产生了广泛、深远的影响；指南针推动了航海业的大发展；火药的出现极大地促进了生产力的发展，等等。但是，很少有人注意到那些对已有事物进行"修补"的小发明、小创造。而正是由于有了这些小发明、小创造，才有了现在各种各样功能相对完善、结构相对简单的生产工具和生活用品。所以，伟大的发明给社会的发展提供了巨大的推动力，而那些小的发明创造是伟大发明的基础，只有在无数小发明、小创造的推动下，伟大的发明才得以出现，并逐步趋于完善。

6.1　发明的创新水平

　　在 18 世纪，为了鼓励发明与创新，以及保护、利用其成果，促进产业发展，多国制定了专利法。各国不同的发明专利内部蕴含的科学知识、技术水平都有很大的差异。以往，在没有分清这些发明专利的具体内容时，很难区分出不同发明专利的知识含量、技术水平、应用范围、重要性和对人类的贡献大小等。

　　阿奇舒勒在对大量专利进行分析、研究之初，就遇到了一个无法回避的问题：如何评价一个专利的创新水平？把发明专利依据它对科学的贡献、技术的应用范围和为社会带来的经济效益等情况划分一定的等级加以区别，能更好地推广应用它。

　　一项技术成果之所以能通过专利审查，获得专利证书，必定有其独到之处。但在众多的专利当中，有的专利只是在现有技术系统的基础上进行了很小的改变，改善了现有技术系统的某个性能指标；而有的专利则是提出了一种以前根本不存在的技术系统。显然。这两种专利在创新水平上是有差别的，但是如何制定一个相对客观的标准来评价它们在创新水平上的差异呢？

从法律的角度来看，专利的定义会随着时间的变化而改变。即使在同一历史时期，不同国家对专利的定义也有所差异。专利的作用就是准确地确定一个边界，只有在这个范围之内，用法律的形式对技术领域的创新进行经济利益的保护才是有意义的。但是，从技术的角度来看，判断一个产品或一项技术是否具有创新性，其创新程度有多高，更重要的是要识别出该产品或技术的创新的核心是什么，这个本质从来没有变过。从技术角度来说，一项创新的出现，通常表明它完全或部分解决了技术系统中存在的矛盾，这一直是创新的主要特征之一。

6.2 发明的五个级别

阿奇舒勒认为，发明的独特之处就在于解决矛盾，解决现有技术系统中存在的问题。但是，在获得专利证书的专利中，也有大量简单的、毫无意义的、类似于常规设计的专利。如何从多如牛毛的专利中将那些具有分析价值的发明找出来呢？阿奇舒勒在研究中提出了一种评价专利创新性的标准，并按照创新程度，将发明分为 5 个级别（见表 6-1）。

表 6-1 发明的 5 个级别

发明级别	创新程度	知识来源	试错法尝试次数	比例（%）
第 1 级	对系统中个别零件进行简单改进，属于常规设计	利用本行业中本专业的知识	<10	32
第 2 级	对系统的局部进行改进，属于小发明	利用本行业中不同专业的知识	10~100	45
第 3 级	对系统进行本质性的改进，大大提升了系统的性能，属于中级发明	利用其他行业中本专业的知识	101~1000	18
第 4 级	系统被完全改变，全面升级了现有技术系统，属于大发明	利用其他科学领域中的知识	1001~10000	4
第 5 级	催生了全新的技术系统，推动了全球的科技进步，属于重大发明	所用知识不在已知的科学知识范围内，是通过发现新的科学现象或新物质来建立全新的技术系统	>100000	<1

6.2.1 第 1 级发明

第 1 级发明多数为参数优化类的小型发明。这种发明是指在本领域范围内的正常设计，或仅对已有系统进行简单改进与仿制时所做的工作。这一类问题的解决，主要依靠设计人员自己积累的常识和一般经验。第 1 级发明是级别最低的发明，即不是发明的发明。利用试错法解决这样的问题时通常只需要进行 10 次以下的尝试。

例 6-1 增加隔热材料，以减少建筑物的热量损失；将单层玻璃改为双层玻璃，以提升窗户的保温和隔音效果；用大型拖车代替普通卡车，以实现运输成本的降低。

该类发明创造或发明专利占所有发明创造或发明专利的 32%。

6.2.2 第 2 级发明

第 2 级发明是指在解决技术问题时，对现有系统的某一个组件进行少量改进，是解决了技术矛盾的发明。

这一类问题的解决主要采用本专业内已有的理论、知识和经验，设计人员需要具备系统所在行业中不同专业的知识。解决这类问题的传统方法是折中法。这种发明能小幅度提高现有技术系统的性能，属于小发明。利用试错法解决这样的问题通常需要进行 10~100 次尝试。

例 6-2 在气焊枪上增加一个防回火装置；把自行车设计成可折叠式（见图 6-1）等。

该类发明创造或发明专利占所有发明创造或发明专利的 45%。

6.2.3 第 3 级发明

图 6-1 可折叠自行车

第 3 级发明是指对现有系统的若干组件进行了根本性的改进。这一类问题的解决，需要运用本专业以外但同一学科的现有方法和知识，如用机械方法解决机械问题，用化学知识解决化学问题。这种发明能从根本上提升现有技术系统的性能，属于中级发明。

它是解决了物理矛盾的发明（参见第 12 章）。如果系统中的一个组件被彻底改变，就是很好的发明（如改变某物质的状态，由固态变成液态等）。可以用一些组合的物理效应来解决这类问题。利用试错法解决这样的问题通常需要进行 101~1000 次尝试。

例 6-3 利用电动控制系统代替机械控制系统，汽车上用自动换挡系统代替机械换挡系统，冰箱中用单片机控制温度等。

该类发明创造或发明专利占所有发明创造或发明专利的 18%。

6.2.4 第 4 级发明

第 4 级发明一般是在保持原有功能不变的前提下，用组合的方法构建新的技术系统，用全新的原理完成对现有系统基本功能的创新。这类发明属于大发明，属于突破性的解决方案，能够全面升级现有的技术系统。这一类问题的解决主要是从科学的角度而不是从工程的角度出发，充分控制和利用科学知识、科学原理实现新的发明创造。

由于新的系统不包含矛盾，因此给人的错觉是新技术系统在发明过程中并没有解决矛盾。实际上并非如此，因为原有的技术系统——系统原型中是存在矛盾的，这些矛盾通常是由其他科学领域中的方法来消除的，设计人员需要来自于不同科学领域的知识。需要多学科知识的交叉，主要是为了从科学底层的角度而不是从工程技术的角度出发，充分挖掘和利用科学知识、科学原理，以实现发明。

解决第 4 级发明问题时所找到的原理通常可以用来解决属于第 2 级发明和第 3 级发明的问题。利用试错法解决这样的问题通常需要进行 1001~10000 次尝试。

例 6-4 内燃机（见图 6-2）替代蒸汽机，核

图 6-2 内燃机

磁共振技术代替 B 超和 X 射线技术，集成电路的发明、充气轮胎等。

该类发明创造或发明专利占所有发明创造或发明专利的 4%。

6.2.5　第 5 级发明

第 5 级发明是指通过罕见的科学原理发明、发现的一种新系统。这一类问题的解决方法往往不在人们已知的科学范围内。该类发明是指通过发现新的科学现象或新物质来催生建立了全新的技术系统，从而推动全球的科技进步，属于重大发明。

这一类问题的解决主要是依据自然规律的新发现或科学的新发现。对于这类发明，首先要发现问题，然后探索新的科学原理来完成发明任务。第 5 级发明中的低端发明为现代科学中许多物理问题的解决带来了希望。支撑这种发明的新知识为开发新技术提供了保证，使人们可以用更好的方法来解决现有的矛盾，使技术系统向最终理想系统迈进了一大步。

利用试错法解决这样的问题通常需要进行 10 万次以上的尝试。因此，一般的设计人员没有能力解决这类问题。

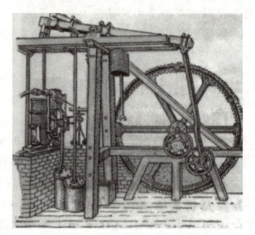

图 6-3　蒸汽机

例 6-5　计算机、蒸汽机（见图 6-3）、激光、半导体晶体管、轮子、形状记忆合金、X 射线透视技术、微波炉、飞机等的首次发明。

该类发明创造或发明专利在所有发明创造或发明专利中占比小于 1%。

6.3　发明级别划分的意义

阿奇舒勒认为，第 1 级发明过于简单，谈不上创新，不具有参考价值，它只是对现有系统的改善，并没有解决技术系统中的任何矛盾；第 2 级和第 3 级发明解决了矛盾，可以看作创新；第 4 级发明也改善了一个技术系统，但并不是解决现有的技术问题，而是用某种新技术代替原有技术来解决问题；第 5 级发明是利用科学领域发现的新原理、新现象推动现有技术系统达到一个更高的水平，对于工程技术人员，它过于困难，不具有参考价值。

TRIZ 能帮助工程技术人员解决第 1~4 级发明问题。阿奇舒勒曾明确表示：TRIZ 方法可以帮助发明家将其发明的级别提高到第 3 或第 4 级水平。

阿奇舒勒认为：如果问题中没有包含矛盾，那么这个问题就不是发明问题，或者不是 TRIZ 问题。这就是判定一个问题是不是发明问题的标准。需要注意的是，第 4 级发明是利用以前在本领域中没有使用过的原理来实现原有技术系统的主要功能，属于突破性的解决方法。

"发明级别"对发明的水平、获得发明所需的知识，以及发明创造的难易程度等有了量化。对"发明级别"的总体认识有以下 4 点。

（1）发明的级别越高，完成该发明时所需的知识和资源就越多，这些知识和资源所涉及的领域就越宽，搜索所用知识和资源的时间就越多，因此就要投入更多、更大的研发力量。

（2）随着社会的发展、人类的进步、科技水平的提高，已有"发明级别"会不断降低。

因此,原来级别较高的发明逐渐变成人们熟悉和容易掌握的东西。而新的社会需求又不断促使人们去进行更多的发明,生成更多的专利。

(3)统计表明,第1~3级发明占所有人类发明的95%,这些发明仅仅是利用了人类已有的、跨专业的知识体系。由此,可以得出一个推论,即人们面临的95%的问题都可以利用已有的某学科的知识体系来解决。

(4)第4、5级发明虽然只占所有人类发明的5%,却利用了整个社会的、跨学科领域的新知识。因此,跨学科领域的知识获取是非常有意义的工作。当人们遇到技术难题时,不但要在本专业内寻找答案,而且应当向专业外拓展,寻找其他行业和学科领域已有的、更为理想的解决方案,以求获得事半功倍的效果。人们在从事创新,尤其进行重大发明时,要充分挖掘和利用专业外的资源,因为创新设计所依据的科学原理往往属于其他领域。

TRIZ 源于专利,服务于生成专利(应用 TRIZ 产生的发明结果多数可以申请专利),二者有密不可分的关系。充分认识和领会专利的发明级别,可以让人们更好地学习与领悟 TRIZ 的知识体系。

6.4 不同级别发明的典型案例

下面通过一些实例来说明发明的不同级别。

第1级发明:板凳上增加的靠背会使人的腰部感觉更加舒适。这是对板凳进行简单改进,设计简单,个人经验即可完成。因此,解的级别属于1级。

最终理想解:利用人体力学原理,椅子能智能贴合人体曲线,人在以任何姿势下工作时都能全身放松。

第2级发明:在充电器上增加一个充电保护电路,既防止每次断电时可能对电路造成的冲击,又要让充电器在充满电后对电路不再继续充电。为此,可采用行业中已有的方法。因此,解的级别属于2级。

最终理想解:在大部分场合,当用电设备的电量低于某一个值时,便有无线充电设备对它充电,直至充满后自动断电为止。

第3级发明:用电子墨水屏取代传统液晶显示屏。电子墨水屏是对已有液晶显示设备的根本性的改进,不但可以让读者获得更好的阅读体验,而且兼顾电子产品便携等优点。这项发明在其完成过程中应用了其他行业的知识,因此,解的级别属于3级。

最终理想解:直接把信息传入大脑里,让人可以在思维的层面对信息进行选择、阅读、处理。

第4级发明:电子计算机(见图6-4)把最先用来计算数值的计算器提升到一个全新的高度,成为现代人生活和工作中离不开的重要物品。因此,解的级别属于4级。

图6-4 第一台通用电子计算机 ENIAC

最终理想解:在人体内植入芯片,它可协助人脑处理信息,与外界进行信息交流。

第 5 级发明：核聚变。它是人类发现的一种从人类从未想过的物质中取得巨大能量的方式。因此，解的级别属于 5 级。

最终理想解：方便、安全地消耗宇宙中一种特别丰富的物质，同时生成可以加以利用的巨大能量。

例 6-6 发现 X 射线。

X 射线是原子中的电子在能量相差悬殊的两个能级之间的跃迁而产生的粒子流，是波长介于紫外线和 γ 射线的电磁波。它由德国物理学家伦琴（1845—1923）于 1895 年发现，故又称伦琴射线。它是 19 世纪末～20 世纪初物理学的三大发现（X 射线——1895 年、放射线——1896 年、电子——1897 年）⊖之一，这一发现标志着现代物理学的开始。

X 射线具有很高的穿透性，能穿透许多对可见光不透明的物质，如墨纸、木料等。这种肉眼看不见的射线可以使很多固体材料出现可见的荧光，使照相底片感光，以及产生空气电离等效应。X 射线最初用于医学成像诊断（见图 6-5）和 X 射线结晶学。

X 射线是对人体有危害的射线之一。2017 年 10 月 27 日，世界卫生组织国际癌症研究机构公布了致癌物清单初步整理参考，X 射线和 γ 射线辐射在一类致癌物清单中。

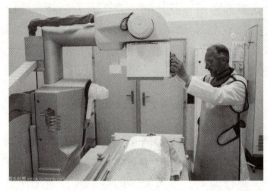

图 6-5　X 射线机

随着人们对 X 射线生物学效应的认识的不断提高，新型 X 射线设备中大量使用了新材料、新技术、新工艺，这使得这些设备的射线防护功能日益完善。

想一想：上面列举了 X 射线和 X 射线机。发现 X 射线属于第 5 级发明。在伦琴发现 X 射线后，对 X 射线的研究迅速升温，几乎所有的欧洲实验室都立即用 X 射线管来进行试验和拍照。随后，X 射线开始被医学家利用。医生应用 X 射线准确地显示了人体的骨骼，这是物理学的新发现在医学中非常迅速的应用。可以说，医学 X 射线机的发明属于第 4 级发明。请你想一想，属于 X 射线应用的第 3 级、第 2 级和第 1 级发明分别是什么？

第 3 级发明：_____

第 2 级发明：_____

第 1 级发明：_____

6.5　TRIZ 的 40 个发明原理

从 1946 年开始，阿奇舒勒研究了 20 多万份发明专利文献，从中挑选出 4 万份发明级别为第 2~4 级的发明专利。通过对海量的高级别发明专利进行深入统计、分析和研究，阿奇舒勒最先得到的"解决问题的规律"就是发明原理。

在阿奇舒勒看来，人们在解决发明问题过程中所遵循的科学原理和技术系统进化法则是

⊖ X 射线与放射线：物理学中的放射线指的是放射性元素原子核发生衰变时发出的射线，包括 α 射线（高速氦核流）、β 射线（高速电子流）和 γ 射线（光子流，也是电磁波的一种）；X 射线是原子核外内层电子受激发向基态跃迁时以光子形式释放出来的能量，是电磁波的一种。所以，严格来说，X 射线不属于放射线。

一种客观存在。虽然发明创造是无限的，但大量发明所面临的基本问题是相同的，其所需要解决的矛盾从本质上说也是相同的。同样的技术发明原理和相应的解决问题的方案，会在后来的一次次发明中被反复应用，只是被使用的技术领域不同而已。

1971年，阿奇舒勒从所分析的专利中提取了常用的解决发明问题的方法，这就是TRIZ理论的40个发明原理（见表6-2）。在实践中，人们也发现，发明原理是解决技术矛盾的行之有效的创造性方法。

表 6-2　40 个发明原理及其统一规则

编号及对应的发明原理	实现属性转换的规则
1. 分割	产生新的属性（包含空间、时间、物质的分割）
2. 抽取	抽取出有用的属性，去除有害的属性
3. 局部质量	局部具有特殊的属性，确保相互作用中产生所需功能
4. 不对称	形状属性最佳化
5. 合并	运用多种效应、属性组合成创新产品
6. 多用性	一物具有多种属性，运用不同的属性产生组合的功能
7. 嵌套	协调运用空间属性资源
8. 重量补偿	施加反向属性力，抵消重力
9. 预先反作用	产生需要的反向属性
10. 预操作	形成方便操作的属性
11. 预补偿	预防产生不需要的属性
12. 等势	在重力属性场中，保持稳定且高度不变
13. 反向作用	运用反向属性实现需要的功能
14. 曲面化	运用曲面形状的各种属性
15. 动态化	利用刚性→单铰接→多铰接→柔性→液→粉→气→场等的特有属性实现功能，提高灵活性
16. 未达到或过度作用	属性量值的选择性最佳化
17. 维数变化	空间属性的协调转换
18. 振动	振动属性的运用
19. 周期性作用	时间属性的协调转换
20. 有效作用的连续性	属性在时间维度上的稳定协调作用
21. 减少作用的时间	属性在时间维度上的急剧协调作用
22. 变害为利	运用有害的属性实现有用的功能
23. 反馈	信息属性作用的利用，时间属性和时间流的作用
24. 中介物	运用中介物的特有属性作用实现功能
25. 自服务	运用物质自身的属性完成补充、修复的功能
26. 复制	运用廉价的复制属性资源替代各种资源

(续)

编号及对应的发明原理	实现属性转换的规则
27. 廉价替代品	运用物质特有的、廉价的属性，确保一次性执行所需的功能
28. 机械系统替代	运用光、声、电、磁、人的感官等新的替代属性，高效率地执行所需的功能
29. 气动与液压结构	运用液压、气动属性实现力的传递
30. 柔性壳体或薄膜	运用柔性壳体和薄膜的特有属性作用实现功能
31. 多孔材料	运用多孔材料，它具有比重轻、绝热性好等特有属性
32. 改变颜色	提高物质颜色属性的运用
33. 同质性	运用相同的某个特定的属性
34. 抛弃与再生	使物质随着某一功能实现而消失，或获得"再生"
35. 参数变化	运用变、增、减、稳、测改变物质的各种属性，高效率地执行所需的功能
36. 状态变化	运用物质相变时形成的某些特征属性的作用实现功能
37. 热膨胀	运用物质的热膨胀属性实现功能
38. 加速氧化	运用强氧化的化学属性作用实现功能
39. 惰性环境	运用化学惰性气体的特有属性改变环境
40. 复合材料	组合不同属性的物质，形成具有优良属性的物质，以实现相应功能

在实践中，人们进一步发现，40个发明原理的使用率有很大不同。40个发明原理的效能（指使用目的和手段方面的正确性与效果）可以归纳如下。

- 提高系统协调性：1、3、4、5、6、7、8、30、31。
- 消除有害作用：2、9、11、21、22、32、33、34、38、39。
- 改进操作和控制：12、13、16、23、24、25、26、27。
- 提高系统效率：10、14、15、17、18、19、20、28、29、35、36、37、40。

【习题】

1. 通过对海量的高级别发明（   ）进行深入统计、分析和研究，阿奇舒勒最先得到的"解决问题的规律"就是40个发明原理。

   A. 报告　　　　　B. 方案　　　　　C. 论文　　　　　D. 专利

2. 阿奇舒勒通过对大量的发明专利进行仔细研究，发现其中只有（   ）才是真正的创新。

   A. 少数发明　　　B. 少数方案　　　C. 少数专利　　　D. 少数问题

3. 阿奇舒勒在研究中提出了一种评价专利创新性的标准，即将发明专利或发明问题按照创新程度从低到高依次分为（   ）个等级。

   A. 4个　　　　　B. 7个　　　　　C. 5个　　　　　D. 3个

4. （   ）发明是利用科学领域发现的新原理、新现象推动现有技术系统达到一个更高的水平，对于工程技术人员，它过于困难，不具有参考价值。

   A. 第1级　　　　B. 第5级　　　　C. 第4级　　　　D. 第2、3级

5. （　　）发明过于简单，谈不上创新，不具有参考价值，它只是对现有系统的改善，并没有解决技术系统中的任何矛盾。
   A. 第1级　　　　　B. 第5级　　　　　C. 第4级　　　　　D. 第2、3级
6. （　　）发明改善了一个技术系统，但并不是解决现有的技术问题，而是用某种新技术代替原有技术来解决问题。
   A. 第1级　　　　　B. 第5级　　　　　C. 第4级　　　　　D. 第2、3级
7. （　　）发明解决了矛盾，可以看作创新。
   A. 第1级　　　　　B. 第5级　　　　　C. 第4级　　　　　D. 第2、3级
8. 第1级发明是指在本技术领域内的正常设计，主要利用（　　）。
   A. 本专业内已有的理论、知识和经验，设计人员需要具备所在行业中不同专业的知识
   B. 设计人员自己积累的常识和一般经验
   C. 全新的原理来实现系统的主要功能，能够全面升级现有的技术系统
   D. 本专业以外但同一个学科的现有方法和知识
   E. 所发现新的科学现象或新物质来建立全新的技术系统
9. 第2级发明是对现有系统的某一个组件进行改进，主要利用（　　）。
   A. 本专业内已有的理论、知识和经验，设计人员需要具备所在行业中不同专业的知识
   B. 设计人员自己积累的常识和一般经验
   C. 全新的原理来实现系统的主要功能，能够全面升级现有的技术系统
   D. 本专业以外但同一个学科的现有方法和知识
   E. 所发现新的科学现象或新物质来建立全新的技术系统
10. 第3级发明是指对已有系统的若干组件进行改进，主要利用（　　）。
    A. 本专业内已有的理论、知识和经验，设计人员需要具备所在行业中不同专业的知识
    B. 设计人员自己积累的常识和一般经验
    C. 全新的原理来实现系统的主要功能，能够全面升级现有的技术系统
    D. 本专业以外但同一个学科的现有方法和知识
    E. 所发现新的科学现象或新物质来建立全新的技术系统
11. 第4级发明一般是在保持原有功能不变的前提下，用组合的方法构建新的技术系统，主要利用（　　）。
    A. 本专业内已有的理论、知识和经验，设计人员需要具备所在行业中不同专业的知识
    B. 设计人员自己积累的常识和一般经验
    C. 全新的原理来实现系统的主要功能，能够全面升级现有的技术系统
    D. 本专业以外但同一个学科的现有方法和知识
    E. 所发现新的科学现象或新物质来建立全新的技术系统
12. 第5级发明首先要发现问题，然后探索新的科学原理来解决发明问题，主要利用（　　）。
    A. 本专业内已有的理论、知识和经验，设计人员需要具备所在行业中不同专业的知识
    B. 设计人员自己积累的常识和一般经验
    C. 全新的原理来实现系统的主要功能，能够全面升级现有的技术系统
    D. 本专业以外但同一个学科的现有方法和知识
    E. 所发现新的科学现象或新物质来建立全新的技术系统

13. 按照TRIZ理论对创新的分级,"发动机机罩的不对称设计"属于（　　）。
   A. 1级：简单的解　　　　　　　　B. 2级：少量的改进
   C. 3级：根本性的改进　　　　　　D. 4级：全新的概念
14. 按照TRIZ理论对创新的分级,"内燃机、集成电路"属于（　　）。
   A. 1级：简单的解　　　　　　　　B. 2级：少量的改进
   C. 3级：根本性的改进　　　　　　D. 4级：全新的概念
15. 按照TRIZ理论对创新的分级,"使用隔热层以减少热量损失"属于（　　）。
   A. 1级：简单的解　　　　　　　　B. 2级：少量的改进
   C. 3级：根本性的改进　　　　　　D. 4级：全新的概念
16. 阿奇舒勒认为：如果问题中没有包含矛盾，那么这个问题就不是发明问题，或者不是TRIZ问题。第4级发明是利用之前本领域中没有使用过的原理来实现原有技术系统的主要功能，属于（　　）的解决方法。
   A. 持续性　　　　B. 偶然性　　　　C. 突破性　　　　D. 颠覆性
17. 发明的（　　），完成发明时所需的知识和资源就越多，这些知识和资源所涉及的领域就越宽，搜索所用知识和资源的时间就越多，因此要投入更多、更大的研发力量。
   A. 数量越少　　　B. 级别越低　　　C. 数量越多　　　D. 级别越高
18. 随着社会的发展、人类的进步、科技水平的提高，已有"发明级别"会（　　）。
   A. 出现断层　　　B. 不断降低　　　C. 持续升高　　　D. 不断进步
19. 在阿奇舒勒看来，人们在解决发明问题过程中所遵循的科学原理和技术系统进化法则是一种（　　）。
   A. 难得个案　　　B. 高深莫测　　　C. 特殊现象　　　D. 客观存在
20. 在实践中，人们发现，TRIZ的40个发明原理的使用率有很大不同。40个发明原理的效能（指使用目的和手段方面的正确性与效果）可以归纳分类为（　　）。
   ① 提高系统协调性　　　　　　　② 消除有害作用
   ③ 改进操作和控制　　　　　　　④ 提高系统效率
   A. ①②③④　　　B. ②③④　　　C. ①②③　　　D. ①③④

【实验与思考】熟悉TRIZ的5个发明等级

1. 实验目的

本节"实验与思考"的目的如下。

（1）了解发明分级的原因。

（2）熟悉TRIZ的5个发明级别，了解划分发明级别的意义。

（3）学习TRIZ发明等级的典型案例。

（4）了解TRIZ的40个发明原理的由来。

2. 工具/准备工作

（1）在开始本实验之前，请回顾本书的相关内容。

（2）准备一台能够访问因特网的计算机。

3. 实验内容与步骤

（1）划分发明级别的意义是什么？

答：

在众多技术系统中,有些技术系统对人类有着重大的影响。请你根据发明级别的定义,分析下列发明的级别。

① "晶体管的发明使制造体积更小、结构更为紧凑的计算机成为可能,它成为今天所有关于'信息化'的技术基础"属于第（　　）级发明。你的理由：_____
_____

② "数百年前,人们就将锉刀作为金属加工的工具"属于第（　　）级发明。你的理由：_____
_____

③ "杯子对人们的日常生活很重要"属于第（　　）级发明。你的理由：_____
_____

④ "作为制冷设备,冰箱可以为食物保鲜"属于第（　　）级发明。你的理由：_____
_____

⑤ "因特网连接全世界数以亿计的计算机,实现了全球用户间信息的交换"属于第（　　）级发明。你的理由：_____
_____

⑥ "书作为传播媒介,将知识与文化代代相传"属于第（　　）级发明。你的理由：
_____

⑦ "收音机借助电磁波,可以实现广播节目的远距离传送"属于第（　　）级发明。你的理由：_____
_____

(2) 请你根据各级别发明的特点,列举一些发明实例。

第1级发明：_____
_____

第2级发明：_____

第3级发明：_____

第4级发明：_____

第5级发明：_____

提示：某些第1级发明和第5级发明似乎都是"首次"出现的事物,但是第1级发明仅仅首次复现了自然界中已经存在的功能（如竹筒、葫芦等可以有"盛水"的功能），根据既有的原理，用不同的材料把它们做成了产品而已；而第 5 级发明则是创造出自然界从未有过的东西；其他发明级别是对第 1 级发明产品的逐步"升级与再造"。

以杯子为例：有盖子的杯子、不烫手的杯子可以算作第 2 级发明（改进一个组件）；带内胆、有密封饮嘴、有杯盖的保温杯可以算作第 3 级发明（改进几个组件）；属于第 4 级发明的杯子在"盛水"的基本功能方面必须要有原理上的变化，请读者思考。

（3）以杯子为例，请分析什么样的杯子可以算作第 4 级发明，并给出原因。

答：_____

_____

_____

_____

4. 实验总结

_____

_____

_____

5. 实验评价（教师）

_____

第7章 提高系统协调性的发明原理

军用飞机在战斗中，其油箱极易受到攻击。当飞机油箱破损时，会引起燃料大量外泄，继而引发爆炸事故。为此，人们从蜂巢（见图7-1）得到启发，利用"分割"发明原理，将油箱分隔成很多小隔间，以防止这类事故的发生。这种办法在理论上可行，只是实际操作并不方便。

想一想：为什么军用飞机油箱需要如此设计？民用飞机油箱不需要这样的设计吗？

本章将从**提高系统协调性**的角度来分析40个发明原理，其中涉及第1、3、4、5、6、7、8、30、31号发明原理（节标题右侧标注了发明原理的编号），分述如下。

图7-1 蜜蜂蜂巢

7.1 分割原理（1）

分割原理是指这样一种过程：以虚拟或真实的方式将一个系统分成多个部分，以便分解（分开、分隔、抽取）或合并（结合、集成、联合）一种有益的或有害的系统属性。在多数情况下，会对分割后得到的多个部分进行重组（或集成），以便实现某些新的功能，并（或）消除有害作用。随着分割程度的提高，技术系统会逐步向微观级别发展。

1. 指导原则

（1）将一个对象分成多个相互独立的部分。
（2）将对象分成容易组装（或组合）和拆卸的部分。
（3）提高对象的分割程度。

2. 典型案例

（1）将轮船的内部空间分成多个彼此独立的船舱。
（2）将宿舍楼的同一层分成多个功能相同的小房间。
（3）将学生分成不同的年级、不同的班级。
（4）组合家具（见图7-2）。
（5）暖气装置上的多个暖气片。

(6) 在公司的组织结构上，使用模块化的方法来实现公司管理的柔性化。

3. 应用实例

如果系统因重量或体积过大而不易被操纵，则将它分割成若干轻便的子系统，使每一部分均易于被操纵。在管理学和心理学方面，也可以对组织和观念进行分割与组合。

例 7-1 窗帘的发展演变是这样的：一整块布做的窗帘→左右两块布做的窗帘→百叶窗。可调节百叶窗（见图 7-3）是一个"提高系统的可分性，以实现系统的改造"的实例。用可调节百叶窗代替幕布窗帘，只要改变百叶窗叶片的角度，就可以调节外界射入的光线。

图 7-2　组合家具

图 7-3　可调节百叶窗

4. 课堂讨论

请说一说其中蕴含的原理。

① 把一辆大型载重卡车分成车头和拖车两个独立的部分。

② 将一个磁盘分成多个逻辑分区。

③ 将一本书划分为多个章节。

7.2　局部质量原理（3）

局部质量原理是指：一个对象中的特殊的（特定的）部分应该具有相应的功能或条件，以便它能够更好地适应所处的环境，或更好地满足特定的要求。

1. 指导原则

(1) 将对象、环境或外部作用的均匀结构变为不均匀的。

(2) 让对象的不同部分具有不同的功能或特性。

(3) 让对象的不同部分处于完成各自功能的最佳状态。

2. 典型案例

(1) 带橡皮的铅笔（橡皮的功能是擦除痕迹，铅笔的功能是产生痕迹）。

(2) 图钉一头尖（便于刺入物体），一头圆（便于人手施加压力）。

(3) 键盘上各个键的位置和大小各不相同，使用频率较高的键位于方便操作的位置，经常使用的键在体积上往往比其他键大（如空格键和回车键）（见图 7-4）。

(4) 在食盒中设置间隔，不同间隔内可放置不同的食物，避免相互影响。

图 7-4　键盘

3. 应用实例

对金属的表面进行渗碳处理可以增加材料表面的硬度，而金属的内部特性并没有改变，从而提高其耐磨性能。

4. 课堂讨论

请说一说其中蕴含的原理。

① 瑞士军刀（包含多种工具，如螺丝起子、尖刀、剪子等，其功能各不相同）。

② 羊角锤（一头用来钉钉子，另一头用来起钉子）。

③ 将一个大房间用隔断分成多个具有不同功能的小房间（厨房、卫生间、卧室、客厅、储藏室等）。

7.3　不对称原理（4）

不对称原理涉及从"各向同性"向"各向异性"的转换，或与之相反的过程。各向同性是指，无论在对象的哪个部位，沿哪个方向进行测量，都是对称的。各向异性就是不对称，是指在对象的不同部位或沿不同的方向进行测量，测量结果是不同的。将对称的（均匀的）形式（形状、形态、外形）或结构变为不规则的（无规律的、不合常规的、不整齐的、不一致的、参差不齐的），可以增加不对称性。

1. 指导原则

（1）将对象（形状或组织形式）由对称的变为不对称的。

（2）如果对象已经是不对称的了，就增加其不对称程度。

2. 典型案例

（1）坦克装甲的厚度在不同部位是不同的。这种不对称结构既可以保证重点部位的抗打击能力，又可以有效减轻坦克的重量。

（2）飞机机翼的上、下两面的弧线是不同的，这种不对称结构能在气流作用下产生上升力（见图 7-5）。

（3）计算机的内存条、声卡、显卡、网卡的插槽都采用不对称结构（见图 7-6），以保证这些设备的正确插接。

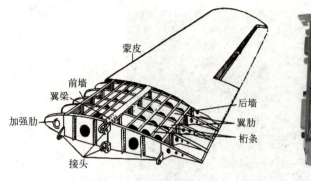

图 7-5 飞机机翼结构　　　　　　图 7-6 计算机板卡的插槽的不对称结构

3. 应用实例

相传，范蠡在经商中发现，人们在市场上买卖东西时，都是用眼估堆，很难做到公平交易，便产生了创造一种测定货物重量的工具的想法。一天，范蠡在经商回家的路上，偶然看见一个农夫从井中汲水，方法极巧妙：在井边竖一高高的木桩，再将一横木绑在木桩顶端；横木的一头吊木桶，另一头系上石块，此上彼下，轻便省力。范蠡顿受启发，急忙回家模仿起来：他用一根细而直的木棍，钻上一个小孔，并在小孔上系上麻绳，用手来掂；细木的一头拴上吊盘，用以装盛货物，一头系一鹅卵石作为砣；鹅卵石挪动得离绳越远，能吊起的货物就越多。于是他想：一头挂多少货物，另一头鹅卵石要移动多远才能保持平衡，必须在细木上刻出标记才行。但用什么东西做标记好呢？范蠡苦苦思索了几个月，仍不得要领。一天夜里，范蠡外出小解，一抬头看见了天上的星宿，便突发奇想，决定用南斗六星和北斗七星做标记，一颗星表示一两重，十三颗星表示一斤。从此，市场上便有了统一计量的工具——秤。

但是，时间一长，范蠡又发现，一些心术不正的商人，卖东西时缺斤少两，克扣百姓。他想，怎样把秤改进一下，杜绝奸商的恶行呢？终于，他想出了改白木刻黑星为红木嵌金属星形，并在南斗六星和北斗七星之外，再加上福、禄、寿三星，以十六两为一斤。他这样做的目的是告诫同行：作为商人，必须光明正大，不能赚黑心钱。

就这样，秤这种计量工具便一代代地流传了下来，并沿用了两千多年，直至今天。

4. 课堂讨论

请说一说其中蕴含的原理。

① 从杆秤到天平的发展（见图 7-7）。

图 7-7 秤和天平

② 锁与钥匙运用增加不对称性原理，来保证键合结构的唯一性（见图 7-8）。

图 7-8　钥匙

7.4　合并原理（5）

合并既可以在空间上进行，又可以在时间上进行，其目的是将两个或多个相邻的对象（操作或部分）进行组合或合并。或者，在多种功能、特性或部分之间建立联系，以便产生一种新的、想要的或唯一的结果。对已有功能进行组合，可以生成新的功能。

1. 指导原则

（1）在空间上，将相似（相同、相关、接近、时间上连续）的对象加以组合（合并）。

（2）在时间上，将相似（相关、同类、接近、相同、时间上连续）的操作或功能加以组合（合并）（最好是实现并行工作，以提高工作效率）。

2. 典型案例

（1）利用网络将多台计算机连接。

（2）将多个单一插座集成到一起，组成插线板。

（3）将多种机床按照特定产品的工艺规划排列起来，形成一条流水线。

3. 应用实例

将多种单一功能的农业机械按照一定的顺序集成到一起，形成联合收割机（见图 7-9）。

4. 课堂讨论

请说一说其中蕴含的原理。

① 将电视机、录像机和音箱的功能集成到一起，形成家庭影院。

② 将多种机床的功能"集成"到一起，形成加工中心（见图 7-10）。

图 7-9　联合收割机

图 7-10　加工中心

③ 冷热水混合龙头可同时放出冷水和热水，使用时可根据需求调节水的温度。

7.5 多用性原理（6）

多用性原理是指：将不同的功能或非相邻的操作合并。该原理使一个对象（例如对象X）具备多项功能（例如，同时具备功能 A、功能 B、功能 C 等），从而消除了这些功能（例如，功能 B）在其他（相关）对象（例如，对象 Y 具有功能 A、对象 Z 具有功能 B）内存在的必要性（进而裁减对象 Y、Z 中承担该功能的子对象），结果是该对象可以实现多个对象（例如，对象 Y、对象 Z 等）的功能，使对象具备多用性，可产生在其他情况下不存在的机会和协力优势。

1. 指导原则

使一个对象能够执行多种不同的功能，从而使其他只具有单一功能的对象成为多余的，进而可以将其他对象裁减掉。

2. 典型案例

（1）瑞士军刀可以提供多种功能。
（2）可调扳手是一种多用性的扳手（一把扳手可适用于多种螺母）。

3. 应用实例

具备多种技能的操作人员属于复合型人才。

4. 课堂讨论

请说一说其中蕴含的原理。
家庭娱乐中心（具有录音机、CD机、电视机、录像机等功能）。

7.6 嵌套原理（7）

嵌套原理是指：将一个对象递归地放入另一个对象的内部，或让一个对象通过另一个对象的空腔而实现嵌套。嵌套具有彼此吻合、彼此组合、内部配合的性质。嵌套原理的一个典型应用就是俄罗斯套娃（见图 7-11），因此，嵌套原理也被称为"套娃"原理。

1. 指导原则

（1）把一个物体嵌入另一个物体，然后将这两个物体再嵌入第三个物体，以此类推。

图 7-11 俄罗斯套娃

（2）使一个对象穿过或处于另一个对象的空腔。

2. 典型案例

（1）收音机上的拉杆天线。

（2）吊车的吊臂。

（3）机场廊桥（见图 7-12）。

图 7-12　机场廊桥

（4）表格嵌套于软件内部。在软件开发的许多方面都存在嵌套的对象。

（5）可将一些凳子相互叠放并使它们彼此成 45°角，从而实现嵌套（垂直与旋转）。

（6）飞机起飞后，起落架被收到机体内部（见图 7-13）。

图 7-13　飞机起落架

3. 应用实例

对一个系统进行评价，以确定如何基于嵌套原理来增加系统的价值。考虑不同方向（如水平、垂直），以及旋转和包容上的嵌套。在许多情况下，嵌套（包括空间的利用和包容被嵌套对象的重量）用来节省空间、保护对象不受损伤，以及使经过某个过程或系统变得轻松。将具有不同功能的多个对象嵌套在同一个对象内，可以使该对象产生多种独特的功能。

例如，瑞士军刀将多种功能嵌套于同一对象内部（见图 7-14）。

图 7-14　多功能瑞士军刀

4. 课堂讨论

请说一说其中蕴含的原理。

① 广告嵌套于影视作品中（软性广告）。

② "变形金刚"玩具是一种嵌套设计，在其中的一个嵌套取向上，玩具可变成一个汽车；而在另一个嵌套取向上，玩具可变成一个机器人。

③ 电子装置埋置在动物皮革下面以进行动物跟踪与鉴别。

7.7 重量补偿原理（8）

重量补偿原理是指：用一个相反的平衡力（浮力、弹力或类似的力）来阻遏（抵消）一个不良的（不希望出现的）力。

1. 指导原则

(1) 将对象与另一个能提供上升力的对象组合，以补偿其重量。

(2) 与环境的相互作用（利用空气动力、流体动力等）可实现对象的重量补偿。

2. 典型案例

(1) 飞艇利用流线型气囊提供的浮力来补偿人和货物的重量。

(2) 用氢气球悬挂广告条幅（利用氢气球提供的上升力来补偿条幅的重量）。

(3) 直升机螺旋桨与空气的相对运动可产生上升力。

3. 应用实例

飞机机翼在空气中运动的时候，机翼上方空气密度减小，下方空气密度增加，产生升力。

4. 课堂讨论

请说一说其中蕴含的原理。

① 在一捆原木中混杂一些泡沫材料，从而使原木捆更容易漂浮。

② 水翼船的水翼（见图7-15）与水发生相对运动时，可以为船提供动力。

图7-15 水翼船

③ 利用环境中相反的力（或作用）来补偿系统的消极的（负面的）属性。例如，利用船体周围的海水来冷却油轮中装载的易挥发液体。

7.8 柔性壳体或薄膜原理（30）

柔性壳体或薄膜原理是指：利用柔性壳体或薄膜来代替传统的结构形式，或利用柔性壳体或薄膜将一个对象与它所处的外界环境隔离开。

1. 指导原则

(1) 使用柔性壳体或薄膜代替传统的结构形式。

(2) 使用柔性壳体或薄膜将对象与它所处的外界环境隔离开。

2. 典型案例

(1) 网状结构（如蜘蛛网、渔网、网式吊床、网兜等）。

(2) 用布衣柜代替木制衣柜。

(3) 帐篷、雨伞、皮包、气球、潜水服、游泳帽、塑料浴帽。

（4）胶囊（易于吞咽，便于药物的缓释）。
（5）茶叶包、鞋盒中的干燥剂包。
（6）用塑料大棚或地膜代替温室，降低成本。

3. 应用实例
化妆品、指甲油、防晒霜可以保护皮肤或美化外貌。

4. 课堂讨论
请说一说其中蕴含的原理。

① 卫星的太阳翼板是由很薄的金属板构成的。在将卫星发射到空间指定位置之前，太阳翼板以某种形式紧密地折叠在一起，在卫星被发射到指定位置后，它才打开。这种结构形式可以让太阳翼板在运输时占用较小的空间，而在空间中展开时却可以变得非常巨大，且结构稳固。

② 塑料大棚。

③ 水立方（见图7-16）采用塑料充气薄膜代替传统的建筑结构形式。

图7-16 水立方

7.9 多孔材料原理（31）

多孔材料原理是指：在材料或对象中打孔、开空腔或增加通道来增强其多孔性，从而改变某种气体、液体或固体的状态。

1. 指导原则
（1）使对象变为多孔的，或向对象中加入多孔的添加物，如多孔嵌入物（内部加入）、多孔覆盖物（外部加入）。

（2）如果对象已经是多孔的，则可以利用这种多孔结构引入有用的物质或功能（在已有的孔中预先加入某种对象）。

2. 典型案例
（1）泡沫材料或海绵状结构，如泡沫塑料、泡沫金属等。
（2）利用多孔金属网并通过毛细作用从焊接处吸除多余的焊料。
（3）聚苯乙烯包装材料中的干燥剂。
（4）药棉、酒精棉球、创可贴。

3. 应用实例
建筑业中使用空心墙隔层代替实心墙，如黏土空心砖、轻砖（也称充气砖）等。

4. 课堂讨论

请说一说其中蕴含的原理。

① 活性炭过滤器、金属过滤器、陶瓷过滤器。

② 用海绵存储液态氢（作为氢燃料汽车的"油箱"，比直接存储氢气安全得多）。

【习题】

1. 阿奇舒勒从专利中提取出常用的解决发明问题的方法，这就是 TRIZ 理论的（　　）。
   A. 40 个发明原理　　　　　　　　B. 76 个标准解
   C. 39 个通用工程参数　　　　　　D. 科学效应

2. 军用飞机油箱的蜂巢设计运用了（　　）发明原理。
   A. 合并　　　B. 分割　　　C. 抽取　　　D. 对称

3. 分割原理是指以虚拟或真实的方式将一个系统分成多个部分，以便分解为一种有益的或有害的系统属性。下列选项不属于分割的是（　　）。
   A. 分开　　　B. 分隔　　　C. 套装　　　D. 抽取

4. TRIZ 的分割发明原理中不包括（　　）。
   A. 将一个对象分成多个相互独立的部分
   B. 将对象分成容易组装和拆卸的部分
   C. 提高对象的分割程度
   D. 任意分割

5. （　　）原理：一个对象中的特殊的（特定的）部分应该具有相应的功能或条件，以便它能够更好地适应所处的环境，或更好地满足特定的要求。
   A. 局部质量　　B. 重量补偿　　C. 多孔材料　　D. 多用性

6. 下列（　　）情况不属于应用了局部质量原理。
   A. 将对象、环境或外部作用的均匀结构变为不均匀的
   B. 将对象（形状或组织形式）由对称的变为不对称的
   C. 让对象的不同部分具有不同的功能或特性
   D. 让对象的不同部分处于完成各自功能的最佳状态

7. 不对称原理涉及从"各向同性"与"各向异性"的转换或与之相反的过程。其中，各向同性是指，无论在对象的哪个部位，沿哪个方向进行测量，都是（　　）的。
   A. 不整齐　　B. 不一致　　C. 不对称　　D. 对称

8. 在空间上，将相似（相同、相关、接近、时间上连续）的对象加以组合，这是应用了（　　）原理。
   A. 合并　　　B. 分割　　　C. 抽取　　　D. 对称

9. 合并既可以在空间上进行，又可以在（　　）上进行，其目的是在多种功能、特性或部分之间建立联系，以便产生一种新的、想要的或唯一的结果。
   A. 字符　　　B. 数字　　　C. 时间　　　D. 文本

10. 在时间上，将相似（相关、同类、接近、相同、时间上连续）的操作或功能加以组合，实现并行工作，以提高工作效率。这是应用了（　　）原理。
    A. 对称　　　B. 合并　　　C. 分割　　　D. 抽取

11. （　　）原理是指：将不同的功能或非相邻的操作合并。该原理使一个对象具备多

项功能。

  A. 多用性　　　B. 嵌套　　　C. 局部质量　　　D. 合并

12. 复合型人才是指具备多种技能的操作人员。培养复合型人才，这是应用了（　　）原理。

  A. 合并　　　B. 局部质量　　　C. 多用性　　　D. 嵌套

13. 玩具"俄罗斯套娃"应用了（　　）原理。

  A. 局部质量　　　B. 嵌套　　　C. 预处理　　　D. 自服务

14. 把一个物体嵌入另一个物体，然后将这两个物体再嵌入第三个物体，以此类推。例如，拉杆天线或便携鱼竿。这是应用了（　　）原理。

  A. 自服务　　　B. 预处理　　　C. 嵌套　　　D. 局部质量

15. "用氢气球悬挂广告条幅"是利用了（　　）原理。

  A. 重量补偿　　　B. 嵌套　　　C. 预处理　　　D. 局部质量

16. （　　）原理是指通过用一个相反的平衡力（浮力、弹力或类似的力）来阻遏（抵消）一个不良的（不希望出现的）力。

  A. 多用性　　　B. 重量补偿　　　C. 局部质量　　　D. 合并

17. 化妆品、指甲油、防晒霜等可以起到保护皮肤或者美化外貌的作用，实际上，这是应用了（　　）原理。

  A. 嵌套　　　B. 多用性　　　C. 重量补偿　　　D. 柔性壳体或薄膜

18. 水立方的建设用到了（　　）原理。

  A. 重量补偿　　　　　　　B. 多用性
  C. 柔性壳体或薄膜　　　　D. 多孔材料

19. （　　）原理是指通过在材料或对象中打孔、开空腔或增加通道来增强其多孔性，从而改变某种气体、液体或固体的状态。

  A. 多用性　　　B. 重量补偿　　　C. 局部质量　　　D. 多孔材料

20. 用海绵材料来存储液态氢（作为氢燃料汽车的"油箱"），这会比直接存储氢气安全得多。这其中应用了（　　）原理。

  A. 多孔材料　　　B. 局部质量　　　C. 重量补偿　　　D. 多用性

【实验与思考】熟悉"嵌套"发明原理

1. 实验目的

本章"实验与思考"的目的如下。

（1）熟悉嵌套原理。

（2）深入了解 TRIZ 的嵌套原理，培养和提高应用发明原理的积极性、主动性。

2. 工具/准备工作

（1）在开始本实验之前，请回顾本书的相关内容。

（2）准备一台能够访问因特网的计算机。

3. 实验内容与步骤

（1）熟悉嵌套原理。

深入理解嵌套原理，并列举 5 个嵌套原理的典型应用案例。

请记录：

① _____

② _____

③ _____

④ _____

⑤ _____

应用嵌套原理，开展创新实践。通过应用嵌套原理，你可以得到哪些创新设计或想法？
请记录：

① _____

② _____

③ _____

（2）案例分析：亚历山大的灯塔。

世界古代七大奇迹之一的亚历山大灯塔建立在埃及亚历山大港外的法洛斯岛上，其烛光在晚上可照亮整个亚历山大港，以保护海上的过往船只。另外，它是当时世界上最高的建筑物。

据传说，当时的统治者要求将他的名字（而非建造者的名字）刻在亚历山大灯塔上面，如果建造者不遵从，那么将被处决。而结果是建造者活了下来，同时灯塔上也记录了他的名字。建造者是如何解决这一矛盾的呢？

建造者的解决方案： _____

（3）案例分析：莫泊桑和埃菲尔铁塔。

在1889年巴黎世界博览会后，莫泊桑反对修建埃菲尔铁塔，他与一些重要人物一起发表了一封公开信来陈述其观点——塔会破坏巴黎市建筑物映在空中的轮廓之美（景观），这在城市的每一个角度都能看到，会影响居民和游客对传统城市形象的欣赏。今天，埃菲尔铁塔已成为巴黎的象征。有一次，一位知道此事的记者意外地在塔内餐厅碰到了莫泊桑，莫泊桑是如何向记者解释他经常光顾此餐厅的原因的呢？

莫泊桑的解释： _____

4. 实验总结

_____

_____

_____

5. 实验评价(教师)

_____

第 8 章 消除有害作用的发明原理

在靠近岸边的海上,一只挖泥船(见图 8-1)正在为航道进行清理工作,挖出的混着海水的泥巴通过一条管道被抽送到岸上,为了保证管道浮在水面,管道上捆绑着一长溜的浮桶。

图 8-1 挖泥船

"天气预报说一场暴风雨即将来临!"船长说,"我们要立即停止工作,将管道拆开并带回岸上。暴风雨过后再带回来安装。大家行动要快,必须在暴风雨来临之前完成。"

"没有别的办法,"一名船员说,"如果暴风雨将管道破坏,那么情况会更糟,因此需要赶快拆卸。"

这时,创新工程师出现了。"不用拆卸管道,"他说,"无论什么样的暴风雨,我们都可以继续工作。"他提出了一个基于**预先反作用**原理(详见 8.2 节)的解决方案:将管道沉入海水中,这样,暴风雨的影响被消除了。

本章将从**消除有害作用**的角度来分析 40 个发明原理,其中涉及第 2、9、11、21、22、32、33、34、38、39 号发明原理(节标题右侧标注了发明原理的编号),分述如下。

8.1 抽取原理(2)

抽取原理是指从整体中分离出有用的(或有害的)部分(或属性)。抽取可以虚拟方式或实体方式来进行。

1. 指导原则

(1)从对象中抽取出产生负面影响的部分或属性。
(2)从对象中抽出有用的(主要的、重要的、必要的)部分或属性。

2. 典型案例

(1) 最初的空调是一体机式（窗式）的，工作时压缩机会产生噪声。随着技术的发展，空调被分为室内机和室外机两部分。将压缩机放在室外机中，减少了噪声对人的影响。

(2) 在战斗机巡航时，两个副油箱挂在飞机下方，飞行时会优先使用副油箱中的燃油；在进入战斗前，抛弃副油箱，以减轻飞机的重量，增加飞机的机动性能（见图8-2）。

图 8-2　战斗机悬挂的副油箱

(3) 从口腔（系统）中拔掉（抽取）一颗坏的牙齿（有害部分），以改善口腔健康状况。

(4) 利用避雷针，把雷雨云中的电荷引入大地，从而避免建筑物遭受雷击（从物体中抽出产生负面影响的部分或属性）。

(5) 将狗叫声作为报警器的报警声，而不用养一条真的狗（将狗叫声从"狗"中抽取出来，作为有用的部分单独使用）。

(6) 将稻草人放在稻田中（将人的外形从整个"人"中抽取出来）。

(7) 化学试验中的蒸馏、萃取和置换都是从混合物中抽取出有用物质的过程。

3. 应用实例

把系统中的功能或部件分成有用、有害部分，视情况抽取出来。抽取的目的是为系统增加价值。抽取同样可应用于非实物或虚拟情况。

猎潜艇在利用声呐对海底进行侦测的过程中，艇上的各种设备会产生大量的电磁波，这些电磁波严重干扰了水下声呐的正常工作。如果将声呐探测器安装在艇上，那么艇本身发出的噪声也会影响测量的精度。利用抽取原理可以解决这个问题，方法是用遥控装置拖曳声呐探测器，让声呐与艇保持一定距离，干扰电磁波便自然远离声呐，从而在空间上将声呐探测器与产生噪声的艇分离开，而不会起负面作用。

4. 课堂讨论

请说一说其中蕴含的原理。

① 高速公路上的隔音屏障。
② 化工生产中的萃取工艺。
③ 猎头公司为用人单位遴选优秀人才。

8.2　预先反作用原理（9）

预先反作用原理是指：预先了解可能出现的问题，并采取行动来消除出现的问题、降低问题的危害或防止问题的出现。

1. 指导原则

（1）事先施加反作用力，以抵消工作状态下过大的和不期望的应力。

（2）对于某种既具有有害影响又具有有用影响的作用A，可以预先实施一种效果与A中的有害影响相反的作用B，利用B所具有的影响来降低或消除A所产生的有害影响。

（3）对有害的作用或事件，预先采取相反的作用。例如，当建筑物着火的时候，如果某人要冲到建筑物里面去救人，那么通常先要用水将这个人的全身浇湿，这样就可以在短时间内防止他被火烧伤。

2. 典型案例

某实用新型专利"含有波纹板的烟用包装箱"公开了一种含有波纹板的烟用包装箱（见图8-3），包括箱体，箱体的各侧壁分别包括外壁和内壁，并在外壁和内壁中间或一侧垫设有竖向波纹板或横向波纹板，内、外壁中间通过黏合剂连接在一起。这个实用新型专利在包装箱的各侧壁内套设有波纹板，可以提高各侧壁的缓冲性能，从而对各侧壁具有保护性。还可以将波纹板按照竖向和横向交错的方式排列，从而提高箱体侧壁的抗折强度。

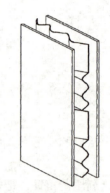

图8-3 含有波纹板的烟用包装箱

3. 应用实例

为了治疗失眠，科学家发明了安眠药，有效地缓解了失眠患者的痛苦。但是，过量服用安眠药会导致药物依赖。所以，安眠药的制造者在安眠药的成分中添加了少量的催吐剂。这种催吐剂使得在少量服用安眠药的情况下不会产生呕吐现象，但当患者过量服用时，就会产生眩晕、恶心的反应，使患者呕吐，防止药物过量。这种预先反作用原理的应用，有效地阻止了对药物的依赖。

4. 课堂讨论

预应力钢筋混凝土构件（见图8-4）是利用预先反作用原理解决工程难题的实例。在灌注混凝土之前，拉伸钢筋，然后在拉伸状态下把钢筋固定在模型里并注入水泥。当水泥硬化后，把钢筋两头松开，钢筋缩短并使水泥收缩，从而提高了钢筋混凝土的强度。请说一说其中蕴含的原理。

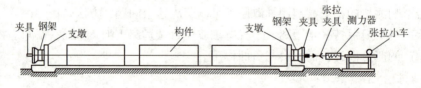

图8-4 预应力钢筋混凝土构件

8.3 预补偿原理（11）

预补偿（又称"事先防范"）原理是指：利用预先准备好的应急措施（如备用系统、矫正措施等）来补偿对象较低的可靠性。

1. 指导原则

用预先准备好的应急措施来补偿对象相对较低的可靠性。

2. 典型案例

（1）建筑物中的防火通道是为了在火灾发生时，供人们紧急疏散用的。
（2）建筑物中的应急照明系统是为了在停电的情况下提供紧急照明而设置的。
（3）跳伞运动员在跳伞时会带一个备用伞，当主降落伞不能正常打开时，使用备用伞。

3. 应用实例

为了防止驾驶员在发生意外事故的时候受到伤害，轿车上配备了安全气囊（见图8-5）。

4. 课堂讨论

请说一说其中蕴含的原理。
① 预先涂抹防晒霜，以避免被晒伤。
② 在F1（世界一级方程式锦标赛）赛车场上，为了防止赛车在快速转弯的时候发生事故，会在赛道的拐弯处放置旧轮胎作为保护（见图8-6）。

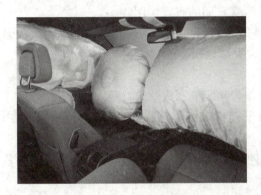
图8-5　轿车安全气囊

图8-6　赛场轮胎墙

8.4　减少作用的时间原理（21）

减少作用的时间（又称"快速通过"）原理是指：用尽可能短的时间，快速通过某个过程中困难的或有害的部分。

1. 指导原则

若某事物在给定的速度下会出问题（发生故障或造成破坏的、有害的、危险的后果），则可以通过加快其速度来避免出现问题或降低危害的程度。

2. 典型案例

（1）牙医使用高速牙钻以避免烫伤口腔组织，防止牙组织受热损伤。
（2）快速切割塑料可以避免塑料在切割过程中受热变形，从而减少扩散到塑料中的热量。
（3）超音速飞机高速通过音障区，以避免共振。

3. 应用实例

"磁速"网球拍。菲舍尔公司推出的"磁速"网球拍不但不会限制你的正手击球，反而能击中最有效的击球点。正常击球时，球拍的结构在恢复前会稍微变形。然而，"磁速"网球拍在拍头两侧安装有两个单极磁铁，有助于加快球拍恢复的速度，这样，球就有了更大的力量可以弹回到球网的方向。

4. 课堂讨论

请说一说其中蕴含的原理。

巴氏灭菌法是牛奶加工过程的一种灭菌法，是一种利用较低的温度（例如以约71℃的高温把牛奶煮15秒）既可杀死大部分病菌又能尽可能保持物品中营养物质和风味不变的消毒方法。也就是说，巴氏灭菌法既可杀死对健康有害的病原菌，又可使乳质尽量少发生变化。

8.5 变害为利原理（22）

变害为利原理是指：通过将有害的作用或情况变为有用的作用来利用有害因素。

1. 指导原则

（1）利用有害因素（特别是环境中的有害效应）得到有益的结果。

（2）将两个有害因素相结合，进而中和或消除它们的有害作用。

（3）增大有害因素的幅度，直至有害性消失。例如，在森林灭火时，可以在大火蔓延方向的前方燃起另一场易于控制的火，提前将大火蔓延所需的"燃料"烧光。

2. 典型案例

（1）燃烧垃圾发电，燃烧后的灰分还可以作为化肥或制成建筑材料。

（2）在冬季，汽车发动机产生的热量（对发动机来说是有害的）可以用来对车厢内部进行加热。

（3）氧化作用可以使钢铁锈蚀，但是利用可控的氧化作用却可以保护钢铁，如黑色氧化物。

（4）潜水员使用氮氧混合气体，以避免单独使用时造成的氮昏迷或氧中毒。

3. 应用实例

渥伦哥尔船长的遭遇。渥伦哥尔船长要从加拿大乘狗拉雪橇（见图8-7）前往阿拉斯加，一个叫"倒霉蛋"的团队卖给他一只"鹿"和一条"狗"，但他实际收到的所谓"鹿"实际是牛，"狗"是狼。

图8-7 狗拉雪橇

渥伦哥尔船长并没有被难住，他变害为利，巧妙地利用牛和狼的矛盾关系，顺利完成了旅行任务。渥伦哥尔船长将牛和狼一前一后套在雪橇上，受惊吓的牛拼命地拉着雪橇向前奔，狼想扑牛，于是也拼命地拉着雪橇向前跑。

4. 课堂讨论

请说一说其中蕴含的原理。
① 利用老鼠的高繁殖率，将它作为实验动物。
② 在医学上，利用失去活性的病原菌制造疫苗，可以使人体获得后天的免疫能力。
③ 利用爆炸来扑灭油井大火。

8.6　改变颜色原理（32）

改变颜色原理是指：改变颜色或一些其他的光学特性来改变对象的光学性质，以便提升系统价值或解决检测问题。

1. 指导原则

（1）改变对象或外部环境的颜色。
（2）改变对象或外部环境的透明程度（或改变某一过程的可视性）。
（3）采用有颜色的添加物，使不易被观察到的对象或过程被观察到。
（4）如果已经加入了颜色添加剂，则可借助发光迹线追踪物质。

2. 典型案例

（1）在冲洗照片的暗房中使用红色暗灯。
（2）感光玻璃；在半导体的处理过程中，采用照相平版印刷术将透明材料改成实心遮光板，同时，在丝绢网印花处理中，将遮盖材料从透明改成不透明。
（3）在研究水流的实验中，给水加入颜料。

3. 应用实例

为了研究降落伞的降落过程，工程师制作了一个小降落伞模型，然后将它放入有水流流动的透明玻璃管中，研究模型的降落轨迹和涡流的形成。

研究工作进行得不大顺利，因为透明水中的涡流很难用肉眼观察到。于是，工程师在模型上涂上可溶颜料，情况暂时得到了改善，但是在经过几次试验以后，模型上的颜料就没有了，需要停下试验再次涂上颜料，结果模型被颜料搞得变了形，试验条件发生了变化，测试结果的误差也增大了。

"颜料应该从模型内壁出来。"一位工程师说，"但是模型伞的吊线太细了，很难能让墨水通过。"试验陷入了僵局。

……

没过多久，一位工程师产生了一个新的想法："就用现在的模型，不使用颜料，让模型自己在水中产生颜色，一层又一层。"

但颜色从哪里来呢？

"从水中，只有一个来源，当水和吊线接触时，就产生一种颜色或者另一种像颜色的物质。"他说。

这个设计的秘密就是，将降落伞做成一个电极，与玻璃管中的水形成电解作用，利用电解原理产生的气泡，观察模型的运动和涡流的形成。

气泡来自于水，增加了可观察性，看似改变了水的颜色，实际并没有改变水的真正颜色。

4. 课堂讨论

请说一说其中蕴含的原理。

① 在表面结构上，利用"干扰带"来改变颜色。例如，蝴蝶翅膀上的图案、斑马身上的条纹。

② 利用示温材料来检测温度，例如，热致变色的塑料调羹；在食品标签中，使用热敏染料来标志食品所处环境的温度。

③ 将绷带做成透明的，这样就可以在不揭开绷带的条件下观察伤情。

8.7 同质性原理（33）

同质性原理是指：如果两个或多个对象之间存在很强的相互作用，那么，通过使这些对象的关键特征或特性一致，从而实现同质性。

1. 指导原则

与指定对象发生相互作用的对象，应该采用与指定对象相同的材料（或性质接近的材料）制成。例如，用金刚石切割钻石。

2. 典型案例

（1）使用与容纳物相同的材料来制造容器，以减少发生化学反应的机会。

（2）用金刚石制造钻石的切割工具。

3. 应用实例

一些水果产品包装员和分发员正在体验一种新的自然标签形式，就是用激光在水果表皮刻上识别信息（如产地、种类等），这种方式不会对物品造成擦伤或其他伤害。用梨进行味道实验，除刻标签的地方看上去有点怪怪之外，吃起来并没有什么两样。这种新的标签方式可以让供货商给每一个水果标注具体的信息，如一个桃子什么时候成熟，什么时候可以食用。这样，使用了同质性原理，就避免了使用额外的标签。

4. 课堂讨论

请说一说其中蕴含的原理。

① 为了减少化学反应，尽量使被包装对象与包装材料一致。

② 用糯米制成的糖纸来包装软糖（糖纸和软糖都可食用）。

8.8 抛弃与再生原理（34）

抛弃与再生原理是抛弃原理和再生原理合二为一而形成的一个发明原理。抛弃是指从系统中去除某些对象；再生是指对系统中的某些被消耗的对象进行恢复，以便再次利用。

1. 指导原则

（1）对于系统中已经完成了其使命的部分（或已经成为不必要的部分），应当去除（采用溶解、蒸发等手段），或在系统运行过程中直接改变它。

（2）对于系统中的消耗性部分，应该直接在工作过程中再生或得到迅速补充。

2. 典型案例

（1）可降解的一次性餐具。

（2）自动铅笔。

（3）普通的子弹在被使用后，往往会将弹壳抛弃。

（4）自动步枪可以在发射出一发子弹后自动装填另一发子弹。

3. 应用实例

用可溶性的胶囊来包装药物小颗粒。

4. 课堂讨论

请说一说其中蕴含的原理。

① 火箭助推器在完成其作用后会被抛弃。

② 收割机的自磨刃可以在磨损的同时产生新的刃口,始终保持刃口的锋利。

8.9 加速氧化原理(38)

加速氧化原理是指:利用更加丰富的"氧"的供应(例如,O_2 或 O_3),使氧化作用的强度从某个级别增强到更高的级别。

1. 指导原则

(1) 用富载空气代替普通空气。

(2) 用纯载空气代替富载空气。

(3) 用离子化氧代替纯氧。

(4) 用臭氧化氧代替离子化氧。

(5) 用臭氧代替臭氧化氧。

2. 典型案例

(1) 在乙炔切割中,用纯氧代替空气,可以使乙炔燃烧更完全,从而提高乙炔燃烧的热效率。

(2) 空气过滤器通过电离空气来捕获污染物。

(3) 对食物进行放射处理,以改善其储藏质量。

(4) 利用粒子化空气来加速化学反应。

(5) 通过离子化作用将氧气分开。

(6) 在化学实验中,使用离子化的气体加速化学反应。

(7) 用臭氧来杀死谷物中的微生物。

(8) 用溶解了臭氧的水去除舰船外壳上的有机污染物。

3. 应用实例

用风箱或鼓风机将空气吹入火炉中,提高空气的流动速度,以便向炉中提供更多的氧气。

4. 课堂讨论

请说一说其中蕴含的原理。

① 将病人放入氧幕(氧气帐、高压氧舱,见图 8-8)中,为他增加氧气供应量。

图 8-8 高压氧舱

② 在水处理中，利用臭氧杀菌系统杀灭水中的细菌。
③ 在炼制超低碳钢时，为了减少钢中碳、磷和硫的含量，可以向钢液中吹入高压纯氧。

8.10 惰性环境原理（39）

惰性环境原理是指：去除所有的氧化性的资源（如氧气）和容易与目标对象起反应的资源，从而建立一个惰性或中性环境。

1. 指导原则

（1）用惰性环境代替正常环境。
（2）向对象中添加中性或惰性成分。
（3）使用真空环境。例如，在零重力的条件下进行制造活动。在此问题中，重力就是"氧"，零重力就是一种重力的"真空"状态。

2. 典型案例

（1）在食物的加工、储存和运输过程中，利用惰性气体进行保鲜。
（2）利用二氧化碳灭火器灭火。
（3）向汽车轮胎中充入氮气（而不是空气），由于氮气的膨胀系数小于空气，因此受环境温度变化的影响较小。
（4）吸音板或隔音结构。对于声音的传播来讲，这种隔音装置就是一种惰性环境。
（5）将难以燃烧的材料添加到泡沫材料构成的墙体中。
（6）向航空燃油中加入添加剂以改变其燃点。

3. 应用实例

在商务谈判中，将谈判地点定在第三方，以构建一个中性环境。

4. 课堂讨论

请说一说其中蕴含的原理。
① 在困难的谈判过程中，引入公正的第三方作为评判。
② 将惰性气体充入灯泡内，可以延长灯丝的使用寿命。
③ 真空包装。

【习题】

1.（　　）原理是以虚拟或实体方式从整体中分离出有用的（或有害的）部分（或属性）。
　　A. 嵌套　　　　B. 抽取　　　　C. 同质性　　　　D. 变害为利

2. 高速公路上的隔音屏障（考虑其效果）、化工生产中的萃取工艺和猎头公司为用人单位遴选优秀人才都是应用了（　　）原理。
　　A. 嵌套　　　　B. 合并　　　　C. 抽取　　　　D. 自服务

3. "在对象将要暴露于有害物质之前，对它进行遮盖"，这是应用了（　　）原理。
　　A. 反馈　　　　　　　　　　　B. 变有害为有益
　　C. 自服务　　　　　　　　　　D. 预先反作用

4.（　　）原理是指预先了解可能出现的问题，并采取行动来消除出现的问题、降低问题的危害或防止问题的出现。

A. 预先反作用 B. 自服务
C. 反馈 D. 变有害为有益

5. （　　）原理是指利用预先准备好的应急措施（如备用系统、矫正措施等）来补偿对象较低的可靠性。
A. 预补偿 B. 预先作用
C. 预先反作用 D. 变害为利

6. 汽车中的安全气囊是应用了（　　）原理。
A. 预先作用 B. 预补偿
C. 变害为利 D. 预先反作用

7. 在F1赛车场上，为了防止赛车在快速转弯的时候发生事故，会在赛道的拐弯处放置旧轮胎作为保护，这是应用了（　　）原理。
A. 变害为利 B. 预先反作用
C. 预先作用 D. 预补偿

8. （　　）原理是指用尽可能短的时间，快速通过某个过程中困难的或有害的部分。
A. 变害为利 B. 预先反作用
C. 减少作用的时间 D. 预先作用

9. 为了避免在对物质进行切割作业时受热变形，影响切割效果或质量，可以加快切割速度，从而减少扩散到被切割物质中的热量。这是应用了（　　）原理。
A. 减少作用的时间 B. 预先作用
C. 变害为利 D. 预先反作用

10. 在进行森林灭火时，可以在火势推进的前方，预先燃火将草木烧光。这是利用了（　　）原理。
A. 预先反作用 B. 减少作用的时间
C. 变害为利 D. 预先作用

11. 下列不属于变害为利原理的指导原则的是（　　）。
A. 利用有害的因素，得到有益的结果
B. 将危险或有害的作业在高速下进行，以使有害作用消失
C. 将两个有害因素相结合，进而中和或消除它们的有害作用
D. 增大有害因素的幅度，直至有害性消失

12. 回收废纸并将它做成纸质家具，这是应用了（　　）原理。
A. 自助服务 B. 普遍性 C. 同质性 D. 变害为利

13. （　　）原理是指通过改变颜色或一些其他的光学特性来改变对象的光学性质，以便提升系统价值或解决检测问题。
A. 改变颜色 B. 预先作用 C. 预先反作用 D. 预补偿

14. 在伤口的处理中，可以使用透明材料制成的绷带，这样就可以在不揭开绷带的条件下观察伤情。这是应用了（　　）原理。
A. 预先反作用 B. 预先作用 C. 改变颜色 D. 预补偿

15. （　　）原理是指，如果两个或多个对象之间存在很强的相互作用，就使这些对象的关键特征或特性一致。
A. 预补偿 B. 同质性 C. 预先反作用 D. 改变颜色

16. 用糯米制成的糖纸来包装软糖，或者用胶囊（糖衣）来包裹药粉，这些都是应用了

（　　）原理。

　　A. 预先反作用　　B. 改变颜色　　C. 预补偿　　D. 同质性

17. 在（　　）原理中，再生是指对系统中的某些被消耗的对象进行恢复，以便再次利用。

　　A. 抛弃和再生　　B. 同质性　　C. 预先反作用　　D. 改变颜色

18. （　　）原理是指通过更加丰富的"氧"的供应，使氧化作用的强度从某个级别增强到更高的级别。

　　A. 加速氧化　　B. 同质性　　C. 预先作用　　D. 改变颜色

19. （　　）原理是指通过去除所有的氧化性资源和容易与目标对象起反应的资源，从而建立一个惰性或中性环境。

　　A. 加速氧化　　B. 同质性　　C. 预先作用　　D. 惰性环境

20. 将商务谈判地点定在第三方，以构建一个中性环境，这是应用了（　　）原理。

　　A. 加速氧化　　B. 惰性环境　　C. 预先作用　　D. 同质性

【实验与思考】小组活动：消除有害作用的发明原理

1. 实验目的

本章"实验与思考"的目的如下。

（1）熟悉抽取、预先反作用、变害为利、抛弃与再生等发明原理，思考其共性与个性。

（2）通过对个别发明原理的熟悉与应用，深入了解 TRIZ 的发明原理，培养与提高应用发明原理的积极性、主动性。

2. 工具/准备工作

（1）在开始本实验之前，请回顾本书的相关内容。

（2）准备一台能够访问因特网的计算机。

3. 实验内容与步骤

（1）小组讨论：列举一些我们身边的"消除有害作用"发明原理的应用案例，并简单记录。

答：_____

_____

_____

_____

（2）小组讨论：什么办法可以帮助我们记住更多的发明原理？

答：_____

_____

_____

_____

_____

4. 实验总结

_____

_____

_____

5. 实验评价（教师）

_____

第 9 章
改进操作和控制的发明原理

虎丘塔（见图 9-1）位于苏州城西北郊，距市中心约 5 千米。

图 9-1　虎丘塔

据记载，隋文帝就曾在此建塔，但那是一座木塔，现今的虎丘塔是在木塔原址上建造的，高七层，塔身平面呈八角形，是一座砖身木檐仿楼阁形宝塔。据有关专家调查，虎丘塔在明崇祯十一年（1638 年）改建第七层时，发现有明显倾斜。当时曾将此位置略向相反方向校正，以改变重心，纠正倾斜，也曾起过一定的作用。但近 300 多年来，塔身倾斜还在继续，可能是地基的不均匀沉降引起的。现在我们看到的虎丘塔已是一座斜塔，据初步测量，塔顶部中心点距塔中心垂直线已达 2.34 米，斜度为 2.48°。

为了测量研究虎丘塔下沉问题，首先要选择一个高度不变的水平基准，并且在塔上可以看到这个基准，以便进行比较测量。由于虎丘塔周围的建筑很可能也在一起下沉，因此需要寻找一个远离古塔且高度不变的基准，测量者最后选择了远离虎丘塔的一个公园的墙壁，但虎丘塔和公园的墙壁之间被高层建筑物遮挡了，无法直接进行测量。

面对这个复杂情况，一个基于等势原理的方案出现了：拿两根玻璃管，一个安装在塔上，另一个安装在公园的墙壁上，用胶管将它们连接起来，然后灌入液体，就组成一个水平仪，两根玻璃管中的液体应保持同样高度，在玻璃管上标出这个高度。如果古塔下沉，则塔上的玻璃管内的液体会升高。

本章将从**改进操作和控制**的角度分析发明原理，其中涉及第 12、13、16、23、24、25、26、27 号发明原理（节标题右侧标注了发明原理的编号），分述如下。

9.1　等势原理（12）

等势原理涉及三个既可以单独使用，又可以合并使用的概念：
（1）在一个系统或过程的所有点或方面建立均匀位势，以便获得某种系统增益；

(2) 在系统内建立某种关联,以维持位势相等;
(3) 建立连续的、完全互相的关联或联系。

1. 指导原则

以某种方式改变作业条件(工作状态),而不必升高或降低对象。

2. 典型案例

电梯可以将乘客运送到高层建筑上,从而避免了人自己爬楼梯。

3. 应用实例

利用等势原理解决工程难题的实例有船闸(见图9-2)等,船在通过水坝的时候,需要在船闸中调整其位势,以便顺利地从一个水平高度调整到另一个水平高度。

图9-2 船闸

9.2 反向作用原理(13)

反向作用原理是指:在空间上,将对象翻转(上下、左右、前后、内外);在时间上,将顺序颠倒;在逻辑关系上,将原因与结果反过来,从而利用不同(或相反)方法实现相同的目的。

1. 指导原则

(1) 用与原来相反的作用实现相同的目的。
(2) 让物体或环境中可动的部分不动,不动的部分可动。
(3) 将对象(物体、系统或过程)"颠倒"(上下、内外、前后、顺序等)过来。

2. 典型案例

(1) 在用平车运送货物时,既可以推,又可以拉,它们可以实现相同的结果。
(2) 利用黑笔和白板的组合代替传统的黑板和白粉笔的组合。
(3) 除通过上路驾驶来测试汽车的空气动力特性以外,还可将它放入风洞以进行测试。这种方法适用于任何需要气动或水动测试的系统。
(4) 在向房顶上运送建筑材料时,人既可以站在房顶上用绳子往上拽,又可以在房顶上安装一个滑轮,并在地面往下拉绳子。无论采用哪种方式,人都可以将建筑材料运送到房顶上。
(5) 跑步机(见图9-3)将跑步时人移动而地面不动改变为人不前后移动而"地面"移动。

图 9-3　跑步机

3. 应用实例

运用反向作用原理，可以考虑使物体、系统或过程倒置。例如，在一些空间不足的位置，将外六角螺钉（螺丝）换成内六角螺钉（见图 9-4）。

图 9-4　六角螺钉

又如，电磁起重机（见图 9-5）可用于起吊重物，极大地节省了人力和时间。但是，使用电磁铁既不安全，又浪费电能。电磁铁的原理是通电吸附，断电释放，这也是它需要常备应急电源的缘故。于是，工程师开发了电永磁起重机。虽然二者都是利用磁力，但是电永磁起重机只有释放重物时才使用电能（通过转向改变磁极方向），这样既节省了电能，又保证了安全。

图 9-5　电磁起重机

4. 课堂讨论

请说一说其中蕴含的原理。

① 乘客随滚动电梯上下楼。

② 为了将两个套紧的物体分离，可以将内层物体冷冻，或者将外层物体升温。

③ 用逆排序法制订工作计划。

9.3 未达到或过度作用原理（16）

未达到或过度作用原理是指：如果很难百分之百达到所要求的效果，则可以采用"略少一点"或"略多一点"的做法，这样可以大大降低解决问题的难度。也就是说，可以先采用局部的（不足的）作用来"略微不足"地初步完成某项任务，再进行最后的调整；也可以先采用过度的（过量的、过大的）作用来"略微过量"（超额）地初步完成某项任务，再进行最后的调整。

1. 指导原则

当期望的效果难以完全实现时，"稍微大于"或"稍微小于"会使问题的解决过程得到大大简化。

2. 典型案例

在喷漆的时候，很难精确地给对象喷上一定厚度的油漆，因此，可以先给对象喷过量的油漆，再设法去除多余的部分。例如，在给缸筒上油漆的时候，可以先将缸筒浸泡到盛油漆的容器中，让缸筒上附着过量的油漆，再将缸筒取出，并快速旋转缸筒，利用离心力甩掉多余的油漆。

3. 应用实例

一个新闻系的毕业生急于寻找工作。一天，他来到某报社并对总编说："你们需要编辑吗？"总编回答："不需要！"他又问："那么记者呢？"总编再次回答："不需要！"他再次问："那么校对人员、排字工人呢？"总编不耐烦地回答："不，我们什么空缺也没有了。"于是，他说："那么，你们一定需要这个东西。"他边说边从公文包中拿出一块精致的小牌子，上面写着"额满，暂不雇佣"。总编看了看牌子，微笑着点了点头，说："如果你愿意，可以到我们广告部工作。"这个大学生通过自己制作的牌子表达了自己的机智和乐观，给总编留下了美好的"第一印象"，引起了总编极大的兴趣，从而为自己赢得了一份满意的工作。这种"第一印象"的微妙作用，在心理学上称为首因效应。

在这个例子中，你看到了"过度作用"原理的应用吗？

4. 课堂讨论

请说一说其中蕴含的原理。

在机械加工领域，对一个零件毛坯进行加工的时候，首先进行的是粗加工，目的是快速去除绝大部分多余的材料，然后进行精加工，慢慢去除剩余的少量材料，使零件的加工精度符合所要求的公差范围。

9.4 反馈原理（23）

反馈原理是指：将系统的输出作为输入返回到系统中，以便增强对输出的控制。

1. 指导原则

（1）向系统中引入反馈以改善性能。

（2）如果已引入反馈，就改变它。

2. 典型案例

（1）音乐喷泉（见图 9-6）。

图 9-6　音乐喷泉

（2）自动导航系统。
（3）利用恒温开关控制温度。
（4）加工中心的自动检测装置。

3. 应用实例

智能绳索。任何一个消防队员或者攀岩者都可以告诉你，一条简单的绳子可以救你的命，条件是它不要过于磨损或突然断裂。如今，科学家研制出了"聪明"绳索，这种智能绳索里面有电子传导金属纤维，可以判断它所承受的重量，如果重量太大，它无法承受，绳索就会向使用者发出警告。智能绳索还可以用于停泊船只、保护贵重物品或者用于营救行动。

智能绳索就是在普通绳索上增加了反馈，从而提高了安全性。

4. 课堂讨论

请说一说其中蕴含的原理。

① 运动敏感光线控制系统（如厕所中的光线敏感冲水系统）。

② 当温度由高变低时，改变恒温开关中负反馈装置的灵敏度，因为温度降低的时候运用能量的效率会降低。

9.5　中介物原理（24）

　　中介物原理是指：将某对象临时或永久地放置在两个或多个现有对象中间以作为一个"调停装置"。调停或协商是指两个不相容的（互相矛盾的、性质相反的）参与者、功能、事件或条件（情形、环境、情境）之间的某种临时性的连接。通常利用某种易于去除的中间载体、中间阻断物或中间过程来实现这种连接。

1. 指导原则

（1）利用中介物来转移或传递某种作用。
（2）将一个对象与另一个容易去除的对象暂时结合在一起。

2. 典型案例

（1）用于演奏弦乐器的拨子（用来弹拨乐器的小而薄的金属、骨制或类似材料的片子）。

（2）电源开关（在手与电线之间起传递作用）。
（3）计算机网络、通信网络、供电网络、货币。
（4）饭店上菜时用的托盘。
（5）化学反应中的催化剂。

3. 应用实例

胶管上的孔。现在需要在一根长胶管上钻出很多径向小直径的标准孔。因为胶管很软，所以钻孔操作显得非常不容易。有人建议用烧红的铁棍来烫出小孔。经过尝试，发现烫出的小孔很毛糙，而且很容易破损，不能满足质量要求。

基于中介物原理，可以很好地解决这个问题。先给胶管里面充满水，然后进行冷冻，待水冻成冰时，再进行钻孔加工。在加工完成后，冰会融化成水并很容易被排出管道。

4. 课堂讨论

请说一说其中蕴含的原理。
① 将两相电源插头与三相电源插头互换的转换插头、插座。
② 签字仪式上的公证员（双方均可信任的独立的第三方）。
③ 借助钳子、镊子等工具，人手可以完成许多原本难以完成的任务。
④ 药片上的"糖衣"（或胶囊）。

9.6 自服务原理（25）

自服务原理是指：执行主要功能的同时执行相关功能。

1. 指导原则

（1）使对象能执行辅助性或维护性的工作，以便进行自我服务。
（2）利用废物（能量、物质）。

2. 典型案例

（1）自清洁玻璃。
（2）无人值守的自动售货机，如图 9-7 所示的自助咖啡机。

图 9-7　自助咖啡机

（3）利用钢铁厂炼钢的余热发电，将发的电再用于钢铁厂的生产上。
（4）在收割的过程中，将作物的秸秆粉碎后直接填埋以作为下一季庄稼的肥料。
（5）用生活垃圾做肥料。

3. 应用实例

钢珠输送管道的难题。在一个输送钢珠的管道中，拐弯部位在工作一两个小时后就会坏掉。钢珠在高速气体的驱动下，对弯曲部位的管壁进行连续撞击，很快就会撞出一个洞。在管道损坏后，必须停止输送并对它进行维修，这就影响了生产效率。

"看来还需要一条管道，"工程师说，"当需要维修时，启动另一条管道来输送钢珠。"

"两条管道会增加成本，"经理说，"而且更换管道过程仍然影响生产效率。"

这似乎是一个难以解决的难题。

运用自服务原理，可以保证管道顺利工作而不必或者大大减少修补。在拐弯部位的管道外放置磁铁，当钢珠到达磁场范围内时，会被磁铁吸附到管道内壁上，从而形成保护层，后续钢珠的冲击将作用在由钢珠形成的保护层上。由于磁铁的存在，保护层中那些被冲掉的钢珠会不断得到补充。这样，输送管道就被完全保护起来。

4. 课堂讨论

请说一说其中蕴含的原理。

无针订书机（见图9-8）的工作原理是：无针订书机会将纸张的部分区域切开，并把被切开的那部分纸"扣"在一个被切开的缝隙中，这样纸张就"订"在一起了。目前，它还只能装订少量的纸张。

图 9-8 无针订书机

9.7 复制原理（26）

复制原理是指：使用较便宜的复制品或模型来代替成本过高而不能使用的对象。

1. 指导原则

（1）用经过简化、廉价的复制品代替复杂、昂贵、易损或不易获得的对象。

（2）用光学复制品（图像）代替实际的对象或过程，同时可以利用比例的变化（按一定比例放大或缩小复制品）。

（3）如果已使用了可见光的复制品，则可以考虑用红外线或紫外线等非可见光的复制品。

2. 典型案例

（1）服装店里的塑料模特（代替真人模特），或者电影演员的替身。

（2）网络上的虚拟博物馆代替真正的博物馆。

（3）手机卖场中摆放的模型手机（其外观与真正的产品完全相同）。

（4）软件中的打印预览功能。

（5）卫星测量代替实际地理测量。

3. 应用实例

利用 CAD 软件建立产品中的各个零件模型，然后用三维实体模型对装配状况进行模拟。

4. 课堂讨论

请说一说其中蕴含的原理。

① 先建立经济问题的数学模型，再利用数学模型来模拟经济的运行状况。

② 成本较低的纸币代替黄金、白银、铜等以作为货币（价值符号），利用成本更低的电子货币代替纸币。

③ 在无损检测中，利用 X 光（X 射线）为被检测对象"照相"。通过 X 光片可以发现对象内部的缺陷。

9.8 廉价替代品原理（27）

廉价替代品原理是指：用廉价、易处理或一次性的等效物来代替昂贵、长使用寿命的对象，以便降低成本、增强便利性、延长使用寿命等。

1. 指导原则

用廉价的对象代替昂贵的对象。虽然这降低了某些特性（如耐用性），但是能够实现相同的功能。

2. 典型案例

一次性的餐具、水杯、医疗耗材、纸尿布、纸内裤等。

3. 应用实例

用布衣柜代替木制衣柜，不仅可以降低成本，还便于搬家。

4. 课堂讨论

请说一说其中蕴含的原理。

在软件行业，虽然软件的演示版和试用版在应用界面的外观上与正式版相同，但内部结构相差甚远。

【习题】

1. 等势原理涉及三个既可以单独使用，又可以合并使用的概念。下列（　　）不属于其中之一。

   A. 在一个系统或过程的所有点或方面建立均匀位势，以便获得某种系统增益

   B. 用与原来相反的作用实现相同的目的

   C. 在系统内建立某种关联，以维持位势相等

   D. 建立连续的、完全互相的关联或联系

2. （　　）原理的指导原则之一是：以某种方式改变作业条件（工作状态），而不必升高或降低对象。

   A. 中介物　　　B. 复制　　　C. 反馈　　　D. 等势

3. 早期的火车站台相对火车车门较低，乘客上车时需要登几级台阶。现在的高铁站站台（见图 9-9）已经没有这种情况了。高铁站站台的发展应用了（　　）原理。

   A. 局部质量　　　　　　　　B. 有效作用的连续性

   C. 等势　　　　　　　　　　D. 机械系统替代

图 9-9　高铁站台

4. （　　）原理是指在空间上，将对象翻转；在时间上，将顺序颠倒；在逻辑上，将原因与结果反过来，从而利用不同（或相反）方法实现相同的目的。

   A. 反向作用　　　　B. 等势　　　　C. 自服务　　　　D. 反馈

5. 反向作用原理有三条指导原则，但下列（　　）不属于其中之一。

   A. 用与原来相反的作用实现相同的目的

   B. 让物体或环境中可动的部分不动，不动部分可动

   C. 充分发挥系统正向作用，实现既定的目的

   D. 将对象（物体、系统或过程）"颠倒"（上下、内外、前后、顺序等）过来

6. 由于客观条件限制，因此只能利用仅有的小型游泳池来训练长距离游泳运动队队员，此时可以采用人为加大游泳池水逆向流速的办法来进行训练。这是应用了（　　）原理。

   A. 自服务　　　　B. 反向作用　　　　C. 反馈　　　　D. 复制

7. 运用"多于"或"少于"所需的某种作用或物质获得最终结果，这个发明原理被称为（　　）。

   A. 嵌套　　　　　　　　　　B. 未达到或过度作用

   C. 重量补偿　　　　　　　　D. 变害为利

8. （　　）原理是指，如果很难百分之百达到所要求的效果，则可以采用"略少一点"或"略多一点"的做法，这样可以大大降低解决问题的难度。

   A. 重量补偿　　　B. 变害为利　　　C. 嵌套　　　D. 未达到或过度作用

9. 在机械制图和公差与配合方面，孔的尺寸减去相配合的轴的尺寸所得的代数差为负时是过盈（见图9-10）。利用过盈配合方法，装配后使零件表面间产生弹性压力，从而获得紧固的连接。这应用了（　　）原理。

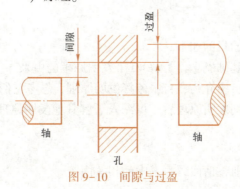

图 9-10　间隙与过盈

A. 变害为利 B. 重量补偿
C. 未达到或过度作用 D. 嵌套

10. （　　）原理是指将系统的输出作为输入返回到系统中，以便增强对输出的控制。
A. 自服务 B. 反馈 C. 普遍性 D. 复制

11. 当温度由高变低时，改变恒温开关中负反馈装置的灵敏度，因为温度降低的时候运用能量的效率会降低。这里应用了（　　）原理。
A. 反馈 B. 普遍性 C. 同质性 D. 复制

12. （　　）原理是指：将某对象临时或永久地放置在两个或多个现有对象中间以作为一个"调停装置"。
A. 反馈 B. 普遍性 C. 中介物 D. 复制

13. 在比萨饼盒子中加入吸水纸是应用了（　　）原理。
A. 变害为利 B. 物理或化学参数改变
C. 抽取 D. 中介物

14. 在人们的社交关系中，借助于计算机网络、通信网络等都可以被看成应用了（　　）原理。
A. 反馈 B. 中介物 C. 普遍性 D. 复制

15. （　　）原理是指在执行主要功能的同时执行相关功能。
A. 自服务 B. 中介物 C. 普遍性 D. 复制

16. 汽车中使用了有修复缸体磨损作用的特种润滑油，这是应用了（　　）原理。
A. 复制 B. 自服务 C. 同质性 D. 重量补偿

17. 在收割的过程中，将作物的秸秆粉碎后直接填埋以作为下一季庄稼的肥料，这是应用了（　　）原理。
A. 复制 B. 重量补偿 C. 同质性 D. 自服务

18. （　　）原理是指使用较便宜的复制品或模型来代替成本过高而不能使用的对象。
A. 同质性 B. 自服务 C. 复制 D. 反馈

19. "利用计算机虚拟现实，而不去进行昂贵的度假"是应用了（　　）原理。
A. 自服务 B. 普遍性 C. 同质性 D. 复制

20. （　　）原理是指用廉价、易处理或一次性的等效物来代替昂贵、长使用寿命的对象，以便降低成本、增强便利性、延长使用寿命等。
A. 自服务 B. 廉价替代品 C. 反馈 D. 同质性

【实验与思考】小组活动：改进操作和控制的发明原理

1. 实验目的

本章"实验与思考"的目的如下。

（1）理解创新发明的基础概念，了解 40 个发明原理的由来。

（2）熟悉等势、反馈、中介物、自服务等发明原理，思考它们的共性与个性。

（3）在熟悉与应用个别发明原理后，可深入了解其他发明原理，提高主动应用 40 个发明原理的积极性、主动性。

2. 工具/准备工作

（1）在开始本实验之前，请回顾本书中的相关内容。

（2）准备一台能够访问因特网的计算机。
3. 实验内容与步骤

（1）小组讨论：列举发生在我们身边的"改进操作和控制"的发明原理应用案例。

答：_____
_____
_____

（2）小组讨论：可以帮助我们记住更多发明原理的方法，并实践。

答：_____
_____
_____

4. 实验总结

_____
_____
_____

5. 实验评价（教师）

_____

第 10 章 提高系统效率的发明原理

方形西瓜、人形人参果等都是运用相同的原理,即都是在水果刚开始生长的时候就将它们放在特定的容器中,待水果成熟后,就具备了固定的形状(见图10-1)。

图 10-1　问题不同,但解决问题用到的原理类似

又如,方便面是即食性食品,实际上已经是熟的,开袋即食,这里应用了"预操作(预先作用)"发明原理,即"形成方便操作的属性"。同样,人们在婴儿期接种的疫苗(预防针)、消防宣传中的"防重于消"、医疗宣传中的"防重于治"等,都是应用"预操作(预先作用)"发明原理的案例。

本章将从**提高系统效率**的角度分析发明原理,涉及第 10、14、15、17、18、19、20、28、29、35、36、37、40 号发明原理(节标题右侧标注了发明原理的编号),分述如下。

10.1　预操作原理(10)

预操作原理,又称"预先作用",是指在真正需要某种作用之前,预先执行该作用的全部或一部分。

1. 指导原则
(1)预先对某对象进行所需的改变,这种改变可以是整体的,也可以是部分的。
(2)将有用的物体预置,以便使它在必要时能立即在方便的位置发挥作用。

2. 典型案例
(1)方便面。
(2)建筑业中大量使用的预制件。
(3)纸上预先印刷好的表格。
(4)计算机软件中根据用户当前状态弹出的上下文关联菜单列表。
(5)在大型机械设备总装过程中,大量使用预先装配好的组件。例如,在汽车的总装线上,只需要安装一个已经装配好的发动机,而不需要在总装线上临时用零件组装出一个发动机。

(6) 预先被打孔的邮票（见图 10-2）。如今，已经很少有人知道最早的邮票是以没有打孔的整版形式销售的，那时，用户必须将邮票一张张剪下来，然后用胶水粘到信封上。

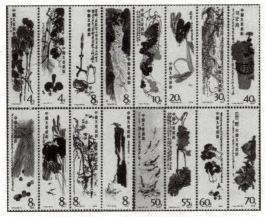

图 10-2　邮票上的打孔

3. 应用实例

在某一事件或过程之前采取行动，目的在于增强安全性、简化事情的完成过程、维持正确作用、减轻疼痛、增强智力、产生某种优点和让使用过程简单化等。

例如，新的棉布水洗后通常会"缩水"。如果将没有经过"缩水"的棉布做成衣服，那么衣服经水洗后就会变小，影响正常使用。因此，在棉布被纺织出来后，通常要对它进行预先缩水处理。这样，制作的衣物在水洗之后就不会再缩水了。

4. 课堂讨论

请说一说其中蕴含的原理。

① 手术前，将手术器具按需要时的使用顺序排列整齐。
② 在商场等建筑物的通道里放置灭火器。
③ 已充值的公交车 IC 卡。

10.2　曲面化原理（14）

曲面化原理是指：
（1）将二维或三维空间中的直线变为曲线、直线运动变为圆周运动，增加曲率；
（2）用曲线属性或球面属性代替线性属性。

1. 指导原则

(1) 用曲线（或曲面）代替直线（或平面），用球体代替多面体。
(2) 采用滚筒、辊、球、螺旋结构。
(3) 利用离心力，用回转运动代替直线运动。

2. 典型案例

(1) 两表面间引入圆弧结构，以防止应力集中，如机械零件中的倒角、圆弧过渡结构。
(2) 螺旋齿轮可以提供均匀的承载能力。
(3) 圆珠笔和钢笔的球形笔尖使书写流畅，下墨均匀。
(4) 通过高速旋转，甩干机利用离心力去除湿衣物中的水分。
(5) 离心铸造方式可以生产出壁厚均匀的产品，如图 10-3 所示的手工制陶。

3. 应用实例

在科幻故事《黑暗的墙》中，哲人格里尔拿着一张纸条对同伴不里尔顿说："这是一张纸条，它有两个面。你能设法让这两个面变成一个面吗？"

不里尔顿惊奇地看着格里尔并说："这是不可能的。"

"是的，看起来是不可能的，"格里尔说，"但是，你如果将纸条的一端扭转180°，再将纸条两端对接起来，会出现什么情况？"

不里尔顿将纸条一端扭转180°后与另一端对接，然后将对接处粘贴起来。

"现在，把你的食指伸到纸面上。"格里尔说。

不里尔顿已经明白了这位同伴的智慧，他移开了自己的手指并说："我懂了！现在纸条不再是分开的两个面，它只有一个连续的面。"

这就是以著名的德国数学家默比乌斯命名的"默比乌斯环"（见图10-4）。很多人利用这个奇妙的默比乌斯环来获得发明。目前，100多项专利基于这个奇妙的环，如砂带机、录音机、皮带过滤器等。默比乌斯环是曲面化原理的典型代表。

图10-3 手工制陶

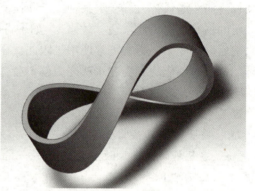

图10-4 曲面化原理：默比乌斯环

4. 课堂讨论

请说一说其中蕴含的原理。

① 建筑领域中常用拱形结构来提高建筑物的强度，如拱门、石拱桥（见图10-5）等。

② 螺旋形的楼梯可以大幅提高空间的利用率（见图10-6）。

图10-5 石拱桥

图10-6 螺旋楼梯

10.3 动态化原理（15）

动态化原理是指：使构成整体的各个组成部分处于动态，即各个部分是可调整的、活动的或可互换的，以便使它在工作过程中的每个动作或阶段都处于最佳状态。

1. 指导原则

（1）调整对象或对象所处的环境，使对象在各动作、各阶段的性能达到最佳状态。
（2）将对象分割为多个部分，使其各部分可以改变相对位置。
（3）使不动的对象可动或可自动适应。

2. 典型案例

（1）汽车上可调的方向盘、座椅、后靠背或后视镜。
（2）折叠椅和笔记本计算机都是通过分割物体的几何结构，引入铰链，使其各部分可以改变相对位置。
（3）装卸货物的装载机（铲车）通过铰链连接铲斗，可以实现铲斗的自由开闭（见图10-7）。

图10-7　装载机（铲车）

（4）在计算机软件中，用户当前的状态不同，鼠标右键快捷菜单的内容也不同。
（5）充气床或水床可以根据人的不同卧姿自动调整其形状。

3. 应用实例

尝试让系统中的某些几何结构成为柔性、可自适应的；让往复运动的部分成为旋转的；让相同的部分执行多种功能；使特征成为柔性的；使系统兼容不同的应用或环境。

例如，飞机机翼上的可动襟翼能够按照需要调整其姿态，使机翼可适应起飞、降落和飞行时的不同工况要求（见图10-8）。

图10-8　飞机机翼上的可动襟翼

4. 课堂讨论

请说一说其中蕴含的原理。

① 北斗自动导航系统。

② 小轿车里的可调节座椅。

③ 采用蛇皮管灯杆的台灯。

10.4　维数变化原理（17）

维数变化原理是指：通过将对象转换到不同维度，或者通过将对象分层或改变对象的方向来改变对象的维度。

1. 指导原则

如果对象沿着直线（一维）运动（或配置）时存在某种问题，则可以使它沿平面（二维）运动（或配置）来消除存在的问题；按照相同的原理，如果对象沿着平面（二维）运动（或配置）时存在某种问题，则可以使它过渡到三维空间来运动（或配置），从而消除存在的问题。例如：

（1）单层变为多层；

（2）将对象倾斜或侧向放置；

（3）利用给定表面的反面。

2. 典型案例

（1）机械设计中的加强筋、工字钢、工字梁。

（2）固定电话上连接听筒与机身的螺旋形电话线。

（3）从顺序操作（一维）变为并行操作（二维）。

（4）楼房代替平房。

（5）在仓库中，将货物堆垛码放。

（6）在往汽车上装卸汽油桶的时候，在地面与车厢间利用木板形成斜坡，使装卸变得容易。

（7）双面胶带。

3. 应用实例

例如，螺旋滑梯的滑道比直线型滑梯更长（见图10-9）。

又如，建筑中的穹顶结构，如拱形结构（见图10-10）。

图 10-9　螺旋滑梯

图 10-10　建筑穹顶

4. 课堂讨论

请说一说其中蕴含的原理。

① 台球选手利用弧线球打法来绕开母球与目标球之间的其他球。

② 将刀子的刀刃由直线型改为锯齿型，可以提高切割效果。

③ 立体车库。

10.5 振动原理（18）

振动原理是指：

（1）振动（振荡）或摇动（震动）对象使对象产生机械振动，增加振动的频率或利用共振频率；

（2）利用振动（颤动、摇动、摆动）或振荡（振动、振荡、摆动），在某个区间内产生一种规则的、周期性的变化。

1. 指导原则

（1）使对象发生机械振动。

（2）如果对象已经处于振动状态，则提高振动的频率（直至超声振动）。

（3）利用共振频率。

（4）用压电振动代替机械振动。

（5）将超声波振动与电磁场合并使用。

2. 典型案例

（1）装有振动刀片的电动切肉刀。

（2）在浇注混凝土的时候，利用振动式励磁机（激励器）去除混凝土中的孔隙。

（3）在筛选（筛分）的时候，振动可以提高效率。

（4）振动可以使生锈、腐蚀或拧得过紧的零件松动。

（5）利用振动，乐器可以发出悦耳的声音。

（6）石英表中的石英振动机芯。

（7）振动式电动剃须刀（见图10-11）与冲击式钻机（风钻）（见图10-12）。

图10-11　电动剃须刀

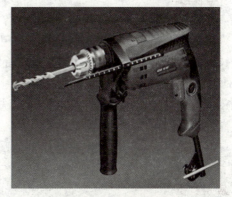

图10-12　工程风钻

3. 应用实例

不要假定一个稳定系统才是最佳的。尝试采用不稳定的、变化的但同时是可控的系统。例如，当电流由直流转变为交流时，可以产生多种新特征，如电磁波、电磁感应等。

例如，"聪明"的测量仪。某化工厂车间里有一种强腐蚀性的液体装在一个巨大的容器中，生产时，让液体从容器流向反应器，但对进入反应器的液体量需要进行精确控制。

"我们尝试使用了各种玻璃或金属制作的仪表，"车间主任对厂长说，"但它们很快就被液体给腐蚀了。"

"不测量流量，而只测量液体高度的变化，怎么样？"厂长问。

"容器很大，液体高度变化微小，无法得到准确的结果，"车间主任说，"而且容器接近天花板，操作上很不方便。"

这似乎是一个难以解决的问题。

这时，基于振动发明原理，可以考虑设计一台"聪明"的测量仪，它不是测量液体，而是测量空隙。也就是说，利用振动的原理，测量容器中液面以上的空气部分的共振频率，得到空气部分的变化量，从而准确推算出液面的细微变化量。

4. 课堂讨论

请说一说其中蕴含的原理。

① 超声波碎石机利用共振原理来击碎胆囊结石或肾结石。

② 断续照明会让人快速疲劳。

③ 在商业上，利用谈判技术（诱导变化），可使合伙人的真实需求显露出来。对谈判方法进行数次改变，才能更好地了解如何在谈判中对所有需要达成一致意见。

10.6 周期性作用原理（19）

周期性作用原理是指：通过有节奏的行为（操作方式）、振幅和频率的变化以及利用脉冲间隔，可以实现周期性作用。

1. 指导原则

（1）用周期性作用或脉冲代替非周期性作用。

（2）如果作用已经是周期性的，则改变其作用频率。

（3）利用脉冲间隙来完成其他的有用作用。

2. 典型案例

（1）在建筑工地上，将打桩机周期性地作用于桩子，可以快速地将桩子打入地下。

（2）当汽车在结冰的路面上制动时，利用多次轻踩刹车的方式可以避免打滑。

（3）盘铣刀（它对金属的切割是周期性的）的加工效率比普通铣刀（它对金属的切割是连续的）要高得多。

（4）在不同的工作状态下，洗衣机（或洗碗机）会采用不同的水流喷射方式。

（5）警笛的周期性鸣叫和警灯的周期性闪烁更能引起注意。

（6）汽车的雨刮器工作时由电动机带动刮臂和刮片，在汽车挡风玻璃上进行周期性摆动，刮除雨水和其他脏物。

3. 应用实例

尝试以多种方式来改变现有系统的功能，如生产间歇、改变频率、利用脉冲间隙等。还要评估这种改变是否能带来新的功能，并思考带来新的功能后如何强化这种改变。

例如，在一个空房间里，一个布娃娃放在窗台上，两根细绳从天花板上垂下来，你的任务是将两根绳子的下端绑在一起。

但是，你拿着一根绳子的同时却够不到另一根绳子，旁边也没有其他人帮助。通常的想法是让绳子摆动起来。但是绳子又轻又软，根本就摆动不起来。

怎么办？其实，可以基于周期性作用原理寻找解决方案，即利用窗台上的那只布娃娃来解决这个难题。将布娃娃绑在绳子的下端，然后让绳子在布娃娃的重力作用下形成周期性的摆动，问题迎刃而解。

4. 课堂讨论

请说一说其中蕴含的原理。

① 俗称"蛤蟆"夯的机械夯（见图10-13）。

图10-13 "蛤蟆"夯

② 乐队中的鼓点。
③ 医用呼吸机可按照人的吸气期和呼气期来周期性地帮助患者呼吸。

10.7 有效作用的连续性原理（20）

有效作用的连续性原理是指：在时间、顺序、物质组成或范围广度上，建立连续的流程并（或）消除所有空闲和间歇性动作，以提高效率。

1. 指导原则

（1）让工作不间断地进行（对象的所有部分都应一直满负荷工作）。
（2）消除空闲和间歇性动作。
（3）用旋转运动代替往复运动。

2. 典型案例

（1）在物流管理中，通过适当的调度，最大限度地减少运输工具的返程空载率。
（2）使用快速干燥的油漆，可以消除传统油漆等待干燥的时间。
（3）用盘式铣刀（通过旋转运动进行切割）代替立式铣刀（通过往复运动进行切割）。
（4）用绞肉机代替菜刀来剁肉馅。

3. 应用实例

自动流水线是以整个流水线的产量为基础来设计建设的。只有流水线上的所有设备都是连续、满负荷工作的时候，才能达到流水线的设计产量。

4. 课堂讨论

请说一说其中蕴含的原理。

① 心脏起搏器。
② 用加工中心代替多台机床，可以消除零件在不同机床之间的流转时间。
③ 用水车（见图10-14）取水（系统旋转，子系统往复）代替水桶打水（系统往复）。

图 10-14 水车

10.8 机械系统替代原理（28）

机械系统替代原理是指：利用物理场（光场、电场、磁场等），或其他物理结构、物理作用和状态来代替机械的相互作用、装置、机构与系统。此原理实际上涉及操作原理的改变或替代。

1. 指导原则

（1）用光学、声学、电磁学、味觉、触觉或嗅觉系统来代替机械系统。
（2）使用与对象相互作用的电场、磁场、电磁场。
（3）用移动场代替固定场，用动态场代替静态场，用结构化场代替非结构化场，用确定场代替随机场。
（4）把场和能够与场发生相互作用的粒子（如磁场和铁磁粒子）组合起来使用。

2. 典型案例

（1）用语音识别系统代替键盘作为计算机的输入设备。
（2）用声音、指纹或视网膜代替传统的钥匙。
（3）为了混合两种粉末，让一种粉末带正电荷，另一种粉末带负电荷，然后利用场来驱动它们，或者机械地使粉末颗粒均匀地混合在一起。
（4）在通信系统中，用定点雷达预测代替早期的全方位检测，可以获得更加详细的信息。
（5）对光反应变色的玻璃。
（6）用牛羊可以听见的"声音围栏"代替实物栅栏圈住它们。
（7）用北斗导航定位代替实物栅栏以指导共享单车的停放。
（8）用汽车无线遥控锁替代机械锁。

3. 应用实例

首先考虑用物理场替代机械场，用可变场替代恒定场，用结构化场替代非结构化场，用生物场来替代机械作用。在非物理系统中，概念、价值或属性都可以是被替代的对象。

例如，核磁共振成像扫描器（见图 10-15）。

4. 课堂讨论

请说一说其中蕴含的原理。
① 在煤气中掺入难闻气体，警告使用者气体已泄漏。
② 用门铃代替敲门。
③ 用电子系统代替机械计算系统（如物联网）。

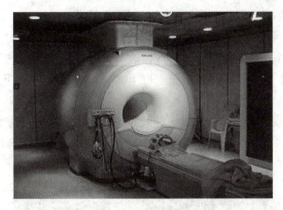

图 10-15　核磁共振成像扫描器

10.9　气动与液压结构原理（29）

气动与液压结构原理是指：利用空气或液压技术来代替普通的系统部件，即利用液体或气体，甚至可膨胀或可充气的对象，实现气动和液压原理。

1. 指导原则

利用气体或液体部件代替对象中的固体部件，如充气结构、液体静力结构和流体动力结构等。

2. 典型案例

（1）用气垫船或橡皮艇代替木船。

（2）在运输易碎的、易损坏的物品时，经常使用发泡材料进行保护。

3. 应用实例

气垫运动鞋可以减轻运动对足底的冲击。

4. 课堂讨论

请说一说其中蕴含的原理。

① 汽车的安全气囊可以在交通事故中起到一定的保护作用。

② 液压千斤顶。

10.10　参数变化原理（35）

参数变化原理是指：改变某个对象或系统的属性，以便提供某种有用的功能。这是所有发明原理中使用频率最高的一条。

1. 指导原则

（1）改变对象的物理聚集状态（例如，在气态、液态、固态之间变化）。

（2）改变对象的密度、浓度、黏度。

（3）改变对象的柔性、温度。

2. 典型案例

（1）将二氧化碳制成干冰。

（2）利用果汁和果肉制造果冻。

（3）脱水的橘子粉要比橘子汁更加便于运输，同理，奶粉比牛奶更易存储和运输。

(4) 改变硫酸的浓度。不同浓度的硫酸有不同的性质。

(5) 利用冰箱将食物冷冻起来,可以延长其保存时间。

(6) 在烹饪过程中,提高食物的温度可以改变食品的色、香、味等。

(7) 将铁磁性物体的温度提高到居里点以上,可以将磁性物体变为顺磁体。

3. 应用实例

可以通过改变系统或对象的任意属性(对象的物理或化学状态、密度、导电性、机械柔性、温度、几何结构等)来实现系统或对象的新功能。例如,用液态形式运输氧、氮、天然气,从而取代气体形式的运输,不但可以减少货物的体积,而且可以提高运输效率(见图10-16)。

图10-16 液态运输

4. 课堂讨论

请说一说其中蕴含的原理。

① 用洗手液代替固体肥皂,可以定量使用,减少浪费,同时在多个人使用时更加卫生。

② 固态的二氧化碳(干冰)比气态时更便于使用。

10.11 状态变化原理(36)

状态变化原理是指:利用对象在相变过程中出现的现象,来实现某种效应或使某个系统发生改变。

1. 指导原则

利用对象在相变(相态改变)过程中产生的某种现象或效应,如体积改变、吸热或放热等。

2. 典型案例

蒸汽机、制冷设备、热管。

3. 应用实例

超导电性(在接近绝对零度或高于绝对零度几百度的温度下,电流可以在一些金属、合金或陶瓷器中无阻碍地流动)。

4. 课堂讨论

请说一说其中蕴含的原理。

① 利用材料相变时吸收热量的特性来制成降温服。

② 液晶显示器、热喷墨打印机。

10.12 热膨胀原理(37)

热膨胀原理是指:利用对象受热膨胀的基本原理来产生"动力",从而将热能转换为机械能或机械作用。

1. 指导原则

（1）利用对象的热膨胀或热收缩特性。

（2）将多种热膨胀系数不同的对象组合起来使用。

2. 典型案例

双金属片热敏开关，简称双金属片。对于两条粘在一起的金属片，由于两片金属的热膨胀系数不同，对温度的敏感程度也不一样，温度改变时就能产生弯曲，从而实现开关功能。

3. 应用实例

在制造火车车轮时，需要在车轮外包一层高耐磨性的轮箍，为了实现紧密配合，采用的是过盈配合方式。为了将轮箍顺利装配到车轮上，可以应用热膨胀发明原理，在生产过程中对轮箍进行加热，使它膨胀，然后在此状态下进行装配。等轮箍冷却收缩后，就紧紧地包在车轮上了。

10.13 复合材料原理（40）

复合材料原理是指：将两种或多种不同的材料（或服务）紧密结合在一起而形成复合材料等。

1. 指导原则

用复合材料代替均质材料。

2. 典型案例

（1）利用空气或空隙形成蜂巢结构或波纹结构（包装用的波纹板纸箱）。

（2）双层玻璃（中空玻璃可以分为三层：玻璃层、真空层、玻璃层）。

（3）平底煎锅上的不粘锅涂料（特氟龙涂层）。

3. 应用实例

汽车轮胎是由橡胶、钢丝等组成的多层复合结构体（见图10-17）。

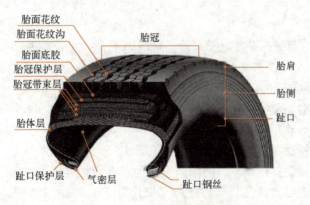

图10-17 汽车轮胎结构

4. 课堂讨论

请说一说其中蕴含的原理。

① 由玻璃层、塑料薄膜层和玻璃层组成的汽车风挡玻璃。

② 由钢筋、水泥、小石头等物质组成的钢筋混凝土复合材料。

【习题】

1. （　　）原理是指在真正需要某种作用之前，预先执行该作用的全部或一部分。
   A. 预操作　　　B. 自服务　　　C. 复合材料　　　D. 参数变化

2. 预先对某对象进行所需的整体或者部分的改变，如建筑业中大量使用的预制件，这就是（　　）原理。
   A. 复合材料　　　B. 参数变化　　　C. 预操作　　　D. 自服务

3. 将有用的物体预置，以便使它在必要时能立即在方便的位置发挥作用，如灭火器的使用，这里说的是（　　）原理。
   A. 复合材料　　　B. 预操作　　　C. 参数变化　　　D. 自服务

4. 下列关于曲面化原理的描述中，不正确的是（　　）。
   A. 通过将二维或三维空间中的直线变为曲线来增加曲率
   B. 通过将直线运动变为圆周运动来增加曲率
   C. 用曲线属性或球面属性代替线性属性
   D. 利用振动在某个区间内产生一种规则的、周期性的变化

5. 曲面化原理的指导原则不包括（　　）。
   A. 用曲线（或曲面）代替直线（或平面），用球体代替多面体
   B. 采用滚筒、辊、球、螺旋结构
   C. 用旋转运动代替往复运动
   D. 利用离心力，用回转运动代替直线运动

6. 常见的可弯曲的饮料吸管是应用了（　　）原理。
   A. 动态化　　　　　　　　　　B. 重量补偿
   C. 嵌套　　　　　　　　　　　D. 未达到或过度作用

7. （　　）原理是指使构成整体的各个组成部分处于动态，即各个部分是可调整的、活动的或可互换的，以便使它在工作过程中的每个动作或阶段都处于最佳状态。
   A. 重量补偿　　　B. 动态化　　　C. 维数变化　　　D. 局部质量

8. 集成电路板的两面都安装电子元件，这应用了（　　）原理。
   A. 重量补偿　　　B. 嵌套　　　C. 维数变化　　　D. 局部质量

9. 下列关于振动原理的描述中，不正确的是（　　）。
   A. 振动或震动对象使对象产生机械振动，增加振动的频率
   B. 通过将直线运动变为圆周运动来增加曲率
   C. 通过振荡或摇动对象而使对象利用共振频率
   D. 利用振动或振荡，在某个区间内产生一种规则的、周期性的变化

10. （　　）原理是通过有节奏的行为（操作方式）、振幅和频率的变化以及利用脉冲间隔来实现的。
    A. 重量补偿　　　B. 嵌套　　　C. 维数变化　　　D. 周期性作用

11. 下列关于周期性作用原理的描述中，不正确的是（　　）。
    A. 用周期性作用或脉冲代替非周期性作用
    B. 如果作用已经是周期性的，则改变其作用频率
    C. 用曲线属性或球面属性代替线性属性

D. 利用脉冲间隙来完成其他的有用作用

12. （　　）原理是指，在时间、顺序、物质组成或范围广度上，建立连续的流程并（或）消除所有空闲和间歇性动作以提高效率。

　　A. 有效作用的连续性　　　　B. 机械系统替代
　　C. 维数变化　　　　　　　　D. 周期性作用

13. 下列关于有效作用的连续性原理的描述中，不正确的是（　　）。

　　A. 让工作不间断地进行（对象的所有部分都应一直满负荷工作）
　　B. 消除空闲和间歇性动作
　　C. 用旋转运动代替往复运动
　　D. 利用脉冲间隙来完成其他的有用作用

14. （　　）原理是指，利用物理场（光场、电场、磁场等），或其他物理结构、物理作用和状态来代替机械的相互作用、装置、机构与系统。

　　A. 有效作用的连续性　　　　B. 机械系统替代
　　C. 维数变化　　　　　　　　D. 周期性作用

15. 下列关于机械系统替代原理的描述中，不正确的是（　　）。

　　A. 消除空闲和间歇性动作
　　B. 用光学、声学、电磁学、味觉、触觉或嗅觉系统来代替机械系统
　　C. 用移动场代替固定场，用动态场代替静态场，用确定场代替随机场
　　D. 把场和能够与场发生相互作用的粒子（如磁场和铁磁粒子）组合起来使用

16. 气动与液压结构原理是利用气体或液体部件代替对象中的（　　）。

　　A. 软件系统　　B. 电子零件　　C. 固体部件　　D. 数字部件

17. 用液态洗手液代替固体肥皂，不仅洁净效果更好，还可以控制使用量，减少浪费，这是应用了（　　）原理。

　　A. 重量补偿　　B. 自服务　　C. 复合材料　　D. 参数变化

18. 宇宙飞船的保护层可以部分气化，以保护宇宙飞船，使它不致过热，这是应用了（　　）原理。

　　A. 自服务　　B. 热膨胀　　C. 状态变化　　D. 变害为利

19. （　　）原理是指，利用对象受热膨胀的原理将热能转换为机械能或机械作用。

　　A. 热膨胀　　B. 状态变化　　C. 自服务　　D. 变害为利

20. 玻璃纤维制成的冲浪板是应用了（　　）原理。

　　A. 自服务　　B. 复合材料　　C. 重量补偿　　D. 嵌套

【实验与思考】小组活动：提高系统效率的发明原理

1. 实验目的

本章"实验与思考"的目的如下。

（1）理解创新发明的基础概念，了解40个发明原理的由来。

（2）熟悉预操作、曲面化、动态化、维数变化等发明原理，思考它们的共性与个性。

（3）在熟悉与应用个别发明原理后，深入了解其他发明原理，提高主动应用40个发明原理的积极性、主动性。

2. 工具/准备工作

（1）在开始本实验之前，请回顾本书中的相关内容。

（2）准备一台能够访问因特网的计算机。

3. 实验内容与步骤

（1）小组讨论：列举我们身边的"提高系统效率"的发明原理应用案例。

答：_____

_____

_____

_____

（2）比比看：谁记忆的发明原理个数最多。

答：_____

_____

_____

4. 实验总结

_____

_____

_____

_____

5. 实验评价（教师）

_____

_____

第 11 章
用矛盾矩阵解决技术矛盾

在现实生活中，人们用"矛盾"来形容相互抵触，互不相容的关系，工程实践中同样存在矛盾。通过对大量发明专利的研究，阿奇舒勒发现，真正的"发明"（指发明级别为第二级、第三级和第四级的专利）往往需要解决隐藏在问题当中的矛盾。

在解决技术问题的时候，我们经常会遇到这样一种情形，为了达到某种目的，需要改善产品的某个参数。如果这个参数的改善不会给该产品带来其他问题，那么对该参数的改善就是一个解决方案。这种解决方案是一般工程方案，工程师按照常规思路，利用所掌握的方法和经验就可以解决此类问题。例如，为了用户使用方便，加大了笔记本计算机屏幕的尺寸；为了提高汽车的安全性，增加了汽车底盘钢板的厚度。这些解决方案的效果都是显而易见的。经典TRIZ理论中解决问题的工具并不是为这类问题而产生的。

如果在改善某个参数的同时，带来了其他问题，那么，按照常规方式来改善这个参数的方法不能用，因为它带来了负向的效应，这就是矛盾。例如，我们希望笔记本计算机的屏幕大一点，因为这样使用起来很方便，但是这带来一个新的问题，那就是携带起来不方便，这就是一对矛盾。常规的增大笔记本计算机屏幕尺寸的解决方案不再适用，因为遇到了矛盾。又如，我们希望小轿车底盘的钢板厚一些，这样会提高其安全性，但是，如果底盘的钢板很厚，就会增加车的质量，油耗也会相应增加，这也是一对矛盾，因为常规的增加钢板厚度的解决方案也不再适用。

对于这种矛盾的问题，一般的解决方案是优化或者折中，也就是说，可以将笔记本计算机的屏幕做得不大不小，把底盘钢板的厚度做得不厚不薄。研发人员在实验中不断尝试，试图找到一个最佳参数设置。

而经典TRIZ理论却建议工程师抛弃折中的方案，彻底解决矛盾，即笔记本计算机的屏幕更大，又具有便携性的优势；小轿车具备较高安全性的同时，还具有低油耗的经济性。

11.1 什么是技术矛盾

阿奇舒勒规定：是否出现矛盾（又称"冲突"，冲突是必须解决的矛盾）是区分常规问题与发明问题的一个主要特征。与一般设计不同，只有在不影响系统现有功能的前提下成功地消除矛盾，才能认为是创造性地解决了这个问题。也就是说，矛盾应该是这样解决的：在完善技术系统的某一部分或优化某一参数的同时，其他部分的功能或其他参数不会受到影响。

11.1.1 技术矛盾的定义

矛盾是TRIZ的基石。矛盾可以帮助我们更快、更好地理解隐藏在问题背后的根本原因，找到解决问题的方法。通常，对于包含矛盾的工程问题，人们经常使用的解决方法就是折中（妥协），这是由我们的思维特性所决定的。在人们的潜意识中，奉行的简单逻辑就是避免出现矛盾的情况，其结果是矛盾的双方都无法得到满足，系统的巨大发展潜力被矛盾禁锢了。面对包含矛盾的问题，TRIZ 就是我们所需的思维方法，它的出发点是从根本上解决矛盾。TRIZ 建议我们不要回避矛盾。相反地，要找出矛盾并激化矛盾，最终解决矛盾。

如何将隐藏在问题中的矛盾抽取出来，这是一个复杂且困难，但又无法回避的问题。经验丰富的 TRIZ 专家与一般 TRIZ 使用者的主要差距就是抽取和定义矛盾的能力。在实践过程中，只有经过不断的练习和总结，才可以使这种能力得到提升。

TRIZ 中的技术问题可以被定义为技术矛盾和物理矛盾。

例 11-1 在飞机制造过程中，为了增加飞机外壳的强度，很容易想到的方法是增加外壳的厚度，但是厚度的增加势必会造成质量的增加，而质量的增加是飞机设计师最不想见到的事情之一。在其他很多行业中，这样的矛盾是常见的。这就是 TRIZ 中提到的技术矛盾。

11.1.2　改善与恶化的矛盾参数

技术矛盾描述的是一个系统中的两个参数之间的矛盾，指在改善对象的某个参数（A）时，导致另一个参数（B）的恶化。此时，称参数 A 和参数 B 构成了一对技术矛盾。例如，改善了某个对象的强度，却导致其质量的恶化；改善了某个对象的生产率，却导致其复杂性的恶化；改善了某个对象的温度，却导致了其可靠性的恶化，等等。例如，桌子强度增加，导致质量增加；桌面面积增加，导致体积增大。又如，改善了汽车的速度，导致其安全性发生恶化，这个例子中涉及的两个参数是速度和安全性。

从矛盾的观点来看，参数 A 和 B 之间之所以存在这样一种类似于"跷跷板"的关系，是因为 A 和 B 之间既对立（具体表现为改善了 A 却恶化了 B），又统一（具体表现为 A 和 B 位于同一个系统中，A 与 B 相互联系，互为依存）。

例 11-2　坦克装甲的改进。

在第一次世界大战中，英军为了突破敌方由机枪火力点、堑壕、铁丝网组成的防御阵地，迫切需要一种将火力、机动、防护三个方面结合起来的新型进攻性武器。1915 年，英国利用已有的内燃机技术、履带技术、武器技术和装甲技术，制造出了世界上第一辆坦克——"小游民"坦克（见图 11-1）。当时，为了保密，称它为"水箱"。

1916 年 9 月 15 日，英军在索姆河战役中首次使用坦克来配合步兵进攻，使久攻不下的德军阵地一片混乱，而英军士气得到极大的鼓舞。这场战役使许多国家认识到了坦克在战场上的价值，于是纷纷开始研发坦克，并将它作为阵地突防的重型器械。同时，一些国家也开始寻求能够有效摧毁这种新式武器的方法，并开发出了相应的反制兵器。后来，随着坦克与反坦克武器之间较量的不断升级，坦克的装甲越来越厚。到第二次世界大战末期，坦克装甲的厚度已经由第一次世界大战时的十几毫米变为一百多毫米，其中德国"虎Ⅱ"式重型坦克重点防护部位的装甲厚度达到了 180 毫米（见图 11-2）。

随着坦克装甲厚度的不断增加，坦克的战斗全重由最初的 7 吨多迅速增加到将近 70 吨。质量的增加直接导致了速度变慢、机动性变差和耗油量增加等一系列问题。在本例中，装甲的厚度与坦克的战斗全重这两个参数就构成了一对技术矛盾。

图11-1 第一次世界大战中出现的世界上第一辆坦克"小游民"

图11-2 第二次世界大战中出现的德国"虎Ⅱ"式重型坦克

11.1.3 改善是指"功能"的提升

值得注意的是，这里所说的"改善"，并不一定是指参数值的增加，也可能是指参数值的降低。例如，改善飞机发动机的质量特性，就是指在保持发动机主要技术性能不变的前提下，降低发动机的质量。所以，这里所说的改善是指"功能"的提升，而不是"数值"的增加。

11.2 39个通用工程参数

工程中存在大量的工程参数，每个行业、领域都有很多工程参数。为了方便定义技术矛盾，阿奇舒勒通过分析专利，陆续总结、抽取出39个通用工程参数（见表11-1）。在39个通用工程参数中，任意两个不同的参数就可以表示一对技术矛盾。经过组合，39个通用工程参数一共可以表示1 482种常见、典型的技术矛盾，足以描述工程领域中出现的绝大多数技术矛盾，将一个具体问题转化并表达为标准的TRIZ问题。可以说，39个通用工程参数是连接具体问题与TRIZ方法的桥梁。

表11-1 39个通用工程参数

序号	名称	序号	名称	序号	名称
1	运动对象的重量	14	强度	27	可靠性
2	静止对象的重量	15	运动对象的作用时间	28	测量的精确性
3	运动对象的长度	16	静止对象的作用时间	29	制造精度
4	静止对象的长度	17	温度	30	作用于对象的外部有害因素
5	运动对象的面积	18	照度（光强度）	31	对象产生的有害因素
6	静止对象的面积	19	运动对象所需的能量	32	可制造性
7	运动对象的体积	20	静止对象所需的能量	33	可操作性
8	静止对象的体积	21	功率	34	可维修性
9	速度	22	能量的无效损耗	35	适应性
10	力	23	物质的无效损耗	36	系统的复杂性
11	应力或压力	24	信息的损失	37	检测的难度
12	形状	25	时间的无效损耗	38	自动化程度
13	对象的稳定性	26	物质的量	39	生产率

从表 11-1 中可以看出，许多参数都被区分为"运动对象的"和"静止对象的"。"运动对象"是指可以很容易地改变空间位置的对象，无论对象是靠自己的能力来运动，还是在外力的作用下运动。交通工具和那些被设计为便携式的对象都属于运动对象。而"静止对象"是指空间位置不变的对象，无论是对象靠自己的能力来保持其空间位置的不变，还是在外力的作用下保持其空间位置的不变。运动和静止的判断标准是：在对象实现其功能的时候，其空间位置是否保持不变。

准确理解每个参数的含义有助于从问题中正确抽取矛盾。当然，由于这 39 个参数具有高度的概括性，因此很难将它们定义得非常精确。从另一个角度来说，也不能将它们定义得过于死板，否则就失去了它们应有的灵活性。

这些工程参数中所说的对象既可以是技术系统、子系统，又可以是零件、部件或物体。

为了应用方便和便于理解，可将 39 个通用工程参数大致分为以下三类：

（1）**通用物理和几何参数**。运动物体和静止物体的重量、运动物体和静止物体的长度、运动物体和静止物体的面积、运动物体和静止物体的体积、速度、力、应力或压力、形状、温度、照度、功率。

（2）**通用技术负向参数**。运动对象和静止对象的作用时间、运动对象和静止对象所需的能量、能量的无效损耗、物质的无效损耗、信息的损失、时间的无效损失、物质的量、作用于对象的外部有害因素、对象产生的有害因素。

（3）**通用技术正向参数**。对象的稳定性、强度、可靠性、测量的精确性、制造精度、可制造性、可操作性、可维修性、适应性、系统的复杂性、检测的难度、自动化程度、生产率。

负向参数是指，当这些参数的数值变大时，会使系统或子系统的性能变差。例如，子系统在完成特定的功能时，所消耗的能量越大，说明这个子系统的设计越不合理。

正向参数是指，当这些参数的数值变大时，会使系统或子系统的性能变好。例如，子系统的可制造性指标越高，子系统制造的成本就越低。

11.3 矛盾矩阵

通过研究，阿奇舒勒发现，针对某一对由两个通用工程参数所确定的技术矛盾，40 个发明原理中的某一个或某几个发明原理被使用的次数要明显比其他的发明原理多，换句话说，一个发明原理对不同的技术矛盾的有效性是不同的。如果能够将发明原理与技术矛盾的这种对应关系描述出来，技术人员就可以直接使用那些对解决自己所遇到的技术矛盾有效的发明原理，而不用将 40 个发明原理逐一试用。于是，阿奇舒勒将 40 个发明原理与 39 个通用工程参数相结合，建立了矛盾矩阵（又称 39×39 矛盾矩阵，见表 11-2）。

表 11-2 矛盾矩阵（局部）

恶化的参数 改善的参数	运动对象的重量	静止对象的重量	运动对象的长度	静止对象的长度	运动对象的面积	静止对象的面积
运动对象的重量		—	15, 8, 29, 34	—	29, 17, 38, 34	—
静止对象的重量	—		—	10, 1, 29, 35	—	35, 30, 13, 2
运动对象的长度	8, 15, 29, 34	—		—	15, 17, 4	—
静止对象的长度	—	35, 28, 40, 29	—		—	17, 7, 10, 40
运动对象的面积	2, 17, 29, 4	—	14, 15, 18, 4	—		—
静止对象的面积	—	30, 2, 14, 18	—	26, 7, 9, 30	—	

(续)

改善的参数＼恶化的参数	运动对象的重量	静止对象的重量	运动对象的长度	静止对象的长度	运动对象的面积	静止对象的面积
运动对象的体积	2, 26, 29, 40	—	1, 7, 4, 35	—	1, 7, 4, 17	—
静止对象的体积	—	35, 10, 19, 14	19, 14	35, 8, 2, 14	—	—
速度	2, 28, 13, 38	—	13, 14, 8	—	29, 30, 34	—
力	8, 1, 37, 18	18, 13, 1, 28	17, 19, 9, 36	28, 10	19, 10, 15	1, 18, 36, 37
应力或压力	10, 36, 37, 40	13, 29, 10, 18	35, 10, 36	35, 1, 14, 16	10, 15, 36, 28	10, 15, 36, 37
形状	8, 10, 29, 40	15, 10, 26, 3	29, 34, 5, 4	13, 14, 10, 7	5, 34, 4, 10	
对象的稳定性	21, 35, 2, 39	26, 39, 1, 40	13, 15, 1, 28	37	2, 11, 13	39
强度	1, 8, 40, 15	40, 26, 27, 1	1, 15, 8, 35	15, 14, 28, 26	3, 34, 40, 29	9, 40, 28
运动对象的作用时间	19, 5, 34, 31	—	2, 19, 9		3, 17, 19	
静止对象的作用时间		6, 27, 19, 16		1, 40, 35		

在矛盾矩阵表中，第一列是技术人员希望改善的第 1~39 个通用工程参数，第一行表示被恶化的第 1~39 个通用工程参数，即由于改善了第一列中的某个参数而导致第一行中某个参数的恶化。位于矛盾矩阵中对角线上的单元格（以灰色填充的单元格）对应的矛盾是物理矛盾，即改善的参数和恶化的参数相同。

矛盾矩阵的单元格中的数字是发明原理的序号，每个序号对应一个发明原理。这些序号是按照统计结果进行排列的，即排在第一位的那个序号所对应的发明原理在解决该单元格所对应的这对技术矛盾时，被使用的次数最多，依此类推。当然，在大量被分析的专利当中，用于解决某个单元格所对应的技术矛盾的发明原理不仅仅只有该单元格中所列出的那几个。只是从统计的角度来说，单元格中所列出来的那些发明原理的使用次数要明显比其他发明原理的使用次数多而已。

使用矛盾矩阵的具体步骤如下。

（1）从问题中找出要改善的参数 A。

（2）从问题中找出被恶化的参数 B。

（3）在矛盾矩阵第一列中，找到要改善的参数 A；在矛盾矩阵的第一行中，找到被恶化的参数 B；从改善的参数 A 所在的位置向右作平行线，从恶化的参数 B 所在的位置向下作垂直线，位于这两条线交叉点处的单元格中的数字就是矛盾矩阵推荐的，用来解决由 A 和 B 这两个通用工程参数所构成的这对技术矛盾的、最常用的发明原理的序号。

需要注意的事项如下。

（1）对于某一对确定的技术矛盾，矛盾矩阵中推荐的发明原理只是指出了最有希望解决这种技术矛盾的思考方向，而这些思考方向是基于对大量高级别专利进行的概率统计分析的结果。因此，对于实际工作中所遇到的某对具体的技术矛盾，并不是每一个被推荐的发明原理都一定能解决该技术矛盾。

（2）对于复杂问题，如果使用了某个发明原理，而该发明原理引起了另一个新问题（副作用），那么，不要马上放弃这个发明原理，可以先解决现有问题，再将这种副作用作为一个新问题，并想办法加以解决。

（3）矛盾矩阵是不对称的。

解决技术矛盾的核心思想：在改善技术系统中某个参数的同时，其他参数不受影响。

11.4 利用矛盾矩阵解决技术矛盾过程

利用矛盾矩阵解决技术矛盾的过程，大致可以分为以下三个步骤，即分析技术系统、定义技术矛盾和解决技术矛盾。

11.4.1 分析技术系统

分析技术系统包含三个子步骤。

子步骤1：确定技术系统的所有组成元素。

首先，对技术系统中各个组成元素进行分析，使人们对每个组成元素的参数、特性和功能有一个全面的认识。然后，对各个组成元素之间的相互作用关系进行分析，使人们从整体上把握整个系统的作用机制，即不同元素之间存在什么样的相互作用以及它们对系统整体性能、功能的实现分别起到了什么样的作用。最后，上述分析可为找出问题的根源奠定基础。

另外，通过对技术系统进行深入分析，可以确定技术系统中所包含的各个子系统、技术系统所属的超系统，以便帮助人们更好地理解技术问题，为找出问题的根源做准备。只有这样，才可能从整体上系统地了解现有技术系统的情况：子系统、系统和超系统的过去、现在与未来。

实例分析：在例11-2中，作为一个技术系统，坦克由以下几部分组成——武器系统、推进系统、防护系统、通信系统、电气设备、特种设备和装置。

子步骤2：找出问题的根源，即问题发生的根本原因，这是彻底解决问题的基础。找出导致当前问题出现的逻辑链，由此可以找到需要改善的参数。

问题不会平白无故地产生，问题的背后总是隐藏着原因，通常，消除引起问题的原因要比消除问题更容易，也更有效。在头脑中，理清技术系统在过去和未来的功能，有助于理解技术系统的工作条件。理解技术系统未来应具备的功能还可以帮助人们发现新的、未预见到的、不会出现当前问题的工作条件，从而使问题自动得到解决。

实例分析：在例11-2中，为了增加坦克的抗打击能力，直接的方法就是增加坦克的装甲厚度，这导致了坦克质量的增加，从而导致了坦克机动性的降低和耗油量的增加等一系列问题。

子步骤3：定义需要改善的参数。

可以从以下两个方向来改善技术系统：

（1）改善已有的正面参数；

（2）消除（或弱化）负面参数。

实例分析：在例11-2中，我们可以清楚地看出当前问题是如何产生的，以及各个相关参数是如何被串成一个链状结构的（见图11-3，图中的"↑"表示改善，"↓"表示恶化）。

图11-3 例11-2的逻辑链

用自然语言可以描述为：为了改善（提高）坦克的抗打击能力，于是改善（增加）了坦克的装甲厚度，直接导致了坦克战斗全重的恶化（增加），间接导致了坦克机动性的恶化

（降低）和坦克耗油量的恶化（增加）。

从上述的逻辑推导中可以看出：要改善的参数是坦克的抗打击能力。对应到39个通用工程参数中，最合适的是强度。所以，在例11-2中，要改善的参数就是**强度**。

11.4.2 定义技术矛盾

如前所述，技术矛盾是发生在技术系统中的冲突。如果对技术系统中某一参数的改善会导致系统中其他参数的恶化，就表明技术系统中存在冲突。在上文中，确定了需要改善的参数。在这里，需要将技术矛盾明确地定义出来。

实例分析：从例11-2中可以清楚地看出，由于改善了强度这个参数，直接导致了装甲厚度的增加，从而引起了坦克战斗全重的增加，因此，恶化的参数就是坦克的战斗全重，对应到39个通用工程参数中，最合适的是**运动对象的重量**。

前面已经得到了改善的参数——**强度**，现在得到了被恶化的参数——**运动对象的重量**，从而可以定义出技术矛盾：当改善技术系统的参数"强度"的时候，导致技术系统另一个参数"运动对象的重量"的恶化。可以将这个技术矛盾表示为：

↑强度→运动对象的重量↓

当然，也可以将装甲厚度、机动性或耗油量作为恶化的参数。在本例中，只是选择了坦克的质量这个参数而已。选择不同的恶化参数，会得到不同的技术矛盾。

11.4.3 解决技术矛盾

定义了技术矛盾以后，就可以使用矛盾矩阵来寻找解决问题的思考方向了。在表11-2的第一列中，找到改善的参数：强度；在表11-2的第一行中，找到被恶化的参数：运动对象的重量。从"强度"向右作平行线，从"运动对象的重量"向下作垂直线，可以从这两条线的交叉点处对应的单元格中得到四个序号：1、8、40、15。

下面介绍从矛盾矩阵中得到的这4个发明原理以及它们的指导原则。

原理1 分割。
（1）将一个对象分成多个相互独立的部分。
（2）将对象分成容易组装（或组合）和拆卸的部分。
（3）增加对象的分割程度。
应用指导原则（1），意味着将装甲分为多个不同的相互独立的部分。
应用指导原则（2），意味着将装甲分割为多个容易组装和拆卸的部分。
应用指导原则（3），意味着增加装甲的可分性，将装甲分割为更多的相互独立的部分，可以是成千上万份，甚至上百万份。

原理8 重量补偿。
（1）将某对象与另一个能提供上升力的对象组合，以补偿其重量。
（2）通过与环境的相互作用（利用空气动力、流体动力等）来实现对象的重量补偿。
应用指导原则（1），意味着将某种能够提供上升力的对象与坦克或装甲组合起来，利用该对象提供的上升力来补偿坦克装甲的质量。
应用指导原则（2），意味着通过改变坦克的结构，从而使坦克能够利用环境中的物质来获得上升力，即实现能够自己产生上升力的坦克。但当前是为了解决陆战坦克的质量问题，不允许我们这样做，所以这一原理不适用。但是，在水陆两栖坦克上，本原理得到了广泛的应用。

例11-3 在第二次世界大战中，日本的"卡米Ⅱ"式水陆两栖坦克利用浮箱产生浮力，以补偿坦克的质量。

又如，在第二次世界大战中，盟军为实施诺曼底登陆，对原有的谢尔曼坦克进行了改进，设计出了谢尔曼两栖坦克（见图11-4）。其原理就是在坦克上加装了一个9 ft（约2.7432 m）高的可折叠帆布框架，使它成为像船一样能漂浮在水面上的坦克。帆布框架的作用就是通过排开海水产生浮力，以补偿坦克的质量。

图11-4　第二次世界大战中盟军使用的两栖坦克

谢尔曼坦克本身不是二战中最好的中型坦克，由它改造而来的谢尔曼两栖坦克更是由于极弱的防护而备受诟病。但在诺曼底登陆以后，水陆两栖坦克开始在武器装备序列中占据重要地位。二战结束后，水陆两栖坦克更是开始了快速发展的步伐（见图11-5）。

图11-5　现代水陆两栖坦克

原理40　复合材料。
用复合材料代替均质材料。
应用该原理意味着用复合材料代替先前的均质材料。不同的复合材料具有不同的特性，很多复合材料可以同时满足高强度和低密度的要求。

原理15　动态特性。
（1）调整对象或对象所处的环境，使对象在各动作、各阶段的性能达到最佳状态。
（2）将对象分割为多个部分，使其各部分可以改变相对位置。
（3）使不动的对象可动或可自动适应。
应用指导原则（1），意味着调整坦克、装甲或作战环境的性能，使坦克在工作的各个阶段达到最优状态。
应用指导原则（2），意味着将装甲分割为多个可以改变相对位置的部分。
应用指导原则（3），意味着让原本"静止"的装甲变得"可动"或可以根据环境的变化自动调整自己的状态。

结论：将原理1的指导原则（2）、原理40和原理15的指导原则（2）结合起来，可以得到一个成功的解决方案。用复合材料制造一块块的、容易组装和拆卸的、可以动态配置的装甲板，按照需要动态地配置于坦克车体的各个部位（见图11-6）。这也正是第二次世界大战后坦克装甲发展的方向。

在利用发明原理和矛盾矩阵解决技术矛盾的时候，首先，要认真阅读每个推荐的发明原理，用心体会每个指导原则的含义，并尝试将它们应用于技术系统。不要拒绝任何想法，无论它看起来多么荒谬和可笑，都要尽最大的努力来使用它。

其次，对于对应单元格中给出的这些发明原理，既可以单独使用，又可以考虑将两个或多个发明原理或指导原则合并起来使用。

图 11-6　复合装甲在坦克车体上的配置

最后，如果所有给出的发明原理或指导原则都无法解决该问题，则需要重新分析问题，重新定义技术矛盾，直到找出可用的概念解决方案为止。

【习题】

1. 矛盾是 TRIZ 的基石。矛盾可以帮助我们更快、更好地理解隐藏在问题背后的根本原因，找到解决问题的方法。下列选项中，不属于 TRIZ 解决矛盾思想的是（　　）。
   A. 冲突　　　　　B. 技术矛盾　　　　C. 回避　　　　　D. 激化
2. 在 TRIZ 理论中，为了彻底解决技术矛盾，应该采取的态度是（　　）。
   A. 折中和妥协　　B. 激化和解决　　　C. 减轻或回避　　D. "鸵鸟"战术
3. 在 TRIZ 理论中定义的矛盾被分为（　　）。
   ① 技术矛盾　　　② 逻辑矛盾　　　　③ 物理矛盾　　　　④ 观念矛盾
   A. ②④　　　　　B. ①②　　　　　　C. ③④　　　　　　D. ①③
4. 从矛盾参数角度来看，技术矛盾意味着相互矛盾的（　　）处于一种此消彼长的关系中。
   A. 某个参数　　　B. 关键组合　　　　C. 两个参数　　　　D. 一组概念
5. 下列情景中，不能构成技术矛盾的是（　　）。
   A. 自行车在拐弯处减速时，刹车闸摩擦车轮，致使车轮停止转动
   B. 室内照明的蜡烛产生了大量浓烟，污染了室内空气
   C. 汽车过桥时，如果车辆超载，就会对桥产生破坏
   D. 电池供电电量不足，导致灯泡无法发光
6. 工程中存在着大量的工程参数。为了方便定义技术矛盾，阿奇舒勒通过分析专利，陆续总结、抽取出的（　　）个通用工程参数足以描述工程领域中出现的绝大多数技术矛盾。
   A. 39　　　　　　B. 46　　　　　　　C. 40　　　　　　　D. 18
7. 在 TRIZ 理论界定的矛盾中，（　　）工程问题都可以使用一系列（　　）的通用工程参数来描述。
   A. 有限，所有　　B. 所有，足够　　　C. 足够，所有　　　D. 所有，有限
8. 在 39 个通用工程参数中，"物质的量"属于（　　）类通用工程参数。
   A. 通用物理参数　　　　　　　　　　B. 通用技术负向参数
   C. 通用技术正向参数　　　　　　　　D. 通用几何参数
9. 在 39 个通用工程参数中，"可靠性"属于（　　）类通用工程参数。
   A. 通用物理参数　　　　　　　　　　B. 通用技术负向参数

C. 通用技术正向参数　　　　　　　D. 通用几何参数

10. 通过研究，阿奇舒勒建立了经典 TRIZ 的矛盾矩阵，又称（　　）矛盾矩阵。

　　A. 40×40　　　B. 36×36　　　C. 39×39　　　D. 128×128

11. 矛盾矩阵提供了可以根据一个系统中产生（　　）的两个工程参数，从矛盾矩阵表中直接查找解决该矛盾的途径与方法。

　　A. 冲突　　　B. 聚合　　　C. 合作　　　D. 协同

12. 在 TRIZ 理论中，矛盾矩阵是由包含（　　）参数行与（　　）参数列的交叉单元来表示的。

　　A. 发散，收敛　　B. 正向，逆向　　C. 求同，求异　　D. 恶化，改善

13. 矛盾矩阵给出的发明原理只是着手解决矛盾问题的大致方向，此外，还需要我们通过（　　）等方法做进一步思考来寻找具体有针对性的答案。

　　A. 裁剪分析　　B. 头脑风暴　　C. 精确计算　　D. 自由组合

14. 通过研究，阿奇舒勒发现，一个发明原理对解决不同的技术矛盾的有效性是（　　）。

　　A. 不可比的　　B. 相反的　　C. 相同的　　D. 不同的

15. （　　）能够将发明原理与技术矛盾之间的对应关系描述出来，使技术人员可以直接使用那些对解决自己所遇到的技术矛盾最有效的发明原理。

　　A. 科学效应　　B. 矛盾矩阵　　C. 工程参数　　D. 物理方案

16. 通过对技术系统进行深入分析，可以确定技术系统中所包含的（　　），以便帮助人们更好地理解技术问题，为找出问题的根源做准备。

　　A. 各个子系统、技术系统所属的超系统

　　B. 物质的关键尺寸、大小、形状和重量

　　C. 环境因素和部件来源

　　D. 化学特性和物理性质

17. 如果对技术系统中某一参数的改善会导致系统中其他参数的（　　），就表明技术系统中存在冲突。

　　A. 改善　　　B. 加强　　　C. 消失　　　D. 恶化

18. TRIZ 解决发明问题的基本思路是（　　）。

　　① 用 TRIZ 工具找到解决方案的模型

　　② 将解决方案的模型转化为具体的解决方案

　　③ 把具体问题转化为问题的模型

　　A. ③①②　　　B. ②③①　　　C. ①②③　　　D. ③②①

19. 在 TRIZ 创新方法中，利用矛盾矩阵解决技术矛盾的步骤的一般顺序是（　　）。

　　① 化解技术矛盾　　　　　　② 分析技术系统

　　③ 剔除矛盾问题　　　　　　④ 定义技术矛盾

　　A. ②④①　　　B. ①②③　　　C. ②③④　　　D. ①②④

20. 在应用矛盾矩阵寻找解决技术矛盾的思路时，如果所有给出的发明原理或指导原则都无法解决该问题，则需要（　　）。

　　A. 放弃技术矛盾的思路，转而采用分离原理解决物理矛盾

　　B. 改用精益思想，着手解决管理问题

　　C. 重新分析问题，重新定义技术矛盾，直到找出可用的概念解决方案为止

D. 进行系统裁剪，移去产生技术矛盾的部件（部分）

【实验与思考】应用矛盾矩阵获取问题解决方案

1. 实验目的
本章"实验与思考"的目的如下。
（1）熟悉技术矛盾的定义，掌握解决矛盾的方法，形成创新的意识。
（2）掌握技术矛盾的定义方法，熟悉矛盾矩阵及其运用方法。
（3）熟悉利用矛盾矩阵解决技术矛盾的技术方法，学会发明原理的应用。

2. 工具/准备工作
（1）在开始本实验之前，请回顾本书中的相关内容。
（2）准备一台能够访问因特网的计算机。

3. 实验内容与步骤
（1）什么是技术矛盾？试列举三个生活中你所遇到的技术矛盾的实例。
答：_____

实例1：_____

实例2：_____

实例3：_____

（2）39个通用工程参数的作用是什么？
答：_____

（3）请举例说明技术矛盾的解决步骤。
第一步：_____

第二步：_____

第三步：_____

（4）查找矛盾矩阵，找到解决下列技术矛盾的发明原理。
改善：温度；恶化：强度。
答：_____

改善：能量损失；恶化：制造精度。
答：_____
_____

(5) 阿司匹林是一种药物，它通常被制成片剂。但是，药片进入胃内时，会与胃壁接触并产生一定的刺激。试分析上述材料中的技术矛盾，然后通过矛盾矩阵查找相应的发明原理，并解决该矛盾。
答：_____
_____

(6) 为了避免雷击，接收无线电波的雷达天线必须设置避雷针。但是，避雷针会吸收无线电波，从而减少了天线吸收无线电波的数量。请找出此问题中的技术矛盾，然后使用矛盾矩阵找出解决此矛盾的发明原理，并且给出解决方案。
答：_____
_____
_____

(7) 应用技术矛盾和矛盾矩阵解决飞机发动机整流罩（见图11-7）改进问题。

问题：为了加大航程，在改进波音737飞机的设计中加大了发动机功率，但随之出现的问题是，飞机的发动机也必须作相应的改进。而由于在加大功率的情况下发动机需要进更多的空气，发动机的改进又使发动机整流罩的截面积加大，整流罩与地面的距离将会缩小，而起落架的高度是无法调整的，这样，飞机起降的安全性便会受到影响。摆在设计者面前的关键问题就是如何改进发动机的整流罩，而不降低飞机的安全性。

图 11-7　飞机发动机的整流罩

显然，在上面这个实例中，存在着亟待解决的技术问题。请你从这些实际问题中提取典型的技术矛盾，并考虑利用矛盾矩阵获得问题的解决方案。

请记录。

你选取的技术问题：_____

步骤1　确定技术系统的所有组成元素：_____
_____

步骤2　请画出问题的逻辑链，并进行问题描述：_____
_____

步骤3　定义技术矛盾，定义需要改善的参数和被恶化的参数。
改善的参数：_____

被恶化的参数：_____

步骤 4 解决技术矛盾。在矛盾矩阵的交叉点单元格中，得到的发明原理序号：_____

通过查阅矛盾矩阵，得到对应的发明原理及其指导原则如下。

原理（　　）：_____
指导原则 1：_____

指导原则 2：_____
指导原则 3：_____

原理（　　）：_____
指导原则 1：_____

指导原则 2：_____

指导原则 3：_____
原理（　　）：_____
指导原则 1：_____
指导原则 2：_____

指导原则 3：_____
指导原则 4：_____
指导原则 5：_____

原理（　　）：_____
指导原则 1：_____

指导原则 2：_____

步骤 5 结论：填写你获得的创新问题解决方案。
_____

4. 实验总结
_____
_____

5. 实验评价（教师）

第 12 章
用分离方法解决物理矛盾

通常，为了增加巡航半径，飞机需要携带更多的燃油。但是，多携带燃油会增加飞机的重量，导致其单位航程耗油量的增加，从而缩短其巡航半径。这个问题在以前是通过给飞机携带副油箱的方式得以解决的（见图12-1）。此时，副油箱被看作飞机的一个子系统。随着技术系统的进化，副油箱逐步从飞机这个技术系统中脱离出来，转移至超系统，并最终演变为现代的空中加油机（见图12-2）。其结果是，飞机"携带"的燃油既多（飞机"携带"了空中加油机，空中加油机可以"携带"很多燃油）又少（飞机自身所"携带"的燃油少），满足了互斥的需求。

图 12-1　飞机副油箱　　　　　　　　　　　图 12-2　空中加油机

采用这种方式，一方面，飞机不再需要携带副油箱，使得飞机的飞行重量降低，系统得以简化；另一方面，加油机可以"携带"比副油箱多得多的燃油，大大提高了为飞机补充燃油的效率。

12.1　什么是物理矛盾

阿奇舒勒定义物理矛盾这个概念来描述以下情况：对同一个对象的某个特性提出了互斥的要求。例如，某个对象既要大又要小，既要长又要短，既要快又要慢，既要高又要低，既要有又要无，既要导电又要绝缘，等等。物理矛盾是对技术系统的同一参数提出相互排斥的需求时出现的一种物理状态。无论对于技术系统的宏观参数，如长度、电导率和摩擦系数等，还是对于描述微观量的参数，如粒子浓度、离子电荷和电子速度等，都可以对其中存在的物理矛盾进行描述。

例如，飞机在起飞和降落的时候，必须用到起落架。但在飞行过程中又不需要起落架，以免引起不必要的空气摩擦。这是两个相反的要求。物理矛盾反映的是唯物辩证法中的对立统一规律，矛盾双方存在两种关系：对立的关系和统一的关系。一方面，物理矛盾讲的是相互排斥，即同一性质相互对立的状态，假定非此即彼；另一方面，物理矛盾又要求所有相互排斥和对立状态的统一，即矛盾的双方存在于同一客体（见表12-1）。

表12-1 常见的物理矛盾

类别	物理矛盾							
几何类	长与短	对称与非对称	平行与交叉	厚与薄	圆与非圆	锋利与钝	窄与宽	水平与垂直
材料和能量类	多与少	密度大与小	导热率高与低	温度高与低	时间长与短	黏度高与低	功率大与小	摩擦力大与小
功能类	喷射与堵塞	推与拉	冷与热	快与慢	运动与静止	强与弱	软与硬	成本高与低

例 12-1 飞机机翼（见图12-3）的改进。

在飞机的改型设计中，为了提高飞机的飞行速度，设计人员希望用一种推力更大的新型发动机来代替原有的发动机。但是，新型发动机的重量要比老发动机大很多，这使得飞机的总重量大大增加。因此，在起飞时，原有机翼所提供的升力将无法满足要求。为了解决这个问题，可以增加机翼的面积。这样就能够在起飞的过程中产生更大的升力。但是，当飞机高速飞行时，增大了面积的机翼将产生更大的阻力，这又会降低飞机的飞行速度。

图12-3 飞机的机翼

在这个例子中，针对"机翼面积"这个参数，出现了相反的（互斥的、矛盾的）需求。一方面，为了提高飞行速度，需要推力更大的新型发动机，然而新型发动机的重量比原有发动机大很多，因此需要在起飞的时候为飞机提供更大的升力，为此，需要增大机翼面积；另一方面，为了提高飞机的飞行速度，需要较小的飞行阻力，而机翼是产生飞行阻力的主要部位之一，增大机翼的面积会增大机翼的阻力，因此，需要减小机翼面积。

12.2 定义物理矛盾

通常，在解决问题的时候，目标之所以无法实现，就是因为没有解决最重要的矛盾。一个好的解决方案应该是这样的：在使一个特性（本例中是重量、机翼面积）保持不变或得到改善的基础上，使目标特性得到改善（本例中是速度）。解决问题的方法往往不是显而易见的，需要解决问题的人具有一定的创造性。

在常规设计中，对于这样的问题，往往会采用折中或妥协的方法，或者仅仅满足两个矛盾的特性中"比较重要的"那个特性，而对于另一个"不重要的"特性，则可以用其他辅助性手段来进行处理。但是，对于TRIZ，追求的就是解决矛盾，建立一个"完善的"系统，即在不使其他特性恶化的前提下，改善那个"重要的"特性。

综上所述，物理矛盾可以精确地表达为：对象应该具有特性"P"，以便满足需求A；同时，对象应该具有特性"非P"，以便满足需求B。

读者可以参考以下两种模板来定义物理矛盾。

模板1：

技术系统的名称 中 对象的名称 应该是（具有）特性，以便 对系统的第一种需求；同时，又不应该是（具有）特性，以便 对系统的第二种需求。

例如：飞机 中 机翼 应该是（具有）大，以便 在起飞时提供更大的升力；同时，又不应该是（具有）大，以便 在高速飞行时具有较小的阻力。

模板2：

技术系统的名称 中 对象的名称 的 关键参数 应该为 关键参数的第一个值，以便 技术系统的第一种功能或特性；同时，关键参数 又应该为 关键参数的第二个值，以便 技术系统的第二种功能或特性。

例如：飞机 中 机翼 的 面积 应该 大，以便 在起飞时提供更大的升力；同时，面积 又应该 小，以便 在高速飞行时具有较小的阻力。

在定义物理矛盾时，到底使用哪个模板，要具体问题具体分析。当然，这两个模板只是参考，读者完全可以在此基础上灵活应用，以更加适合的方式来表达问题中所蕴含的物理矛盾。

定义物理矛盾可以分为以下四步。

第一步：进行技术系统的因果分析。

第二步：从因果分析中定义出技术矛盾。

第三步：提取物理矛盾，即在这对技术矛盾中找到一个参数及其相反的两个要求。

第四步：定义理想状态，即提取技术系统在每个参数状态时的优点，提出技术系统的理想状态。

工程系统中常常出现各种问题，如何将一个问题转换成物理矛盾显得非常重要。针对某种实际的问题情境，一般可以通过以上步骤逐步完成对其中物理矛盾的准确描述。

例12-2 以汽车制造过程中的一个问题为例进行说明。

在制造汽车，特别是制造重型卡车的时候，制造的汽车需要非常坚固，并且能承载更多的货物。所以，在制造一般大型汽车、重型卡车时，需要运用大量的钢材来制造更大、更厚实的车厢。但是，这样会使汽车变得非常重，导致在行驶过程中需要耗费更多的燃油。

在将这样的实际问题转换成物理矛盾的时候，需要找到某一个有对立要求的参数，现在，我们就按照以上步骤找到这个对立的参数。这一实例中存在的技术矛盾是"强度"和"运动对象的重量"，其物理矛盾可以简单表述为：汽车车身材料的密度既要高，又要低。

12.3 解决物理矛盾的分离方法

物理矛盾的解决方法一直是 TRIZ 研究的重点，其核心思想是实现矛盾双方的分离。为此，阿奇舒勒总结出了 11 个分离原理。但是，在实际工作中，人们很难将这 11 个分离原理一一记住。为了让使用者更方便地利用分离的思想进行思考，现代 TRIZ 在总结解决物理矛盾的各种方法的基础上，将 11 个分离原理概括为四种分离方法，即时间分离、空间分离、条件分离、系统级别上的分离。这四种方法的核心思想是完全相同的，都是为了将针对同一个对象（系统、参数、特性、功能等）的相互矛盾的需求分离，从而使矛盾的双方都得到完全的满足。它们的不同之处在于，不同的分离方法选择了不同的方向来分离矛盾的双方。例如，时间分离所选择的求解方向就是在时间上将矛盾双方互斥的需求分离。

12.3.1 时间分离

时间分离是指在时间上将矛盾双方互斥的需求分离，即在不同的时刻满足不同的需求，从而解决物理矛盾。

当系统中存在互斥需求（P 和-P）的时候，如果其中的一个需求（P）只存在于某个时间段内，而在其他时间段内并没有这种需求，就可以使用时间分离的方法将这种互斥的需求分离。

在使用这种分离方法之前，首先要回答下面的问题：在所有的时间段，是否都需要既是"P"，又是"-P"？

如果不是，则表示至少在某一个时间段内，没有要求既是"P"又是"-P"。因此，在该时间段内，就可以将这种对于系统的矛盾需求分离。

例 12-3 下面是一些时间分离的实例。

（1）去往不同方向的汽车要通过十字路口的相同区域。但汽车又不能同时通过，否则就会造成交通事故。红绿灯可以使去往不同方向的汽车在不同的时间段通过相同的区域。

（2）在下雨的时候，我们希望伞能够尽量大一些，以便更好地遮挡风雨；在不下雨的时候，我们希望伞能够尽量小一些，以便随身携带。折叠伞很好地解决了这个矛盾。

（3）在飞机起飞、降落和正常飞行时，机翼会分别呈现出不同的几何形状。这种形状上的变化是为了满足不同时间段内飞机对升力的不同需求。

例 12-4 舰载机（见图 12-4）。

为了增强战斗力，航空母舰上需要搭载尽可能多的舰载机。由于甲板长度的限制，航空母舰上供飞机起飞的跑道是非常短的。为了在较短的跑道上起飞，飞机机翼应该大一些，以便在相对低的速度下获得较大的升力；另外，为了在空间有限的航空母舰上搭载尽可能多的舰载机，飞机机翼应该尽可能小一些。

（1）分析。在这个问题中，对于机翼，互斥的需求：既要大，又要小。

（2）物理矛盾。机翼既应该是大的，又应该是小的，这显然是违反物理规律的。

（3）矛盾分析。当舰载机从航空母舰的飞行甲板上起飞的时候，需要较大的升力，因此希望机翼大；当舰载机停放在航空母舰的飞行甲板上或机库里的时候，为了减小其所占用的空间，希望机翼小。可以看出，对舰载机机翼的互斥需求在时间轴上是不重叠的。因此，可以考虑用时间分离的方法来解决这个物理矛盾。

（4）简化的问题。当飞机从飞行甲板上起飞的时候，如何使机翼保持在"大"的状态？当飞机停放在甲板或机库的时候，如何使机翼保持在"小"的状态？有没有一种方法可以使机翼在需要大的时候变大，在需要小的时候变小呢？

（5）解决方案。将飞机的机翼设计成可折叠的，当飞机起飞的时候，机翼打开，就处于"大"的状态；当飞机处于停放状态时，将机翼折叠起来，就处于"小"的状态了（见图 12-5）。

图 12-4　舰载机　　　　　　　图 12-5　舰载机的可折叠机翼

12.3.2　空间分离

空间分离是指在空间上将矛盾双方互斥的需求分离，即系统在不同的空间位置满足不同的需求，或在系统的不同部位满足不同的需求，从而解决物理矛盾。当系统中存在互斥需求（P 和-P）的时候，如果其中一个需求（P）只存在于某个空间位置，而在其他空间位置并没有这种需求，就可以使用空间分离的方法将这种互斥的需求分离。

在应用这种分离方法之前，首先要回答下面的问题：在所有的空间位置上，是否都需要既是"P"，又是"-P"？

如果不是，则表示至少在某一个空间位置，没有要求既是"P"，又是"-P"。因此，在该空间位置，就可以将这种对于系统的矛盾需求分离。

例 12-5　下面是一些空间分离的实例。

（1）立交桥可以使去往不同方向的汽车在同一时间利用不同的空间位置通过该区域。

（2）在烧菜的时候，锅应该是热的，以便加热食物；同时，锅又应该是不热的，以便厨师用手对锅进行操作。因此，在锅上安装了用耐高温塑料或木头制成的柄，使锅的不同部位满足不同的需求。

12.3.3　条件分离

条件分离是指根据条件的不同将矛盾双方互斥的需求分离，即在不同的条件下满足不同的需求，从而解决物理矛盾。

当系统中存在互斥需求（P 和-P）的时候，如果其中一个需求（P）只在某一种条件下存在，而在其他条件下不存在，就可以使用条件分离的方法将这种互斥的需求分离。

在应用这种分离方法之前，首先要回答下列问题：在任何的条件下，是否都需要既是"P"，又是"-P"？

如果不是，则表示至少在某一个条件下，没有要求既是"P"，又是"-P"。因此，在该条件下，就可以将这种对于系统的矛盾需求分离。

例 12-6　下面是一些条件分离的实例。

（1）"环岛"可使去往不同方向的汽车在同一时间从各个入口进入环岛，再按照不同的目的地，选择不同的出口从环岛出来，这就是条件分离。

（2）在常温下，氮气的化学性质很不活泼，既不助燃，也不能帮助呼吸。游离态的氮气的用途并不广。在博物馆里，那些贵重的画卷常常保存在充满氮气的圆筒里，这样可以避免蛀虫毁坏画卷。在高温条件下，氮气十分活泼，能与许多元素产生化学反应。例如，在高温高压下，氮气可与氢化合物生成氮氢化合物。可以说，氮是否活泼取决于温度这个条件。

（3）水是"软"的，鱼儿在水中可以自由遨游；水又是"硬"的，高压水可以切割很厚的金属板。可以说，水是软还是硬取决于水的速度这个条件。

例 12-7 可变色的眼镜。

对于近视的人，当太阳光很强的时候，希望镜片的颜色深一些，当太阳光弱的时候，希望镜片的颜色浅一些，甚至无色。其物理矛盾是：镜片的颜色既应该是深的，又应该是浅的。

解决方案：在镜片中，加入少量氯化银和明胶。其中，氯化银是一种见光能够分解的物质，分解出来的金属银的颗粒很细，但可使镜片的颜色变暗变黑，从而降低镜片的透明度。在没有太阳光直射的情况下，明胶能使已经分解出来的银和氯重新结合，转变为氯化银。利用这种镜片制成的眼镜可以根据光线强度的不同，呈现不同深浅的颜色。

12.3.4 系统级别上的分离

系统级别上的分离是指在系统级别上将矛盾双方互斥的需求分离，即在不同的系统级别上满足不同的需求，从而解决物理矛盾。

当系统中存在互斥需求（P 和-P）的时候，如果其中一个需求（P）只存在于某个系统级别上（例如，只存在于系统级别上），而不存在于另一个系统级别上（例如，不存在于子系统或超系统级别上），就可以使用系统级别分离的方法将这种互斥的需求分离。

在使用这种分离方法之前，首先要回答下列问题：在所有的系统级别上，是否都需要既是"P"，又是"-P"？

如果不同的需求可以存在于不同的系统级别上，就可以在系统的不同级别上将矛盾的需求分离。

例 12-8 自行车链条应该是柔性的，以便精确地环绕在传动链轮上，它又应该是刚性的，以便在链轮之间传递相当大的作用力。因此，系统的各个部分（链条上的每一个链节）是刚性的，但是系统在整体上（链条）是柔性的（见图 12-6）。

例 12-9 近视眼镜和远视眼镜的集成。

有些人同时具有两种视力问题：近视和远视。近视和远视可以分别通过不同的眼镜来进行视力矫正。但是，对于既近视又远视的情况，该怎么办呢？

图 12-6 套筒滚子链在不同的系统级别上表现出不同的特性

这里，找到的物理矛盾是：人到中年，由于晶体调节能力的减弱，解决既要看远处，又要看近处的问题成为当务之急。

解决方案

（1）空间分离：1784 年，富兰克林将两种不同度数的镜片装入一个眼镜框中，以解决既要看远又要看近的问题，成为眼镜发展史上的一个里程碑。随后，人们相继发明了许多种双光眼镜，给工作与生活带来了极大的便利。这一成就在人们不断的改进和发展中持续了将近 200 年。直到 1959 年，一种新产品——渐进多焦点镜片的问世，给人们带来了新的喜悦。

（2）时间分离：购买两副眼镜，根据需要换着戴。

（3）条件分离：像照相机镜头那样的自聚焦透镜。

（4）系统级别上的分离：可以改变曲率和焦距的塑料透镜。

12.4 将技术矛盾转化为物理矛盾

一个工程问题中可能同时包含多个矛盾。对于其中的某一个矛盾,它既可以被定义为技术矛盾,又可以被定义为物理矛盾。技术矛盾与物理矛盾是可以相互转化的。利用这种转化机制,可以将一个冲突程度较低的技术矛盾转化为一个冲突程度较高的物理矛盾(见图12-7)。

图 12-7 技术矛盾与物理矛盾的关系

例如,为了提高子系统 Y 的效率,需要对子系统 Y 加热,但是加热会导致其邻近子系统 X 的降解,这是一对技术矛盾。同样,这样的问题可以用物理矛盾来描述,即温度既要高又要低。高温度提高 Y 的效率,但是恶化 X 的质量;而低温度不会提高 Y 的效率,也不会恶化 X 的质量。所以,技术矛盾与物理矛盾是可以相互转化的。在很多时候,技术矛盾是更显而易见的矛盾,而物理矛盾是隐藏更深、更加尖锐的矛盾。

技术矛盾和物理矛盾的区别如下。

(1) 技术矛盾是存在于两个参数(特性、功能)之间的矛盾,物理矛盾是针对一个参数(特性或功能)的矛盾。

(2) 技术矛盾涉及整个技术系统的特性,物理矛盾涉及系统中某个元素的某个特征的物理特性。

(3) 相比技术矛盾,物理矛盾更能体现问题的本质。

对于同一个技术问题,技术矛盾和物理矛盾是从不同的角度,在不同的深度上对同一个问题的不同表述。相关研究结论中提出,解决物理矛盾的四种分离方法与解决技术矛盾的40个发明原理之间存在一定的关系。对于每种分离方法,可以有多个发明原理与之对应(见表12-2)。

表 12-2 分离方法与发明原理的对应关系

分离方法	发 明 原 理
空间分离	1. 分割原理
	2. 抽取原理
	3. 局部质量原理
	17. 维数变化原理
	13. 反向作用原理
	14. 曲面化原理
	7. 嵌套原理
	30. 柔性壳体或薄膜原理
	4. 不对称原理
	24. 中介物原理
	26. 复制原理

(续)

分离方法	发明原理
时间分离	15. 动态化原理
	10. 预操作原理
	19. 周期性作用原理
	11. 预补偿原理
	16. 未达到或过度作用原理
	21. 减少作用的时间原理
	26. 复制原理
	18. 振动原理
	37. 热膨胀原理
	34. 抛弃与再生原理
	9. 预先反作用原理
	20. 有效作用的连续性原理
条件分离	35. 参数变化原理
	32. 改变颜色原理
	36. 状态变化原理
	31. 多孔材料原理
	38. 加速氧化原理
	39. 惰性环境原理
	28. 机械系统替代原理
	29. 气动与液压结构原理

分离方法		发明原理
系统级别上的分离	转换到子系统	1. 分割原理
		25. 自服务原理
		40. 复合材料原理
		33. 同质性原理
		12. 等势原理
	转换到超系统	5. 合并原理
		6. 多用性原理
		23. 反馈原理
		22. 变害为利原理
	转换到竞争性系统	27. 廉价替代品原理
	转换到相反系统	13. 反向作用原理
		8. 重量补偿原理

【习题】

1. 对于同一个子系统或者同一个参数，提出完全相反的要求，这属于 TRIZ 界定的（　　）。

　　A. 管理矛盾　　　B. 技术矛盾　　　C. 物理矛盾　　　D. 逻辑矛盾

2. 当对技术系统的某一个工程参数有不同属性需求时，就会出现（　　）。

　　A. 分离原理　　　B. 物理矛盾　　　C. 物场模型　　　D. 冲突矩阵

3. 物理矛盾反映的是唯物辩证法中的对立统一规律。当对一个系统的某个参数有（　　）的要求时，就出现了物理矛盾。

　　A. 相反　　　　　B. 一致　　　　　C. 重复　　　　　D. 协作

4. 物理矛盾解决方法的核心是实现矛盾双方的分离。现代 TRIZ 将解决物理矛盾的分离原理概括为四种分离方法，即（　　）。

　　A. 时空分离、上下分离、大小分离、形状分离

　　B. 时间分离、空间分离、条件分离、系统级别上的分离

　　C. 来源分离、质量分离、难度分离、规模分离

　　D. 时间分离、空间分离、条件分离、原则分离

5. 下列关于矛盾的说法中，不正确的是（　　）。

　　A. 技术矛盾是一个系统的两个参数之间的矛盾

　　B. 物理矛盾是两种截然不同的需求（A 和非 A）制约一个参数 P 的矛盾

　　C. 技术矛盾可以转化为物理矛盾

　　D. 技术矛盾和物理矛盾是不可以互相转化的

6. 对于 TRIZ，追求的就是解决矛盾，建立一个"（　　）"系统，即在不使其他特性恶化的前提下，改善那个"重要的"特性。

　　A. 统一的　　　　B. 和谐的　　　　C. 完善的　　　　D. 折中的

7. （　　）是指一个系统中的两个不同参数之间的矛盾。

　　A. 基本矛盾　　　B. 经济矛盾　　　C. 物理矛盾　　　D. 技术矛盾

8. （　　）是指一个系统的同一个参数具有相反的并且合乎情理的需求。

　　A. 基本矛盾　　　B. 经济矛盾　　　C. 物理矛盾　　　D. 技术矛盾

9. 幼儿园采取分时间段放学的策略，以缓解家长接孩子时造成的附近交通拥挤问题，这里运用的是（　　）方法。

　　A. 空间分离　　　B. 时间分离　　　C. 条件分离　　　D. 系统级别上的分离

10. 在解决交通问题的物理矛盾时，考虑在快车道上建立人行天桥，车流和人流各行其道，这是运用的（　　）方法。

　　A. 空间分离　　　B. 时间分离　　　C. 条件分离　　　D. 系统级别上的分离

11. 在解决物理矛盾的分离方法中，不包括（　　）。

　　A. 空间分离　　　B. 时间分离　　　C. 大小分离　　　D. 系统级别上的分离

12. 定义物理矛盾分四个步骤，它们的顺序应该是（　　）。

　　① 进行技术系统的因果分析

　　② 定义理想状态：提取技术系统在每个参数状态时的优点，提出技术系统的理想状态

　　③ 从因果分析中定义出技术矛盾

　　④ 提取物理矛盾：在这对技术矛盾中找到一个参数及其相反的两个要求

　　A. ④③②①　　　B. ①②③④　　　C. ①③②④　　　D. ①③④②

13. 在解决物理矛盾时，如果现实情况下在子系统或超系统级别上有相反的需求，则可以使用（　　）方法。

　　A. 空间分离　　　B. 时间分离　　　C. 条件分离　　　D. 系统级别上的分离

14. 在高台跳水运动中,水"硬"可以防止运动员撞击池底,水"软"可以防止运动员受伤。可以采用物理方法改变水的密度(参数),即可以向游泳池的水中打入气泡,降低水的密度,使水变得柔软一些。这是运用了(　　)方法。

　　A. 空间分离　　　B. 时间分离　　　C. 条件分离　　　D. 系统级别上的分离

15. 考虑将存在交通问题的十字路口分解为两个丁字路口,通过局部与整体的系统分离,可以在一定程度上缓解冲突问题。这是运用了(　　)方法。

　　A. 空间分离　　　B. 时间分离　　　C. 条件分离　　　D. 系统级别上的分离

16. 在十字路口建造安全岛,各个方向的车辆进入时右转并按逆时针方向绕行,行驶到出行方向时,以右转弯方式驶出安全岛,即通过附加上述条件把冲突分离,这是采用了(　　)方法。

　　A. 空间分离　　　B. 时间分离　　　C. 条件分离　　　D. 系统级别上的分离

17. 利用互相转化机制,可以将冲突程度较低的(　　)转化为冲突程度较高的(　　)。

　　A. 物理矛盾,技术矛盾　　　　B. 技术矛盾,物理矛盾
　　C. 简单矛盾,复杂矛盾　　　　D. 复杂矛盾,简单矛盾

18. 相关研究结论中提出,解决物理矛盾的四种分离方法与解决技术矛盾的 40 个发明原理之间(　　)。

　　A. 存在一定的关系　　　　　B. 是互为独立的两个内容
　　C. 存在着一对一的关系　　　D. 存在着相互矛盾的关系

19. 对于同一个物理矛盾,(　　)。

　　A. 通常只能采用一种分离方法
　　B. 有可能既可以采用基于空间的分离,又可以采用基于时间的分离
　　C. 一般都需要同时采用四种分离方法
　　D. 通常完全不用分离方法

20. 在 TRIZ 理论中,技术矛盾和物理矛盾之间(　　)。

　　A. 可以实现相互转化　　　　B. 不能进行相互转化
　　C. 实际上不存在关联性　　　D. 个别情况下可以转化

【实验与思考】用分离方法解决物理矛盾

1. 实验目的

本章"实验与思考"的目的如下。

(1) 熟悉物理矛盾的定义。

(2) 熟悉解决物理矛盾的时间分离、空间分离、条件分离和系统级别上的分离方法。

(3) 熟悉技术矛盾与物理矛盾之间的转化。

2. 工具/准备工作

(1) 在开始本实验之前,请回顾本书中的相关内容。

(2) 准备一台能够访问因特网的计算机。

3. 实验内容与步骤

(1) 简述 TRIZ 的物理矛盾。试列举三个生活中你所遇到的物理矛盾的实例。

答:

实例1：_____

实例2：_____

实例3：_____

（2）解决物理矛盾有哪几种主要方法？
答：_____
_____
_____

（3）简述技术矛盾与物理矛盾的区别。
答：_____
_____
_____

（4）缝衣针的针眼存在什么物理矛盾？如何解决？
答：_____
_____
_____

（5）问题：标准的胶是一种黏稠的液体。胶必须具有黏性，这样可使需要粘连的表面可以粘连。但是，当把胶涂在某表面时，胶也常常将手指粘连，这种情况是我们不希望看到的。

对上述材料进行分析，试找出其中的物理矛盾，并运用分离方法加以解决。
请记录。
你所定义的物理矛盾：_____

你所选择的分离方法：_____
你所给出的解决方案：_____
_____

（6）问题：豆浆机里的过滤罩可把豆浆和豆渣分开，但是，过滤罩的网眼很小，容易堵塞又很难清洗。
请找出此问题中的物理矛盾，并使用分离方法解决此问题。
请记录。
定义的物理矛盾：_____

选择的分离方法：_____

给出的解决方案：_____
_____
_____

4. 实验总结
_____
_____
_____
_____

5. 实验评价（教师）
_____

第 13 章
S 曲线与技术系统进化

阿奇舒勒等人于 20 世纪 70 年代开始在 TRIZ 的框架中研究技术系统的进化。在研究过程中，他们广泛使用了辩证唯物主义哲学体系中的一些著名规律，如矛盾的对立统一、量变到质变、否定之否定等。

13.1 技术系统进化规律的由来

通过对大量专利的研究，阿奇舒勒发现，作为一个有机的整体，技术系统本身是在不断变化的。在环境变化的影响下，技术系统的这种变化就具有了一定的方向性。"好的"技术系统通过不断自我调整来更好地适应变化着的环境，从而得以生存和发展；而对于"差的"、不能适应环境变化的技术系统，消亡是必然的结果。

对于生物系统，达尔文的自然选择理论指出了生物系统进化的根本原因——自然选择。其中，实施这种选择行为的是自然界，选择的标准是"生物对环境（即自然界）的适应能力"。阿奇舒勒认为，技术系统同样面临"自然选择，优胜劣汰"的问题，只不过实施这种选择行为的是人类社会，选择的标准是"技术系统是否满足人类社会的需要"。由此，阿奇舒勒认为：技术系统的进化不是随机的，而是遵循一定的客观规律的；同生物系统的进化类似，技术系统也面临着"自然选择，优胜劣汰"问题。

这一论述是对技术系统发展规律的高度概括和总结。其前半部分指出了技术系统进化的本质特征：客观规律性，是 TRIZ 理论的基石；后半部分指出了技术系统进化的原因和动力。

技术系统的进化法则既可以用于发明新的技术系统，又可以用来系统化地改善现有系统。阿奇舒勒提出的进化法则共有 8 个，可以分为两大类：生存法则和发展法则。

13.2 S 曲线及其作用

如果观察相当长的时间段内实现相同主要功能的技术系统家族，很容易就能发现该技术系统家族中发生的许多变化。虽然技术系统的某些特性或参数被改变了，但是其主要功能始终保持不变。其结果是，随着人类知识水平的提高，实现该功能的技术手段也提高了。例如，飞行设备、机动车辆、计算设备、录音设备等。

13.2.1 S 曲线

在对海量专利进行分析的基础上，通过对大量技术系统的跟踪研究，阿奇舒勒发现，技术系统的进化规律可以用 S 曲线（见图 13-1）来表示。对于当前的技术系统，如果没有设计者引入新的技术，那么它将停留在当前的水平上。只有向系统中引入新的技术，技术系统才能进化。因此，进化过程是靠设计者的创新来推动的。

为了方便说明问题，常常将图 13-1 所示的 S 曲线简化为图 13-2 所示的形式，称为分段 S 曲线。其中，横轴表示时间，纵轴表示系统中某一个具体的重要性能参数。例如，在飞机这一技术系统中，飞机的速度、航程、安全性、舒适性等都是其重要的性能指标。

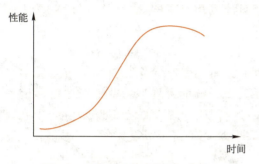

图 13-1 技术系统进化的 S 曲线

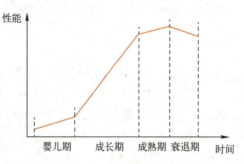

图 13-2 技术系统进化的分段 S 曲线

随着时间的推移，任何一种产品、工艺或技术都会向着更高级的方向发展，在其进化过程中，一般都要经历分段 S 曲线所表示的四个阶段：婴儿期、成长期、成熟期和衰退期。在每个阶段中，分段 S 曲线都呈现出不同的特点。不仅如此，在四个不同的阶段中，专利的发明级别、专利的数量和经济收益方面也都会有不同的表现（见图 13-3）。

1. 婴儿期

一个新技术系统的出现一般要满足两个条件：①人类社会对某种功能有需求；②存在满足这种需求的技术。

新的技术系统往往随着一个高水平的发明而出现，而这个高水平的发明正是为了满足人类社会对某种功能的需求。在新的技术系统刚刚诞生的时候，一方面，其本身的结构还不是很成熟；另一方面，为它提供辅助支持的子系统或超系统还没有形成稳定的功能结构。所以，新系统本身往往表现出效率低、可靠性差等一系列问题，在其前进道路上还有很多技术问题需要解决。同时，由于大多数人对新系统的未来发展并没有信心，因此，新系统的发展缺乏足够的人力和物力的投入。此时，市场处于培育期，对该产品的需求并没有明显地表现出来。

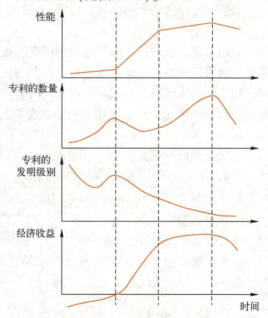

图 13-3 分段 S 曲线与专利的数量、发明级别和经济收益的对应关系

在这一阶段，系统呈现出的特性是：系统发展十分缓慢，所产生专利的发明级别很高但数量很少，为了解决新系统中存在的技术问题，需要消耗大量资源，且经济收益为负的。

2. 成长期

当社会认识到其价值和市场潜力的时候，新系统就进入了成长期。此时，通过婴儿期的发展，新系统所面临的许多主要技术问题已经得到解决，系统的效率和性能得到了改善，其市场前景开始显现。大量的人力和金钱被投入到系统的开发过程中，使系统的效率和性能得到快速的提升，结果又吸引更多的资金投入到系统的开发过程中，形成了良性的循环，进一步推动了系统的进化过程。同时，市场对产品的需求增长很快，但供给不足，消费者愿意出高价购买产品。在这一时期，企业应对产品进行不断创新，迅速解决存在的技术问题，使它尽快成熟，为企业带来利润。

在这一阶段，系统呈现出的特性是：系统性能得到快速提升，产生的专利在级别上开始下降，专利数量先降后升，系统经济收益迅速上升。

3. 成熟期

成长期投入了大量人力、物力和财力，技术系统日趋完善。当系统发展到成熟期时，性能水平达到了最高点，建立了相应的标准体系。新系统的发展潜力基本上被挖掘出来了（即新系统是基于某个科学技术原理而开发的，此时该原理的资源已经基本耗尽），系统发展速度开始变缓。此时只能通过大量低级别的发明或对系统进行优化来使系统性能得到有限的改进，即使再投入大量的人力、物力，也很难使系统的性能产生明显的提高。此时，产品已进入大批量生产阶段，并获得了巨额的利润。在这一时期，企业应在保证质量、降低成本的同时，大量制造并销售产品，以尽可能多地赚取利润。同时，企业应该投入相应的人力、物力，着手开发基于新原理的下一代技术系统，以便在未来的市场竞争中处于领先地位。

在这一阶段，系统呈现出的特性是：系统发展速度变缓，产生的专利级别更低但数量达到最大值，所获得的经济收益达到最大但有下降的趋势。

4. 衰退期

应用于该系统的技术已经发展到极限，很难取得进一步的突破。该技术系统可能不再有需求，因而面临市场的淘汰或将被新开发的技术系统所取代。此时，先期投入的成本已经收回，相应的技术已经相当成熟。在这一时期，企业会在产品彻底退出市场之前，"榨"出其最后的利润。因此，产品往往表现为价格和质量同时下降。随后，新的系统将逐步占领市场，从而进入下一个循环。

在这一阶段，系统呈现出的特性是：系统的发展基本停止；产生的专利无论在级别上还是在数量上都明显降低；经济收益下降。

5. S 曲线族

在主要功能保持不变的基础上，实现该功能的技术系统的这种持续不断的更新过程表现为多条 S 曲线（S 曲线族，见图 13-4）。

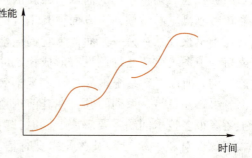

图 13-4　S 曲线族

13.2.2　技术预测

对大量历史数据分析研究的结果表明：技术进化过程有其自身的规律与模式，是可以预测的，这种预测的过程称为技术预测。预测未来技术进化的过程，快速开发新产品，迎接未来产品竞争的挑战，对企业竞争力的提高起着重要的作用。因此，在新产品的开发决策过程中，企业需要准确地预测当前产品的技术水平和下一代产品的进化方向。

技术预测的研究最初应用于军工产品，即对武器及部件的性能进行技术预测，后来也应用于民用产品。在长期的研究过程中，理论界提出了多种技术预测的方法，其中较为有效的是 TRIZ 的技术系统进化理论。阿奇舒勒等人通过对大量专利的分析和研究，发现并确认技术系统在结构上进化的趋势，即技术系统进化模式和技术系统进化路线；他们同时还发现，在一个工程领域中总结出来的进化模式和进化路线可以在另一个工程领域实现，即技术进化模式与进化路线具有可传递性。该理论不但能预测技术的发展，而且能展示依据预测结果所开发出来的产品可能的状态，对产品创新具有指导作用。

13.3 技术系统生存法则

在构建新系统的时候，通过将多个元素有机地组合成一个整体，并使它产生新的系统特性，这个整体才能称为技术系统。所产生的系统特性是所有零件或组件按照某种确定的关系进行组合后才显现出来的。

例 13-1 作为一个技术系统，飞机具有飞行这一特性。但是，"飞行"这一特性是这个系统中任意一个单独的零件或组件都不具备的。只有在明确系统目标的前提下，按照一定的关系将所有的零件装配起来，才有可能产生"飞行"这一特性。

即使构建一个只有基本功能的技术系统，也应该遵守某些基本原则。技术系统生存法则就是这样的基本法则，以此来确保技术系统的产生和存在。

一个技术系统必须同时满足生存法则的要求才能"生存"，才能算是一个技术系统。生存法则共有 3 个：系统完备性法则、系统能量传递法则和系统各部分之间的韵律协调性法则。

13.3.1 完备性法则

技术系统存在的必要条件是存在最小限度的可用性。

要实现某项功能，一个完整的技术系统必须包含能源（动力）、传动（传输）、执行（工具）和操作控制这四个相互关联的部分。如图 13-5 所示，矩形框中的四个部分构成了一个基本的技术系统。其中，能源（动力）部分负责将能量源提供的能量转化为技术系统能够使用的能量形式，以便为整个技术系统提供能量；传动（传输）部分负责将动力部分输出的能量传递到系统的各个组成部分；执行（工具）部分负责具体完成技术系统的功能，对系统作用对象（或称产品、工作对象或作用对象）实施预定的作用；操作控制部分负责对整个技术系统进行控制，以协调其工作。

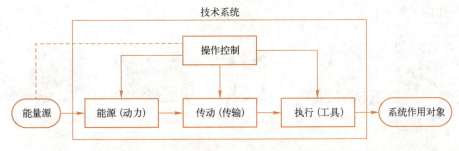

图 13-5 组成技术系统的四个基本子系统

由完备性法则可以得到如下推论：为了使技术系统可控，至少要有一个部分应该具有可控性。可控性是指可以根据控制者的要求来改变系统特征或参数。

初期的技术系统都是从劳动工具发展来的。当驱动装置代替人提供能量的时候，就出现了传动装置，利用传动装置将能量由驱动装置传向执行机构。这样，劳动工具就演变成了"机器的"执行机构，而人只完成控制执行机构的工作。例如，锄头和人并不是一套技术系统，技术系统是在新石器时代发明了犁之后才出现的：犁（执行）翻地，犁辕（传输）架在牲畜（动力）身上，人（控制）扶着犁把。

该法则可以帮助我们准确判断现有的部件集合是否构成技术系统。只有当执行机构安装了代替人的传输部分和动力部分时才能形成技术系统。动力与能量源既可以是一体的，又可以是分开的。能量（包括人力）可以从外部引入，然后在动力部分转换成技术系统所需的能量形式。

例 13-2　自动照相机处理的对象是（制品）光，执行装置是光路和快门，传动装置是调节光路的光圈系统和快门驱动装置，动力装置是电动机（自动调焦），控制装置是检测控制单元。

针对完备性法则的建议：

（1）新的技术系统往往没有足够的能力独立地实现主要功能，所以依赖超系统提供的资源；

（2）随着技术系统的发展，系统逐渐获得需要的资源，自己提供主要的功能（见图 13-6）；

图 13-6　新的技术系统逐步发展

（3）进化路线：（减少人的介入）系统不断自我完善，减少人的参与，以提高技术。

一个新系统出现的标志是其执行装置的出现。新系统在执行功能过程中，操作者（人）执行了其余三部分的功能。出于提高生产率和降低工人劳动强度的目的，会逐步引入专门的传动系统、动力装置和控制装置，从而减少人工的参与。图 13-7 所示为缝衣技术按照该进化路线进化的过程。

图 13-7　缝衣技术进化路线

13.3.2　能量传递法则

技术系统存在的必要条件之一是能量要传递到该技术系统的各个部分（元件）。

根据能量守恒定律，能量既不可能凭空产生，又不可能凭空消失。只要做功，就需要消耗能量。从本质上来说，技术系统就是工具。因此，只要它以某种形式做功，就需要消耗相应"数量"的能量。在技术系统内部也是如此，任何一个子系统之所以被"纳入"该技术系统，就是因为这个子系统能够实现某种技术系统所需的功能。在实现功能的同时，就意味着能量的消耗。

因此，在任何一个技术系统内部，都需要有能量的传递和转换。所有在技术系统实现其功能的过程中需要做功的子系统，都需要得到相应"数量"的能量。如果能量不能贯穿整个系统，而是"滞留"在某处，那么技术系统的某些子系统就得不到能量，也就意味着这些子系统不能工作，从而导致整个技术系统无法正常实现其相应的功能。

外部输入的能量或动力装置内产生的能量用于维持技术系统中所有子系统的正常工作、补偿能量损失、监测或控制技术系统及其作用对象的性能参数。因此，在保证技术系统内部能量能够进行正常传递的基础上，还应该尽量将能量的损失（例如，能量转换过程中的损失、废物的产生、产品从技术系统中带出的能量）降到最低。能量从技术系统的一部分向另一部分的传递可以通过物质媒介（例如，轴、齿轮、冲击等）、场媒介（例如，磁场、电流等）或物场媒介（例如，带电粒子流）。从进化的角度来看，能量流经路径的长度有缩短的趋势，技术人员遇到的许多问题都是：在给定条件下，如何选择能量场和有效的能量传递方式。此时，应该遵守以下规则。

（1）在技术系统的产生和综合过程中，应该力求在系统的运行和控制过程中利用同一种场，即使用同一种形式的能量。这不但可以保持能量形式的"纯洁性"，而且可以避免不同形式的能量在转换过程中的损耗，即减少不同能量形式间的转换次数，或者减少同种能量参数的转换次数。

在技术系统的进化过程中，系统中可能会加入新的子系统。新加入的子系统应该尽量利用系统内现有的能量或免费的能量（例如，来自外部环境的能量、另一个系统多余的能量）来工作。

（2）如果技术系统中包含某种不可取代（即不可替换）的物质，就应该使用对技术系统中的各种物质都具有良好传导性的能量形式。

（3）增加能量的可控性。系统采用可控性更好的能量形式，可以利用能源装置完全或部分替代传动装置的功能，缩短能量传递路径的长度。按照可控性由低到高的顺序，常用能量可控性从低到高依次为：重力场→机械场→声场→热场→化学场→电场→磁场→辐射场。

例 13-3 如图 13-8 所示，从蒸汽机车到内燃机车，再到电力机车，机车能量转化效率的提高主要是因为能量转换次数的减少。内燃机代替蒸汽机还涉及热能传递路线的缩短。

蒸汽机车　　　内燃机车　　　电力机车　　　高铁机车

图 13-8　火车机车的进化

技术系统的进化应该沿着使能量流动路径缩短的方向，以减少能量损失。

从这个法则可以得到如下重要推论：技术系统中的某个部分能够被控制的条件是该部分与控制子系统之间必须存在能量传递。

13.3.3 协调性法则

技术系统存在的必要条件之一是系统中各个组成部分之间的韵律（结构、性能和频率等属性）要协调。

协调性法则指出：

(1) 技术系统朝着使多个子系统的参数之间彼此协调的方向进化；

(2) 技术系统朝着使系统参数与超系统参数之间更协调的方向进化；

(3) 高度发达的技术系统的进化特征——在多个子系统的参数间实现有目的的、动态的协调或反协调，从而使技术系统能够更加有效地发挥其功能。

从上面的论述中可以看出，协调性法则可以分为如下三个层次。

首先，对于初级的技术系统，其进化是朝着各个子系统相互之间更协调的方向的，即在保持协调的前提下，组成技术系统的各个子系统应充分发挥各自的功能。这是整个技术系统能发挥其功能的必要条件。早在技术系统建立之初，为了使技术系统实现其功能，在选择子系统时，各个子系统的参数之间协调的必要性就已经很明显了：在保证各个子系统的最小可工作性的基础上，各子系统必须以协调的方式在参数上彼此兼容。

其次，对于中级的技术系统，其进化是朝着与它所处的超系统（环境）之间更协调的方向发展的，即组成技术系统的各个子系统通过有机的组合，所表现出来的、系统级别上的参数要与它所在的超系统的相关参数彼此协调。只有这样，技术系统才能在它所处的环境中更好地发挥作用。

最后，对于已经成熟的、高级的技术系统，其进化是朝着各个子系统间、子系统与系统间、系统与超系统间的参数动态协调和反协调的方向发展的。这种动态的协调与反协调是协调性法则中的高级形式，反协调可以被看作一种更高层次上的协调。

协调性法则的进化路线具体表现为下面两种方式。

(1) 形状协调进化路线。形状协调的进化路线有多个方面，包括表面属性、内部结构、几何形状等。

表面属性进化路线的目的：

① 使组件之间的相互作用更加匹配；

② 使组件与周围环境的接触面更加匹配；

③ 使组件表面具有更多有用属性。

平滑表面→带有凸起和凹陷的表面→精细的轮廓表面→引入场和力

例如，鞋底的进化经历了：

光滑的→带有条纹的→各种各样的凸起→带有细孔以让鞋底"呼吸"

内部结构进化路线。内部结构复杂化是元件自身资源充分开发的结果，也是元件内部结构与功能相协调的结果。该进化路线属于向微观系统进化定律，称为内部空间分割进化路线。内部结构进化的目的是：更加合理地利用内部的空间资源，优化内部的结构质量和强度，使系统更加紧凑。如：

实心组件→引入空腔→形成几个空间→形成多个空间→引入场和力

例如，汽车保险杠的进化经历了：

实心组件→中空的缓冲器→蜂巢状结构→毛细结构→带有气囊的保险杠

几何形状进化路线。几何形体的进化是与其功能和作用对象相协调的结果。包括：

点→线→面→体，以及几何形状复杂化

几何形状复杂化的进化如下。

体进化：立方体→柱体→球体→复杂体

面进化：平面→曲面→双曲面→复杂面

线进化：线→2D曲线→3D曲线→复杂线

例如，轴承接触方式的进化经历了：

球形→圆柱→油墨→磁场

例如，为了适应手的复杂形状，鼠标外形从简单方形变成圆柱面，再变成球形面，现在呈现出复杂曲面围成的复杂形体。

平坦表面→向一个方向弯曲的表面→表面大面积变形→复杂的复合表面

（2）频率协调进化路线。例如，性能参数（电压、力、功率等）的协调；又如，工作节奏、频率上的协调（转动速度、振动频率等）。

因此，技术系统应该朝着其子系统参数协调、系统参数与超系统参数协调的方向进化。高度发展的技术系统的特征是：子系统为充分发挥功能，其参数要进行有目的的动态协调或反协调。

连续运动→脉冲→周期性作用→增加频率→共振

13.4 技术系统发展法则

新的技术系统"诞生"以后，虽然它已经能够实现基本的功能，即能够"生存"了，但是，其各个方面的指标还很不理想。接下来，就会面临如何改善其可操作性、可靠性，以及效率等一系列问题。

发展法则是指一个技术系统在改善自身性能的发展过程中所遵循的一些基本法则。与生存法则不同，技术系统在发展过程中并不需要同时遵从所有的发展法则。不同的技术系统在其发展过程中所遵从的发展法可能是不同的。对于同一个技术系统，在其"一生"中的不同发展阶段，所遵从的发展法则也可能是不同的。发展法则有5个，即提高理想度法则、动态性进化法则、子系统不均衡进化法则、向微观级进化法则、向超系统进化法则。

13.4.1 提高理想度法则

提高理想度法则指出：所有技术系统都是朝着提高其理想度的方向进化的。在技术系统的理想度不断增加，无限趋近于无穷大的过程中，技术系统无限趋近于理想系统。增加系统功能、提高性能、降低成本和减少或消除有害作用是提高系统理想度的主要途径。

提高理想度法则是TRIZ的重要组成部分，是技术系统发展进化的主要法则，其他进化法则为本法则提供具体的实现方法，都是描述如何从不同角度来提高技术系统的理想度。因此，本法则可以表述为以下两点：

（1）技术系统是朝着提高其理想度，向理想系统的方向进化的；

（2）提高理想度法则代表其他所有技术系统进化法则的最终方向。

提高理想度法则——简化路线，即：

完整的系统→移除一个组件→移除多个组件→最大限度地简化系统

例如，汽车仪表盘的进化经历了：

离散安置→仪表组合→图线显示→挡风玻璃显示（薄膜显示器）

例如，裁剪子系统进化路线是：

裁剪传动装置→裁剪动力装置→裁剪控制装置→裁剪执行装置

首先可以裁剪的是传动装置，但裁剪的前提是传动装置的功能能被动力装置或执行装置替代执行。进一步裁剪动力装置后，改由执行装置或超系统执行动力装置和传动装置的功能，如 E-Mail 系统替代传统的邮政系统。

13.4.2 动态性进化法则

动态性是指一个系统能够以不止一种状态与外界发生作用。一个新的技术系统通常只能用来解决一个特定的问题，只在特定的环境下运行。随着技术系统使用范围的拓展，系统运行状态需要具备随环境和超系统的变化而变化的能力，即系统需要具有动态性。技术系统（或元件）结构的柔性化往往是实现动态化的条件。系统通过元件之间不同的拓扑关系以不同的形态适应性能和环境条件的变化，以及满足功能的多样性需求。

动态性进化法则指出：技术系统的进化应该朝着柔性、可移动性、可控性增加的方向发展，提高技术系统的高度适应性，指导人们以很小的代价，获得高通用性、高适应性、高可控性的技术系统。

（1）结构柔性进化路线：从刚性系统到基于场的系统，系统柔性（状态可变性）提高。

刚体→单铰接→多铰接→柔性体→液态/气态→场连接

例如，人们使用的散热工具的进化（见图 13-9）：

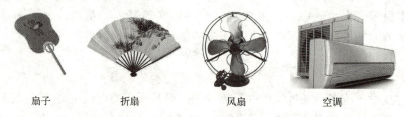

扇子　　　　折扇　　　　风扇　　　　空调

图 13-9　散热工具的进化

又如，计算机显示器的进化：

不可移动的显示器→可移动的显示器→有圆铰接的显示器→有两个圆铰接的显示器→有球铰接的显示器→可以分离的显示器

（2）可移动性进化路线。系统的可移动性是指系统执行功能不受时间和地点的限制，体现了系统对超系统的依赖性降低，即系统对超系统变化的适应性增强。

不可动→部分可动→高度可动→整体可动

例如，座椅的进化是这样的：

四腿椅→摇椅→转椅→滚轮椅

图 13-10 展示了电话机按照该进化路线进化的过程。

图 13-10　电话机的可移动性进化路线

(3) 可控性进化路线。这条进化路线表明了控制系统进化过程中，控制实施的效率和精度的不断提高。理想状态是自适应控制，即假如工作条件改变，控制系统仍然使受控对象处于最佳工作状态。人参与完成系统功能的程度有降低的趋势，同样，在控制系统中，人的参与程度也有降低的趋势，这是实现系统自动化的基础条件。

不可控→直接（手动）控制→间接控制（利用中介物，机械）→反馈控制→自动控制（智能反馈）

自动控制系统和各种物理、化学效应的应用提供了自我可控性。反馈装置是技术系统实现自我可控性的一个必要条件。

例如，温室天窗进化的过程：
　　　　木棍支撑→按钮控制→温度控制→根据温度自动调节
又如，路灯进化的过程：
　　　　分别开闭→总控开闭→自动感应开闭→自动感应开闭并自调节亮度
再如，照相机进化的过程：
　　　　手动调焦→按钮调焦→感应光线调焦→自动调焦

13.4.3　子系统不均衡进化法则

子系统不均衡进化法则指出：系统中各个部分的进化是不均衡的；系统越复杂，其各个组成部分的进化越不均衡。本法则指出：

(1) 技术系统中的每个子系统都有自己的 S 曲线；
(2) 各个子系统是按照自己的进度来进化的，不同子系统的进化是不同步、不均衡的；
(3) 不同的子系统在不同的时刻到达自己的极限，率先到达自身极限的子系统将"抑制"整个技术系统的进化，这种不均衡的进化通常会导致子系统之间产生矛盾，只有解决了矛盾，技术系统才能继续进化；
(4) 整个技术系统的进化速度取决于技术系统中进化最慢的那个子系统的进化速度。

子系统不均衡进化法则可以帮助技术人员及时发现并改进系统中最不理想的子系统，从而使整个技术系统的性能得到大幅提升。

在技术系统的进化过程中，最先达到极限的子系统成了抑制整个技术系统进化的障碍。很明显，消除这种障碍可以使技术系统的性能得到较大幅度的改善。

应用"子系统不均衡进化"法则的步骤如下。
(1) 确定系统中的不同子系统及其功能。
(2) 选择与改进目标相关的子系统，提出改进该子系统的初始方案。
(3) 分析初始方案对其他子系统所产生的副作用或不利影响，明确冲突。
(4) 解决冲突。
(5) 重复 (1)~(4)。

13.4.4　向微观级进化法则

技术系统是由物质组成的，物质分为从宏观到微观的不同层次。宏观物质由微观物质组成，宏观系统表现出来的特性都有微观结构在起作用。技术系统由宏观向微观进化是一种趋势，产生了很多在微观尺度上执行功能的微系统。当问题在宏观层次无法解决时，可转向微观，利用微观层次上宏观物质所不具有的特性和效应解决系统存在的问题。例如，石墨烯作为一种微观级超导材料，可以用于制作"超级"电池的电极，也可以植入人体，替代受损神经等。

在技术系统发展的早期阶段，发展的主要方向是增加子系统的数量，以丰富和完善技术系统的功能，这一阶段被称为技术系统的膨胀发展阶段。但是，这种子系统数量的增加会造成技术系统在能量消耗、尺寸和重量上的过度增加。而能量消耗、尺寸和重量的增加是与提高理想度相矛盾的，同时是与环境要求相违背的，技术系统将很快达到其性能的极限。

膨胀发展阶段结束后，为了使技术系统的性能进一步提高，技术系统必然会朝着减小重量、尺寸和减少能量消耗的方向发展。减小重量、尺寸和减少能量消耗，能够将技术系统中各个组成部分的成本控制在一个较低的水平上，这个过程称为向微观级进化，这标志着技术系统开始向密集型方向进化。

向微观级进化是指由固体物质组成的技术系统元素逐渐分化（裂）变小的过程。技术系统元素的逐渐分化变小可以提高元素间相互作用的柔性。技术系统组成元素的不断分化将使得元素在尺寸上与分子不相上下。也就是说，技术系统开始使用液体或气体作为其组成元素。

原子级的相互作用通常发生在技术系统的化学反应中。随着分化程度的提高，技术系统会使用基本粒子作为其组成元素。而更高级别的分化会导致量子的使用，即场的应用（场会以某种特定方式进一步分化）。

向微观级进化法则在微电子领域表现得特别明显。该领域的发展过程很好地体现了以往数十年间技术系统的进化过程。

向微观级进化法则的进化路线是提高物质的可分性，如：

实心组件→两个部分→多个部分→粒状和粉末状→膏状和凝胶状→液态→泡沫与雾状→气态→原子和等离子体→场作用→真空态

例如，螺旋桨进化的过程：

单叶片螺旋桨→双叶片螺旋桨→多叶片螺旋桨→双排螺旋桨→涡轮螺旋桨→喷气引擎→离子发动机→光子引擎

13.4.5 向超系统进化法则

向超系统进化法则指出：技术系统内部进化资源的有限性要求技术系统的进化应该朝着与超系统中的资源相结合的方向。技术系统与超系统结合后，原来的技术系统将作为超系统的一个子系统。

向超系统进化有以下两种形式。

(1) 技术系统是朝着"单系统→双系统→多系统"的方向进化的。将原有的技术系统与另外的一个或多个技术系统进行组合，形成一个新的、更复杂的技术系统。原有的技术系统可以看作新技术系统的一个子系统，而新的技术系统就是原有技术系统的超系统。"单系统→双系统→多系统"的进化过程意味着，初始的单系统可以通过两种途径成为超系统的一部分。

① 一个单系统与另一个单系统组合，形成一个双系统。例如带橡皮头的铅笔。

② 一个单系统与几个单系统或者一个更复杂的技术系统组合，形成一个多系统。例如瑞士军刀。

(2) 在技术系统进化到极限时，其实现某项功能的子系统会从系统中被剥离出来，并被转移至超系统，成为超系统的一部分。在该子系统的功能得到增强的同时，简化了原有的技术系统。

向超系统进化法则可以应用在技术系统进化的任何阶段。该法则是系统升迁的一种变体，这种性质可用于解决物理矛盾。将该法则与其他技术系统进化法则结合起来，可以预测技术系统的进化趋势。

在进化过程中，当技术系统耗尽了系统中的资源之后，技术系统将作为超系统的一部分而被包含到超系统中，下一步的进化将在超系统级别上进行。

向超系统进化法则的进化路线：

单组件系统→引入单一附件组件→引入多个附件组件→更高水平的单系统

该条进化路线包括类似组件、关联组件、不同组件、相反组件等的单-双-多进化路线。例如，关联组件：瑞士军刀、开瓶器；不同组件：手机部件；相反组件：灯和灯罩、锤子和起子等。

13.5 技术系统进化法则的意义

TRIZ 理论中的技术系统进化法则对复杂系统的研发具有指导意义。
（1）分析技术发展的可能方向。
（2）指出需要改进的子系统和改进方法。
（3）避免对成熟期和衰退期的产品或技术进行大量投入。
（4）对新技术和成长期产品进行专利保护。
（5）用户和市场调研人员可以在进化法则的指导下参与研发，加速产品进化。

技术系统进化法则可以指导我们在设计过程中朝着正确的方向去寻找问题的解决方案。这种对设计活动的指导作用主要表现在两个方面：
（1）在新产品设计过程中，指导我们制定"方向"正确的设计方案；
（2）在对现有产品进行改进的过程中，指导我们在多个解决方案中选择"方向"正确的解决方案。

需要注意的是，这些进化法则是基于对海量专利和技术系统、技术过程进行分析、归纳与总结而得到的，是基于经验的，而不是基于严密的逻辑推导。如何构建一个完整的技术系统进化的规律体系，以及如何对这些进化规律进行证明，是现代 TRIZ 研究的重要方向。

进化路线反映了技术系统发展过程中会经历的具体阶段和进化顺序。进化法则和进化路线的关系如表 13-1 所示。

表 13-1 进化法则与进化路线的对应关系

进化法则		进化路线
生存法则	完备性法则	
	能量传递法则	
	协调性法则	• 表面属性进化 • 内部结构进化 • 点-线-面-体"跃迁" • 线性组件的几何进化 • 表面的几何进化 • 体组件的几何进化 • 提高频率匹配性

(续)

	进化法则	进化路线
发展法则	提高理想度法则	• 简化 • 扩展-简化
	动态性进化法则	• 向柔性系统或可移动系统"跃迁" • 提高可控性
	子系统不均衡进化法则	
	向微观级进化法则	通过分割向微观级进化
	向超系统进化法则	• 类似组件的单-双-多进化路线 • 不同组件的单-双-多进化路线

8 个进化法则可以被看作一个规律的集合，描述了技术系统进化的趋势。这些进化法则可以指导我们在设计过程中朝着正确的方向去寻找问题的解决方案。S 曲线与进化法则的结合表达如图 13-11 所示。

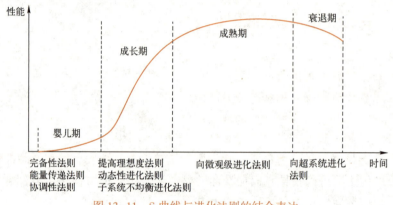

图 13-11 S 曲线与进化法则的结合表达

【习题】

1. 技术系统进化过程中会产生很多不可预知的矛盾或冲突，（　　）是进化的唯一方法。
   A. 回避矛盾　　　B. 解决冲突　　　C. 缓和冲突　　　D. 顺应问题
2. 人类三大进化理论包括生物进化论、人类社会进化论和（　　）。
   A. 技术系统进化法则　　　　　B. 牛顿第一定律
   C. 日心说　　　　　　　　　D. 遗传学
3. 在对海量专利进行分析的基础上，通过对大量技术系统的跟踪研究，阿奇舒勒发现，技术系统的进化规律可以用（　　）来表示和分析。
   A. 螺旋曲线　　　B. 线性曲线　　　C. X 曲线　　　D. S 曲线
4. 随着时间的推移，任何一种产品、工艺或技术都会向着更高级的方向发展，在其进化过程中，要经历四个阶段，但下列（　　）不在其中。
   A. 婴儿期　　　B. 发展期　　　C. 成长期　　　D. 衰退期
5. 在（　　）阶段，系统发展十分缓慢，所产生专利的级别很高但数量很少，为了解决新系统中存在的技术问题，需要消耗大量资源，且经济收益为负。
   A. 衰退期　　　B. 成熟期　　　C. 婴儿期　　　D. 成长期

6. 在（　　）阶段，系统发展速度变缓，产生的专利级别更低但数量达到最大值，所获得的经济收益达到最大但有下降的趋势。

　　A. 衰退期　　　B. 成熟期　　　C. 婴儿期　　　D. 成长期

7. 在（　　）阶段，系统性能得到快速提升，产生的专利在级别上开始下降，专利数量略微下降，系统经济收益迅速上升。

　　A. 衰退期　　　B. 成熟期　　　C. 婴儿期　　　D. 成长期

8. 在（　　）阶段，系统的发展基本停止；产生的专利无论在级别上还是在数量上都明显降低；经济收益下降。

　　A. 衰退期　　　B. 成熟期　　　C. 婴儿期　　　D. 成长期

9. 对大量历史数据分析研究的结果表明：技术进化过程有其自身的规律与模式，是（　　）的。

　　A. 随机变化　　B. 不可预测　　C. 可以预测　　D. 基本雷同

10. 在技术系统进化过程中，完全理想的系统（　　）。

　　A. 本来就有　　B. 可能存在　　C. 是存在的　　D. 并不存在

11. 在技术系统进化过程中，能量（　　）从能量源流向技术系统的所有元件。

　　A. 偶尔会　　　B. 必须　　　C. 无法　　　D. 有可能

12. 协调性法则的进化路线包含（　　）。

　　① 形状协调进化路线　　　　② 频率协调进化路线
　　③ 材料协调进化路线　　　　④ 子系统协调进化路线

　　A. ①②　　　B. ③④　　　C. ①③　　　D. ②④

13. TRIZ 中的所有的进化法则都是围绕着（　　）法则进行的。

　　A. 向超系统跃迁进化　　　　B. 提高理想度
　　C. 动态性进化　　　　　　　D. 协调性进化

14. 在进化的时候，技术系统是朝着（　　）方向发展的。

　　A. 简系统-双系统-杂系统　　B. 单系统-多系统-复杂系统
　　C. 多系统-双系统-单系统　　D. 单系统-双系统-多系统

15. 在技术系统进化过程中，成长期的产品一般应用（　　）。

　　① 协调性法则　　　　　　　② 向微观进化法则
　　③ 动态性进化法则　　　　　④ 子系统不均衡进化法则

　　A. ①②　　　B. ②④　　　C. ③④　　　D. ①④

16. 高铁已经成为中国走向世界的主导产品。从产品进化的角度出发，高铁运用了（　　）进化法则。

　　A. 完备性　　　B. 向超系统　　C. 向微观级　　D. 能量传递

17. 在技术系统进化到极限时，其实现某项功能的子系统会从系统中被剥离出来，并被转移而成为（　　）的一部分，同时也简化了原有的技术系统。

　　A. 当前系统　　B. 超系统　　　C. 子系统　　　D. 元系统

18. TRIZ 理论的技术系统进化法则分析技术发展的可能方向，对复杂系统的研发具有指导意义，包括（　　）。

　　① 指出需要改进的子系统和改进方法
　　② 避免对成熟期和衰退期的产品或技术进行大量投入

③ 对新技术和成长期产品进行专利保护

④ 用户和市场调研人员在进化法则的指导下参与研发，加速产品进化

  A. ①②③④   B. ②③④   C. ①②③   D. ③④

19. TRIZ 理论的进化法则是基于对海量专利和技术系统、技术过程进行分析、归纳与总结而得到的，是基于（ ）的，具有一定的局限性。

  A. 臆想   B. 神话   C. 经验   D. 推导

20. TRIZ 理论的 8 个进化法则可以被看作一个（ ）的集合，描述了技术系统进化的趋势，用来指导我们在设计过程中朝着正确的方向去寻找问题的解决方案。

  A. 矛盾   B. 原理   C. 方法   D. 规律

【实验与思考】熟悉技术系统进化法则

1. 实验目的

本章"实验与思考"的目的如下。

（1）熟悉技术系统，了解技术系统进化规律，理解技术系统进化法则的意义。

（2）熟悉技术系统的 S 曲线，掌握 S 曲线的分析与应用。

（3）掌握技术系统的生存法则与发展法则，熟悉与不同法则结合的进化路线。

2. 工具/准备工作

（1）在开始本实验之前，请回顾本书中的相关内容。

（2）准备一台能够访问因特网的计算机。

3. 实验内容与步骤

（1）什么是 S 曲线？S 曲线有什么作用？

答：_____

_____

_____

_____

（2）什么是 TRIZ 技术系统进化法则？

答：_____

_____

_____

简述三条生存法则。

 ① _____ 法则：

_____

 ② _____ 法则：

_____

 ③ _____ 法则：

_____

简述五条发展法则。
① _____ 法则：
_____

② _____ 法则：
_____

③ _____ 法则：
_____

④ _____ 法则：
_____

⑤ _____ 法则：
_____

(3) "完备性法则"中提到的技术系统必不可少的四个子系统分别是什么？
答：_____
_____

(4) 从能量传递的角度来看，技术系统能够正常工作的必要条件是什么？
答：_____
_____

(5) 请谈一下你对"提高理想度法则"的理解。为什么提高理想度法则是其他所有进化法则的基础？
答：_____
_____
_____

(6) "动态性进化法则"包含哪几个方面的内容？
答：_____
_____
_____

(7) 请你举出身边符合"提高柔性"进化路线的1~2个实例。
答：_____
_____
_____

(8) 请你举出身边符合"提高可控性"进化路线的 1~2 个实例。
答：_____
_____
_____

(9) "子系统不均衡进化法则"的意义是什么？
答：_____
_____
_____

(10) "向微观级进化法则"提出的进化路线是什么？请你举出身边符合"向微观级进化法则"的进化路线的 1~2 个实例。
答：_____
_____
_____
_____

4. 实验总结
_____
_____
_____

5. 实验评价（教师）
_____

第 14 章 科学效应及其运用

纵观人类文明的发展史，科学技术上的每一次重大突破，都会对人类社会的发展产生巨大的影响。人类现有的工程技术产品和方法都是在漫长的文明发展过程中，以一定的科学原理为基础，一点一滴积累起来的。毫不夸张地说，人类社会的发展历史就是一部人类发现并利用蕴含在自然界中的科学原理和知识的历史。

科学效应和现象是 TRIZ 中的一种基于知识的解决问题的工具。迄今为止，研究人员已经总结了近万个效应，其中 4 000 多个得到了有效应用。本章将简单介绍利用 TRIZ 解决发明问题时经常遇到、需要实现的 30 种功能，以及实现这些功能时经常要用到的科学效应和现象（见本书附录 A~附录 C）。

14.1 效应与社会效应

效应是指在有限环境下，一些因素和一些结果构成的一种因果现象，多用于对一种自然现象和社会现象的描述。"效应"一词的使用范围较广，并不一定指严格的科学定理、定律中的因果关系。例如，温室效应、蝴蝶效应、毛毛虫效应、音叉效应、木桶效应、完形崩溃效应等。

社会效应是指我们日常生活中比较常见的现象与规律，是某个人或事物的行为或作用引起其他人或事物产生相应变化的因果反应或连锁反应，即对社会产生的效果、反映和影响。

14.1.1 蝴蝶效应

紊乱学是研究紊乱现象及其规律的综合性学科。对紊乱现象的研究始于 20 世纪 60 年代。数学家和气象学家爱德华·洛伦茨发现，初始的细微差别经过无数的中介，最后会变得面目全非，这种现象在自然界和社会生活中比比皆是。洛伦茨称之为"对初始条件的敏感依赖"。美国康奈尔大学物理学家菲根鲍姆在 20 世纪 70 年代中期对紊乱学进行了系统的研究，取得了突破性的进展。菲根鲍姆发现的第一个常数是一个系统在趋向紊乱时周期倍增的精确速度：4.669201609。1978 年，法国科学家利用流体实验证实了这一理论，紊乱学的意义因此向科学界显示出来。美国政府不惜巨资资助这项研究，洛斯阿拉莫斯国家实验室还建立了一个专门的研究中心。1984 年，在瑞典哥德堡举行的诺贝尔学术讨论会上，曾讨论这一学科的研究。

紊乱学以宇宙间的紊乱现象为研究对象，揭示紊乱的规律，探索紊乱的格局。当前紊乱学还停留在对具体对象的研究上。菲根鲍姆领导的康奈尔大学的研究小组主要从事对秋千的研究。马萨诸塞理工学院的理查德·科恩领导对心脏跳动的研究。罗伯特·萧则对自来水滴淌过程中的紊乱现象进行了大量的研究。

蝴蝶效应（见图14-1）是爱德华·洛伦茨于1963年提出来的。"紊乱学"研究者称，南半球某地的一只蝴蝶偶尔扇动一下翅膀所引起的微弱气流，几星期后可变成席卷北半球某地的一场龙卷风。他们将这种由一个极小起因，经过一定的时间，在其他因素的参与作用下，发展成极为巨大和复杂后果的现象称为"蝴蝶效应"。

图14-1 蝴蝶效应

此效应说明，事物发展的结果对初始条件有极为敏感的依赖性，初始条件的极小偏差，将会导致结果的极大差异。

在社会学界，"蝴蝶效应"用来说明：一个坏的、微小的机制，如果不及时引导、调节，就会给社会带来非常大的危害（或称为"龙卷风"或"风暴"）；一个好的、微小的机制，只要正确指引，经过一段时间的发展，就会产生轰动效应，或称为"革命"。

14.1.2 青蛙效应

《温水煮青蛙》（见图14-2）的寓言故事告诉我们：如果把一只青蛙放在沸水中，那么它会纵身而出；如果把青蛙放进温水中，它会感到很舒服，然后对水进行缓慢升温，青蛙会逐渐失去自我脱险的能力，直至被煮熟。在第二种情况下，青蛙为什么不能自我摆脱险境呢？这是因为青蛙内部用来感应自下而上威胁的器官只能感应激烈的环境变化，而对缓慢、渐进的环境变化却不能及时感应。这就是"青蛙效应"。

图14-2 青蛙效应

"青蛙效应"告诉我们一个道理："生于忧患，死于安乐。"

14.1.3 木桶效应

管理学中有一个著名的"木桶理论"，它是指用一个木桶来装水，如果组成木桶的木板参差不齐，那么它能盛下的水的容量不是由这个木桶中最长的木板来决定的，而是由这个木桶中最短的木板决定的（见图14-3）。所以，它又被称为"短板效应"。

由此可见，在事物的发展过程中，"短板"的长度决定其整体发展程度。例如，一件产品质量的高低，取决于那个品质最差的零部件，而不是取决于那个品质最好的零部件。

图14-3 木桶效应

14.1.4 酒与污水定律

酒与污水定律是指把一匙酒倒进一桶污水中，得到的是一桶污水；把一匙污水倒进一桶酒中，得到的还是一桶污水。例如，果箱中出现了烂苹果，如果不及时处理，它会迅速传染，果箱里的其他苹果也会迅速腐烂。

"烂苹果"的可怕之处在于其惊人的破坏力。一个正直、能干的人进入一个管理混乱的部门，可能会丧失斗志，而一个无德无才者能很快将一个高效的部门变成一盘散沙。组织系统往往是脆弱的，是建立在相互理解、妥协和包容基础上的，因此很容易被侵害、被"毒化"。

破坏者破坏能力强的一个重要原因是破坏总比建设容易。对于一个能工巧匠花费时日精心制作的瓷器，一头驴一秒钟就能将它毁掉。如果一个组织里有这样的一头"驴子"，那么，即使拥有再多的能工巧匠，也不会有多少像样的工作成果。

14.1.5 "蘑菇"管理

"蘑菇"管理（见图14-4）是许多组织对初出茅庐者的一种管理方法，是指初出茅庐者像蘑菇一样被置于阴暗的角落（不受重视的部门，或从事打杂跑腿的工作），经常受到无端的批评、指责，或代人受过，得不到必要的指导和提携。相信很多人都有过这样一段被当成"蘑菇"的经历，有时这不一定是坏事，尤其是当一切刚刚开始的时候，当几天"蘑菇"，能够消除我们很多不切实际的幻想，让我们更加接近现实，看问题也更加实际。

一个组织，一般对新进的人员都是一视同仁的，从起薪到工作都不会有大的差别。无论你是多么优秀的人才，在刚开始的时候，都只能从简单的事情做起。对于成长中的年轻人，当"蘑菇"的经历是必要的一步。所以，如何高效地走过这一段，尽可能多地从中汲取经验，慢慢成熟起来，并树立良好的、值得其他人信赖的个人形象，是每个刚走入社会的年轻人必须思考的问题。

图14-4 "蘑菇"管理

14.1.6 80/20效率法则

80/20效率法则（又称为帕累托法则），是指20%的事态成因，可以导致80%的事态结果。例如，一个公司80%的收入或利润，往往来自20%的优质客户、20%的畅销产品和20%的勤奋上进的员工。

80/20效率法则带给企业管理者的一个重要启示是：避免将时间花在琐碎的多数问题上，因为就算你花了80%的时间，也只能取得20%的成效，你应该将时间花在重要的少数问题上，因为解决了这些重要的少数问题，你只需要花20%的时间，却可取得80%的成效。

80/20效率法则表明，少的投入，有可能得到多的产出；小的努力，有可能获得大的成绩；关键的少数，往往是决定整个组织的效率、产出、盈亏和成败的主要因素。把这一法则运用于人力资本管理中，有可能提高人力资本的使用效率，达到事半功倍的效果。如果管理者无权或无力构建基于新规则的新制度，那么，在现行制度下局部地使用"80/20效率法则"，有助于组织目标的实现。建议采取五项措施：精挑细选，发现"关键少数"成员；千锤百炼，打造核心成员团队；锻炼培训，提高"关键少数"成员的竞争力；有效激励，强化"关键少数"成员的工作动力；优胜劣汰，动态管理"关键少数"成员团队。

凡事应该讲求效果，既注重效率，又注重效能。集中火力，处事分先后缓急，远离"无价值"，看清问题实质，这就是80/20效率法则的精髓。

14.2 科学效应及其作用

由某种动因或原因所产生的一种特定的科学现象，称为"科学效应"。例如，由物理的或化学的作用所产生的效果，如光电效应、热效应、化学效应等。许多科学效应都以其发现者的名字来命名，如法拉第效应。

例如，有一种弹簧，其尺寸和组成材料都是无法改变的，如何在不添加任何辅助结构（不向它添加任何补充弹簧等）的条件下提高弹簧的刚性？其实，实现方法很简单，即让每圈弹簧磁化，并让同极性挨着，这样，在弹簧压缩时就会产生附加的推力。这就是一个典型的利用物理效应来解决技术问题的例子。

阿奇舒勒在其《创造是精确的科学》一书中写道：

不难发现，简单的综合方法（如分割、反转、组合等），在宏观水平上占优势。而在微观水平上占优势的那些方法几乎总是用到物理效应和现象。在微观水平上，方法都是物理学和化学方面的。因此，为发明家提供关于物理学方法的系统资料就显得尤为重要，这可以大大提高他们将物理效应和现象用于发明的可能性。

中学的物理学（以及大学的物理学）能给人以非常有力的，并且差不多到处适用的工具。然而，人们却不会使用这些工具。

一方面，物理效应仿佛是独立存在的；另一方面，问题确实是独立存在的。在发明家的思维中，如果没有可靠的"桥梁"将物理学与发明问题联系到一起，知识在相当大的程度上是闲置未用的。

如果我们能有一份用物场形式表示的物场效应的清单，那么要找到所需的效应，就没有什么困难。……若是需要联合应用若干效应（或称为效应与方法的结合）来解决问题，那么还要有能够与物理效应相结合的规则。现在，正在研究这样的规则，有一些已经确认下来了。例如，我们已经知道，在较好的发明中，在两个"结合起来的"效应之间，起联系作用的元素总是场，而不是物质。还有许多东西有待阐明，但一般的原则已经清楚了，即在发明问题和解决它所需的物理效应之间，存在着可靠的媒介，这就是物场分析。

在物场分析中，我们将两个对象之间的作用定义为"场"，并用"场"这个概念来描述存在于这两个对象之间的能量流。

如果从时间轴上对两个对象之间的作用进行分析，那么我们可以将存在于两个对象之间的这种作用看作两个技术过程之间的"纽带"。例如，压电式打火机（见图14-5）的点火过程。

压电式打火机是利用压电陶瓷的压电效应制成的。只要用大拇指压一下打火机上的按钮，将压力施加到压电陶瓷上，压电陶瓷即产生高电压，形成火花放电，从而点燃可燃气体。

如果将手指压按钮的动作看成一个技术过程，将气体燃烧看成另一个技术过程，那么，将这两个技术过程连接起来的纽带就是压电效应。在这个技术系统中，压电陶瓷的功能就是利用压电效应将机械能转换成电能。

通常，我们可以将效应看作两个技术过程之间的功能关系。也就是说，如果将一个技术过程 A 中的变化看作原因，那么，技术过程 A 的变化所导致的另一个技术过程 B 中的变化就是结果。将技术过程 A 和技术过程 B 连接到一起的这种功能关系被称为效应。

随着技术过程的实施，技术系统的某些参数（例如，压力、温度、速度、加速度等）会发生改变，即参数在数值上的变化就是技术过程得以实施的具体体现。因此，我们可以用这些参数来描述技术系统的变化。

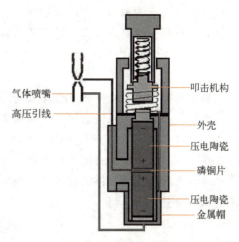

图 14-5 压电式打火机的压电陶瓷点火器结构

除某些简单的技术系统以外，绝大多数技术系统往往都包含了多个效应。以实现技术系统的功能为最终目标，将一系列依次发生的效应组合起来，就构成了效应链（见图 14-6）。

图 14-6 效应链

随着人类社会的发展，现代科技的分工越来越细，从大学阶段开始，工程师就分别接受不同专业领域的训练（如机械、电机、化工、土木、信息等）。一个领域的工程师通常不会运用其他领域中解决问题的技巧或方法；同时，随着现代工程系统复杂程度的增加，一个技术领域中的产品往往包含了多个不同专业的知识。想要设计一个新产品或改进一个已有产品，就必须整合不同专业领域的知识。但是，绝大部分工程师都缺乏系统整合的训练。他们往往不知道，在他们所面对的问题中，绝大多数已经在他们所不了解的其他领域被解决了。知识领域的限制，使他们无法运用其他技术领域的解题技巧和知识。因此，可以说，工程师狭窄的知识面是创新的一大障碍。

在解决工程技术问题的过程中，各种各样的物理效应、化学效应或几何效应以及这些效应不为人知的某些方面，对问题的求解往往具有不可估量的作用。一个普通的工程师通常知道大约 100 个效应和现象，而科学文献中记录了大约 10 000 种效应。每种效应都可能是求解某一类问题的关键。相关研究表明，工程技术人员通常掌握并应用的效应是相当有限的。例如，爱迪生在他的 1 023 项专利中就只用了 23 个效应。

14.3 TRIZ 理论中的科学效应

在 TRIZ 理论中，按照"从技术目标到实现方法"的方式来组织效应库，发明者可根据 TRIZ 的分析工具决定需要实现的"技术目标"，然后选择需要的"实现方法"，即相应的科学效应。TRIZ 效应库的组织结构便于发明者对效应进行应用。

通过对 250 万份世界级高水平发明专利的分析研究，阿奇舒勒发现了这样一个现象：那些不同凡响的发明专利通常都是利用了某种科学效应，或者是出人意料地将已知的效应（或几个效应的综合）应用到以前没有使用过该效应的技术领域中。阿奇舒勒指出：工业和自然科学中的问题与解决方案是重复的，技术进化模式是重复的，只有百分之一的解决方案是真正的发明，而其余部分只是以一种新的方式来应用以前已存在的知识或概念。因此，对于一个新的技术问题，绝大多数情况下都能从已经存在的原理和方法中找到该问题的解决方案。

基于对世界专利库中大量专利的分析，阿奇舒勒在 TRIZ 理论中总结了大量的物理效应、化学效应和几何效应，每一个效应都可能用来解决某一类问题。为了帮助工程师利用这些科学原理和效应来解决工程技术问题，在阿奇舒勒的提议下，TRIZ 研究者共同开发了效应数据库，其目的就是将那些在工程技术领域中常常用到的功能和特性与人类已经发现的科学原理或效应所能够提供的功能和特性对应起来，以方便工程师检索。常见的解决高难度问题的 30 种功能及代码见表 14-1。

表 14-1 功能代码表

序号	实现的功能	功能代码	序号	实现的功能	功能代码
1	测量温度	F1	16	传递能量	F16
2	降低温度	F2	17	建立移动物体和固定物体之间的交互作用	F17
3	提高温度	F3	18	测量物体的尺寸	F18
4	稳定温度	F4	19	改变物体尺寸	F19
5	探测物体的位移和运动	F5	20	检查表面状态和性质	F20
6	控制物体位移	F6	21	改变表面性质	F21
7	控制液体和气体的运动	F7	22	检查物体容量的状态和特征	F22
8	控制浮质（气体中的悬浮微粒，如烟、雾等）的流动	F8	23	改变物体空间性质	F23
9	搅拌混合物，形成溶液	F9	24	形成要求的结构，稳定物体结构	F24
10	分离混合物	F10	25	探测电场和磁场	F25
11	稳定物体位置	F11	26	探测辐射	F26
12	产生控制力，形成高的压力	F12	27	产生辐射	F27
13	控制摩擦力	F13	28	控制电磁场	F28
14	解体物体	F14	29	控制光	F29
15	积蓄机械能与热能	F15	30	产生及加强化学变化	F30

依据表 14-1 提供的功能代码，可以在表 14-2 中查找 TRIZ 所推荐的此功能下的各种可用科学效应和现象。表 14-2 列举了技术创新中的 30 种功能对应的科学效应和现象，感兴趣的读者可以通过网络搜索等方法进一步了解。

表 14-2 科学效应和现象

功能代码	实现的功能	TRIZ 推荐的科学效应和现象	
F1	测量温度	热膨胀 热双金属片 佩尔捷效应 汤姆孙效应 热电现象 热电子发射 热辐射 电阻 热敏性物质 居里效应（居里点） 巴克豪森效应 霍普金森效应	
F2	降低温度	一级相变 二级相变 焦耳–汤姆孙效应 佩尔捷效应 汤姆孙效应 热电现象 热电子发射	
F3	提高温度	电磁感应 电介质 焦耳–楞次定律 放电 电弧 吸收 发射聚焦 热辐射 佩尔捷效应 热电子发射 汤姆孙效应 热电现象	
F4	稳定温度	一级相变 二级相变 居里效应	
F5	探测物体的位移和运动	引入易探测的标识	标记物 发光 发光体 磁性材料 永久磁铁
		反射和反射线	反射 发光体 感光材料 光谱 放射现象
		形变	弹性变形 塑性变形
		改变电场和磁场	电场 磁场
		放电	电晕放电 电弧 火花放电

（续）

功能代码	实现的功能	TRIZ 推荐的科学效应和现象	
F6	控制物体位移	磁力	
		电子力	安培力 洛伦兹力
		压强	液体或气体的压力 液体或气体的压强
		浮力 液体动力 振动 惯性力 热膨胀 热双金属片	
F7	控制液体和气体的运动	毛细现象 渗透 电泳现象 汤姆孙效应 伯努利定律 惯性力 魏森贝格效应	
F8	控制浮质（气体中的悬浮微粒，如烟、雾等）的流动	起电 电场 磁场	
F9	搅拌混合物，形成溶液	弹性波 共振 驻波 振动 气穴现象 扩散 电场 磁场 电泳现象	
F10	分离混合物	在电场或磁场中分离	电场 磁场 磁性液体 惯性力 吸附作用 扩散 渗透 电泳现象
F11	稳定物体位置	电场 磁场 磁性液体	
F12	产生控制力，形成高的压力	磁力 一级相变 二级相变 热膨胀 惯性力 磁性液体 爆炸 电液压冲压，电水压振扰 渗透	

(续)

功能代码	实现的功能	TRIZ 推荐的科学效应和现象	
F13	控制摩擦力	约翰逊-拉贝克效应 振动 低摩阻 金属覆层润滑剂	
F14	解体物体	放电	火花放电 电晕放电 电弧
		电液压冲压，电水压振扰 弹性波 共振 驻波 振动 气穴现象	
F15	积蓄机械能与热能	弹性变形 惯性力 一级相变 二级相变	
F16	传递能量	对于机械能	形变 弹性波 共振 驻波 振动 爆炸 电液压冲压，电水压振扰
		对于热能	热电子发射 对流 热传导
		对于辐射	反射
		对于电能	电磁感应 超导性
F17	建立移动物体和固定物体之间的交互作用	电磁场 电磁感应	
F18	测量物体尺寸	标记	起电 发光 发光体
		磁性材料 永久磁铁 共振	
F19	改变物体尺寸	热膨胀 形状记忆合金 形变 压电效应 磁弹性 压磁效应	
F20	检查表面状态和性质	放电	电晕放电 电弧 火花放电
		反射 发光体 感光材料 光谱 放射现象	

（续）

功能代码	实现的功能	TRIZ 推荐的科学效应和现象	
F21	改变表面性质	摩擦力 吸附作用 扩散 包辛格效应	
		放电	电晕放电 电弧 火花放电
		弹性波 共振 驻波 振动 光谱	
F22	检查物体容量的状态和特征	引入容易探测的标志	标记物 发光 发光体 磁性材料 永久磁铁
		测量电阻值	电阻
		反射和放射线	反射 折射 发光体 感光材料 光谱 放射现象 X 射线
		电-磁-光现象	电-光和磁-光现象 固体（场致、电致）发光 热磁效应（居里点） 巴克豪森效应 霍普金森效应 共振 霍尔效应
F23	改变物体空间性质	磁性液体 磁性材料 永久磁铁 冷却 加热 一级相变 二级相变 电离 光谱	
		放射现象 X 射线 形变 扩散 电场 磁场 佩尔捷效应 热电现象 包辛格效应 汤姆孙效应 热电子发射 热磁效应（居里点） 固体（的场致、电致）发光 电-光和磁-光现象 气穴现象 光生伏打效应	

(续)

功能代码	实现的功能	TRIZ 推荐的科学效应和现象	
F24	形成要求的结构，稳定物体结构	弹性波 共振 驻波 振动 磁场 一级相变 二级相变 气穴现象	
F25	探测电场和磁场	渗透	
		带电放电	电晕放电 电弧 火花放电
		压电效应 磁弹性 压磁效应 驻极体，电介体 固体（场致、电致）发光 电-光和磁-光现象 巴克豪森效应 霍普金森效应 霍尔效应	
F26	探测辐射	热膨胀 热双金属片 发光体 感光材料 光谱 放射现象 反射 光生伏打效应	
F27	产生辐射	放电	电晕放电 电弧 火花放电
		发光 发光体 固体（的场致、电致）发光 电-光和磁-光现象 耿氏效应	
F28	控制电磁场	电阻 磁性材料 反射 形状 表面 表面粗糙度	
F29	控制光	反射 折射 吸收 发射聚焦 固体（的场致、电致）发光 电-光和磁-光现象 法拉第效应 克尔现象 耿氏效应	

(续)

功能代码	实现的功能	TRIZ 推荐的科学效应和现象
F30	产生及加强化学变化	弹性波 共振 驻波 振动 气穴现象 光谱 放射现象 X 射线 放电 电晕放电 电弧 火花放电 爆炸 电液压冲压、电水压振扰

14.4 应用科学效应解决创新问题

当我们设计一个新技术系统时，为了将两个技术过程连接在一起，就需要找到一个"纽带"。虽然我们清楚地知道这个"纽带"应该具备什么样的功能，但是却不知道这个"纽带"到底应该是什么。此时，我们就可以到科学效应库中，利用"纽带"所应该具备的功能来查找相应的科学效应。

当我们对现有技术系统进行改造时，往往会希望将那些不能满足要求的组件替换掉。此时，由于该组件的功能是明确的，因此，我们可以将该组件所承担的功能作为目标，到科学效应库中查找相应的科学效应。

应用科学效应解决问题的一般步骤如下。

(1) 根据问题的实际情况，首先定义解决此问题所需的功能。

(2) 根据功能在表 14-1 中确定与此功能相对应的代码，即 F1~F30 中的一个。

(3) 从效应表（科学效应表或学科效应表）中查找此功能代码，得到 TRIZ 所推荐的科学效应。

(4) 对 TRIZ 推荐的多个科学效应逐一进行筛选，找到适合本问题的科学效应。

(5) 查找该科学效应的详细解释，并应用于问题的解决，形成解决方案。

例 14-1 电灯泡厂的厂长将厂里的工程师召集起来开会，他让与会工程师仔细阅读一堆顾客寄来的批评信，信中均提到对灯泡的质量非常不满意。

(1) 问题分析：经过分析，与会工程师均以为灯泡内的压力有些问题，即有时比正常高，有时比正常低。

(2) 确定功能：准确测量灯泡内部气体的压力。

(3) 查找到可以测量压力的物理效应和现象：机械振动、压电效应、驻极体、电晕放电、魏森贝格效应等。

(4) 效应取舍：通过对以上效应逐一分析，发现只有"电晕"的出现依赖气体成分和导体周围的气压，因此，电晕放电适合测量灯泡内部气体的压力。

(5) 方案验证：如果在灯泡灯口加上额定高电压，那么气体达到额定压力时会产生电晕放电。

（6）最终解决方案：用电晕放电效应测量灯泡内部气体的压力。

例 14-2 剪玫瑰花的最佳时间是在其花苞期吗？为了实现玫瑰从剪下到出售前的时间最大化，玫瑰花在它还是花苞的时候就被剪了下来。这样做可以为我们提供繁盛的玫瑰花。如何保证花苞变成花朵呢？

通过查找化学效应表（附录 B），我们发现其中的第 22 条"空间中物质的状态和性能控制"（特别是使用光反应材料或显示器）与第 23 条"物质空间性能的改变（高浓度）"可以帮助我们解决本例中提到的问题。

我们都知道，淀粉遇到碘会呈现蓝色，而淀粉是植物碳水化合物的基础资源，于是，我们可以用剪下的玫瑰花苞与碘做显色反应测试。应用医学解决方法，荷兰的瓦格宁根农业大学的研究人员测出：在玫瑰花苞的淀粉含量少于干花苞重量的 10% 时，它就不会开花了，因为那时淀粉中的能量源不够了。

【习题】

1. 人类现有的工程技术产品和方法都是在漫长的文明发展过程中，以一定的（　　）为基础，一点一滴积累起来的。
   A. 因果现象　　　B. 物理成果　　　C. 科学原理　　　D. 社会效应
2. 效应是指在有限环境下，一些因素和一些结果构成的一种（　　），多用于对一种自然现象和社会现象的描述。
   A. 因果现象　　　B. 物理成果　　　C. 计算方法　　　D. 分析方法
3. 到目前为止，研究人员已经总结了近万个效应，其中（　　）多个得到了有效应用。
   A. 50　　　　　　B. 240　　　　　　C. 1 000　　　　　D. 4 000
4. 根据设计知识在设计不同阶段的支持作用和特点，可以将创新过程中运用的知识资源分成不同类型。以下（　　）不是知识资源的类型。
   A. 设计原理　　　B. 技术矛盾　　　C. 发明原理　　　D. 科学效应
5. 以下哪一个不属于支持产品创新设计的知识库？（　　）
   A. 专利知识库　　B. 领域知识库　　C. 关系数据库　　D. 发明原理实例库
6. （　　）是指我们日常生活中常见的现象与规律，是某个人或事物的行为或作用引起其他人或事物产生相应变化的因果反应或连锁反应，即对社会产生的效果、反映和影响。
   A. 因果现象　　　B. 物理成果　　　C. 科学原理　　　D. 社会效应
7. 一种由一个极小起因，经过一定的时间，在其他因素的参与作用下，发展成极为巨大和复杂后果的现象称为（　　）。
   A. 青蛙效应　　　B. 蝴蝶效应　　　C. 木桶效应　　　D. 社会效应
8. 在社会学界，（　　）用来说明：一个坏的、微小的机制，如果不及时引导、调节，就会给社会带来非常大的危害（或称为"龙卷风"或"风暴"）。
   A. 青蛙效应　　　B. 蝴蝶效应　　　C. 木桶效应　　　D. 社会效应
9. "生于忧患，死于安乐"是说内部用来感应自下而上威胁的器官只能感应激烈的环境变化，而对缓慢、渐进的环境变化却不能及时感应。这就是（　　）。
   A. 青蛙效应　　　B. 蝴蝶效应　　　C. 木桶效应　　　D. 酒与污水定律

10. 短板效应又称为（　　）。
    A. 青蛙效应　　　　B. 蝴蝶效应　　　　C. 木桶效应　　　　D. 酒与污水定律
11. 一件产品质量的高低，取决于那个品质最差的零部件，而不是取决于那个品质最好的零部件，这是（　　）。
    A. 青蛙效应　　　　B. 蝴蝶效应　　　　C. 木桶效应　　　　D. 酒与污水定律
12. 果箱里出现了烂苹果，如果不及时处理，它会迅速传染，果箱里的其他苹果也会迅速腐烂，这是（　　）。
    A. 青蛙效应　　　　B. 蝴蝶效应　　　　C. 木桶效应　　　　D. 酒与污水定律
13. （　　）是许多组织对初出茅庐者的一种管理方法。当一切都刚刚开始的时候，这种状况能够消除我们很多不切实际的幻想，让我们更加接近现实，看问题也更加实际。
    A. "蘑菇"管理　　B. 80/20 效率法则　　C. 科学效应　　D. 物理效应
14. （　　）带给企业管理者的一个重要启示：避免将时间花在琐碎的多数问题上，应该将时间花在重要的少数问题上，以争取取得多数的成效。
    A. "蘑菇"管理　　B. 80/20 效率法则　　C. 科学效应　　D. 物理效应
15. （　　）表明，少的投入，有可能得到多的产出；小的努力，有可能获得大的成绩；关键的少数，往往是决定整个组织的效率、产出、盈亏和成败的主要因素。
    A. "蘑菇"管理　　B. 80/20 效率法则　　C. 科学效应　　D. 物理效应
16. 凡事应该讲求效果，既注重效率，又注重效能。集中火力，处事分先后缓急，远离"无价值"，看清问题实质，这就是（　　）的精髓。
    A. "蘑菇"管理　　B. 80/20 效率法则　　C. 科学效应　　D. 物理效应
17. 由某种动因或原因所产生的一种特定的科学现象，称为（　　）。例如，由物理的或化学的作用所产生的效果，如光电效应、热效应、化学效应等。
    A. "蘑菇"管理　　B. 80/20 效率法则　　C. 科学效应　　D. 物理效应
18. 有一种弹簧，其尺寸和组成材料都无法改变，如何在不添加任何辅助结构的条件下提高弹簧的刚性？其实，实现方法很简单：使每圈弹簧磁化，让同极性挨着，这样在弹簧压缩时就会产生附加的推力。这就是一个典型的利用（　　）来解决技术问题的例子。
    A. "蘑菇"管理　　B. 80/20 法则　　C. 科学效应　　D. 物理效应
19. 在使用压电式打火机时，我们只要用大拇指压一下打火机上的按钮，将压力施加到压电陶瓷上，压电陶瓷即产生高电压，形成火花放电，从而点燃可燃气体。在这个技术系统中，压电陶瓷的功能就是利用（　　）将机械能转换成电能。
    A. 效应链　　　　B. 压电效应　　　　C. 科学效应　　　　D. 物理效应
20. 绝大多数技术系统往往都包含了多个效应。以实现技术系统的功能为最终目标，将一系列依次发生的效应组合起来，就构成了（　　）。
    A. 效应链　　　　B. 价值链　　　　C. 因果链　　　　D. 生物链

【实验与思考】科学效应应用实践

1. 实验目的

本节"实验与思考"的目的如下。

（1）学习效应和科学效应的相关知识，了解科学效应的作用。

（2）了解 TRIZ 理论体系中的科学效应。
（3）结合实践，掌握应用 TRIZ 科学效应解决创新问题的基本方法。

2. 工具/准备工作

（1）在开始本实验之前，请回顾本书中的相关内容。
（2）准备一台能够访问因特网的计算机。

3. 实验内容与步骤

（1）为什么要建立 TRIZ 科学效应库？
答：_____
_____
_____
_____

（2）应用科学效应解决问题的一般步骤是什么？
答：_____
_____
_____
_____

（3）传统洗衣机的工作原理是应用机械搅水的方式，通过水流的冲刷带走衣服上的污物，有搅拌式、滚筒式和离心式等。请采用其他科学原理对洗衣机的工作原理进行创新分析。

① 问题分析：_____
_____
_____
_____

② 确定功能：_____
_____
_____
_____

③ 查阅表 14-1、表 14-2，得到 TRIZ 中推荐的效应和现象，并进行记录。
答：_____
_____
_____
_____

④ 效应取舍：_____
_____
_____
_____

⑤ 方案验证：_____
_____
_____
_____

⑥ 最终解决方案：＿＿＿＿＿＿＿＿＿＿＿＿＿＿＿＿＿＿＿＿＿＿＿＿＿＿
＿＿＿＿＿＿＿＿＿＿＿＿＿＿＿＿＿＿＿＿＿＿＿＿＿＿＿＿＿＿＿＿＿＿＿＿
＿＿＿＿＿＿＿＿＿＿＿＿＿＿＿＿＿＿＿＿＿＿＿＿＿＿＿＿＿＿＿＿＿＿＿＿

（4）钉子都是圆柱形的吗？
一个标准的"圆柱形"钉子可以很好地钉到木头中，但在遇到温度变化或机械振动时就会松动。
利用几何效应表（附录C）：＿＿＿＿＿＿＿＿＿＿＿＿＿＿＿＿＿＿＿
＿＿＿＿＿＿＿＿＿＿＿＿＿＿＿＿＿＿＿＿＿＿＿＿＿＿＿＿＿＿＿＿＿＿＿＿
＿＿＿＿＿＿＿＿＿＿＿＿＿＿＿＿＿＿＿＿＿＿＿＿＿＿＿＿＿＿＿＿＿＿＿＿

得到的解决方法：＿＿＿＿＿＿＿＿＿＿＿＿＿＿＿＿＿＿＿＿＿＿＿＿
＿＿＿＿＿＿＿＿＿＿＿＿＿＿＿＿＿＿＿＿＿＿＿＿＿＿＿＿＿＿＿＿＿＿＿＿
＿＿＿＿＿＿＿＿＿＿＿＿＿＿＿＿＿＿＿＿＿＿＿＿＿＿＿＿＿＿＿＿＿＿＿＿

（5）效应知识的拓展
"效应"一词的使用范围较广，并不一定指严格的科学定理、定律中的因果关系。效应是指在有限环境下，一些因素和一些结果构成的一种因果现象，多用于对一种自然现象和社会现象的描述，如蝴蝶效应、毛毛虫效应、音叉效应、木桶效应等。
请你通过网络搜索，了解下列两种效应，然后列出自己想知道的一种效应。
黑天鹅效应：＿＿＿＿＿＿＿＿＿＿＿＿＿＿＿＿＿＿＿＿＿＿＿＿＿＿
＿＿＿＿＿＿＿＿＿＿＿＿＿＿＿＿＿＿＿＿＿＿＿＿＿＿＿＿＿＿＿＿＿＿＿＿
＿＿＿＿＿＿＿＿＿＿＿＿＿＿＿＿＿＿＿＿＿＿＿＿＿＿＿＿＿＿＿＿＿＿＿＿

毛毛虫效应：＿＿＿＿＿＿＿＿＿＿＿＿＿＿＿＿＿＿＿＿＿＿＿＿＿＿
＿＿＿＿＿＿＿＿＿＿＿＿＿＿＿＿＿＿＿＿＿＿＿＿＿＿＿＿＿＿＿＿＿＿＿＿
＿＿＿＿＿＿＿＿＿＿＿＿＿＿＿＿＿＿＿＿＿＿＿＿＿＿＿＿＿＿＿＿＿＿＿＿

＿＿＿＿＿＿＿＿效应：＿＿＿＿＿＿＿＿＿＿＿＿＿＿＿＿＿＿＿＿＿
＿＿＿＿＿＿＿＿＿＿＿＿＿＿＿＿＿＿＿＿＿＿＿＿＿＿＿＿＿＿＿＿＿＿＿＿
＿＿＿＿＿＿＿＿＿＿＿＿＿＿＿＿＿＿＿＿＿＿＿＿＿＿＿＿＿＿＿＿＿＿＿＿

4. 实验总结
＿＿＿＿＿＿＿＿＿＿＿＿＿＿＿＿＿＿＿＿＿＿＿＿＿＿＿＿＿＿＿＿＿＿＿＿
＿＿＿＿＿＿＿＿＿＿＿＿＿＿＿＿＿＿＿＿＿＿＿＿＿＿＿＿＿＿＿＿＿＿＿＿
＿＿＿＿＿＿＿＿＿＿＿＿＿＿＿＿＿＿＿＿＿＿＿＿＿＿＿＿＿＿＿＿＿＿＿＿

5. 实验评价（教师）
＿＿＿＿＿＿＿＿＿＿＿＿＿＿＿＿＿＿＿＿＿＿＿＿＿＿＿＿＿＿＿＿＿＿＿＿

第 15 章
用 TRIZ 解决发明问题

TRIZ 对发明问题进行了五级分类，对于较为简单的一到三级发明问题，可运用 40 个发明原理或者发明问题的标准解方法解决，而对于那些复杂的非标准发明问题，如四级问题，往往需要应用发明问题解决算法 ARIZ（限于篇幅，本书未做介绍）进行系统的分析和求解。

利用 TRIZ 理论解决发明问题时的一般过程可以分为以下 4 个步骤。

步骤 1：对给定问题的性质进行分析，如果发现问题存在冲突，则应用"原理"来解决；如果问题明确，但不知道该如何处理，则应用"效应"来解决；如果是对系统的进化过程进行分析，就应用"预测"来解决。

步骤 2：在解决具体问题时，针对问题确定一个技术矛盾后，要用该技术领域的一般术语来描述该技术矛盾，通过这些一般术语来选择通用技术参数，再由通用技术参数在矛盾矩阵中选择可用的发明原理。

步骤 3：当某个发明原理被选定后，必须根据特定的问题将发明原理转化为一个特定的解（即概念方案）。在对问题的处理结果进行评价后，如果发现新问题，则要求对问题继续分析，直到不出现新问题为止。

步骤 4：找出解决问题的最终方案。

本章将通过几个实例，站在工程设计人员和管理人员的角度，介绍如何利用 TRIZ 理论迅速发现主要问题并提供解决问题的相应原理，从而证明 TRIZ 理论在创新设计中的重要作用。

15.1 颠覆性创新方法

颠覆性技术创新又称"颠覆性创新"或"颠覆性科技"，是指将产品或服务通过科技性的创新，并以低价特色针对特殊目标消费群体，突破现有市场所能预期的消费改变（见图 15-1）。

颠覆性创新最初是由哈佛大学商学院教授克莱顿·克里斯坦森提出来的。克莱顿·克里斯坦森认为创新有两种类型，一是维持性的创新，即向市场提供更高品质的东西；二是颠覆性创新，即利用技术进步效应，从产业的薄弱环节入手，颠覆市场结构，进而不断升级自身的产品和服务，从而爬到产业链的顶端。

想要实现颠覆性创新，必须具备下列三个条件。
（1）随着新技术的发展，应用这样的产品和服务变得更加简便。
（2）存在一些人愿意以较低价格获得质量较差但尚能接受的产品和服务。
（3）该项创新对市场现存者都有破坏性。

颠覆性产品：索尼将传统笨重的卡带录放机进行缩小设计，以便顾客随身携带，这一创

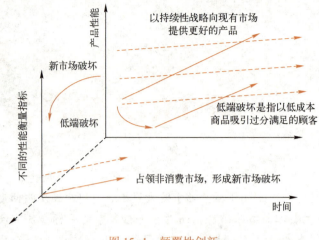

图 15-1 颠覆性创新

新性改变为索尼创造了巨大的利润。

颠覆性方法：戴尔公司采用准时制生产方式组织计算机配件的生产，充分降低了仓储费用，从而超越了竞争者，成为行业翘楚。

颠覆性商业模式：某搜索引擎公司颠覆了在线广告模式，它通过出售搜索结果旁的高度精准的文本广告创造出新的收益源。

克莱顿·克里斯坦森的理论研究表明，在如今迅猛演变的商业世界里，以颠覆性创新方式创建的新业务的成功概率比维持性创新高 10 倍以上。

15.1.1 大公司的"黑洞"：颠覆性创新

我们来回答下列两个问题。

（1）在什么样的竞争环境下，领先企业总能保持长盛不衰？

（2）在什么样的竞争环境下，领先企业总是输给新兴企业？

回答：在持续性技术竞争环境中，领先企业可以长盛不衰。在颠覆性创新竞争环境中，领先企业却多有落败。

大公司的生存逻辑是发展持续性技术，而小公司的机会或者大公司的盲区就是颠覆性创新。也就是说，大公司的逻辑自治体系包含持续性技术，而大公司的"黑洞"是颠覆性创新。

这种逻辑关系可以用一个矩阵来体现（见图 15-2），即把成熟产品、成熟技术卖给主流市场的客户，这是第二象限（Q2）；把新产品、新技术卖给新兴市场的客户，这是第四象限（Q4）。第二象限是持续性技术的"主场"，第四象限是颠覆性创新的唯一机会。

	主流市场	新兴市场
成熟产品 成熟技术	Q2 大公司的生存逻辑 是发展持续性技术	Q1
新产品 新技术	Q3	Q4 小公司的生存逻辑 是进行颠覆性创新

图 15-2 持续性技术和颠覆性创新矩阵图

第二象限属于大公司，第四象限属于小公司。第二象限是大公司的逻辑自洽体系，而第四象限则是大公司边界之外的地方，是小公司的唯一机会。

在互联网时代，小公司想要打败大公司，改良没有出路，只能靠颠覆性技术创新。如果大公司做什么，小公司就做什么，而且它认为自己比大公司更有效率、更有执行力、员工更勤奋，那么这里的改良就是持续性技术，位于第二象限；第四象限才是颠覆性创新，即做与大公司不一样的事情，去"颠覆"它。

持续性技术有两个特征：第一，持续性地改善原有的产品性能，客户需要什么样的产品，就做什么样的产品，而且要越做越好；第二，技术进步的速度一定会超过市场的需求。

事实上，许多企业为了保持领先地位，会努力开发具有更强竞争力的产品，但是这些企业没有意识到，随着它们竞相参与更高性能、更高利润市场的竞争，追逐高端市场、提高产品性能的速度已经超出了顾客的实际需求，最终失去了意义。

虽然颠覆性创新最初只能应用于远离主流市场的小型市场，但是它日后将逐渐进入主流市场，而且其性能将足以与主流市场的成熟产品一较高下。

颠覆性创新的特征如下。

（1）一方面，降低原有的性能指标，不求改善、提高原有的主流性能特征；另一方面，进入新的性能改善曲线路径。

（2）新的性能改善通常更方便、更简单、更便宜、更小、更容易操作，可作为颠覆性创新的通路。

15.1.2　产品的颠覆性创新

大公司生产的产品面临的通常问题是"繁"，而且这个问题几乎解决不了。举个例子，你买了新房，装修风格简洁，但随着时间的推移，你会发现，家里的东西越来越多，即使扔掉一些，家里的东西还是越来越多。

对于大公司，一定会追求技术越来越高级，产品越来越复杂，客户越来越高端，定位越来越高，这是一个必然的"势"。

大公司在做加法，小公司务必要做减法。当大公司向上追求更高的技术、更高的性能时，小公司要追求产品至简和成本至简。

（1）产品至简。

产品至简有两层含义：第一，从麻烦到方便；第二，从复杂到简洁。

这里的"简洁"不是指简单。"简单"是工业时代的思维，强调的是功能性因素；而在互联网时代，"简洁"充满了情感因素。

有人是这样描述苹果公司的："在很多领域，苹果公司并没有真正从零开始发明产品。苹果公司吸纳了原本比较复杂的东西，巧妙地把它们变成了简洁的东西。"这被认为是苹果公司获得成功的重要因素。

据说，乔布斯为了寻找一款功能简单的音乐播放器，于是设计了 iPod。在 iPod 设计之初，乔布斯会浏览用户界面中的每一个页面，并且会做严格的测试。例如，在寻找某一首歌或者使用某项功能时，按键次数超过 3 次，乔布斯便会要求重新设计。为了将简洁做到极致，乔布斯甚至要求 iPod 上不能有开关键。

当时，索尼也推出了一款称为 Sony CLIE 的产品，它定位于个人数字助理。这款产品是索尼的集大成之作，多种高端技术融为一体，可以听歌、上网、管理个人资料等，但这款"万能"的产品最终败给了功能单一的 iPod。2004 年 6 月，Sony CLIE 退出了欧美市场；2005 年 2 月，Sony CLIE 停止了在日本的生产和销售。上述案例说明了复杂并不等于成功，而简洁常常意味着成功。

（2）成本至简。

成本至简也有两层含义：一是从贵到便宜；二是从收费到免费。

例如，据《财富》杂志报道，调研公司 CIRP 对 300 名亚马逊 Kindle 用户的调研统计结果显示：拥有 Kindle 的用户在亚马逊上的年平均支出为 1 233 美元，而没有 Kindle 的用户在亚马逊上的年平均支出则为 790 美元，二者相差 443 美元。也就是说，购买 Kindle 的用户每年会在亚马逊上多消费 443 美元。在这种情况下，亚马逊可不可以把 Kindle 送给用户呢？是否可以成本价销售给用户呢？

所以，简单、便宜的力量远远超乎想象。

15.1.3 市场的颠覆性创新

在传统性能维度里，大公司的技术创新大多是持续性技术创新。如果你进入原有性能维度的低端，这就叫"逆袭"；如果你进入一个全新的维度，这就叫"跨界打劫"。这是两种不同的创新方式。

我们来看一个美国钢铁行业里小型钢厂把大型钢厂一步步推向破产的故事。

钢材产品有几种分类，要求最低的品类是钢筋，它占有大约 4% 的市场份额，并且毛利率较低，只有 7%。比钢筋好一点的品类有角钢、条钢和棒钢，它们总共约占 8% 的市场份额，总的毛利率为 12%；再往上的品类是结构钢，约占 22% 的市场份额，毛利率为 18%；高端的品类是钢板，约占 55% 的市场份额，毛利率为 23% ~ 30%。

大型钢厂的投资特别巨大，建一个大型钢厂可能要 80 亿美元，而建一个小型钢厂大概只要 4 亿美元，它们的生产质量和技术的差距都很大。但是，小型钢厂有一个优势，即效率比大型钢厂要高，所以小型钢厂比大型钢厂有 20% 的成本优势。正是由于这 20% 的成本优势，才有了下面的故事。

假如你刚拥有一个小型钢厂，你是想先进入钢板市场还是想先进入钢筋市场？事实上，小型钢厂是先进入钢筋市场的。它去找大型钢厂，希望承接大型钢厂的钢筋业务。对于大型钢厂，钢筋业务只有 4% 的市场占有率、7% 的毛利率，属于"鸡肋"市场。所以，大型钢厂很高兴地把钢筋业务外包给了小型钢厂。由于小型钢厂比大型钢厂有 20% 的成本优势，因此大型钢厂不能盈利，小型钢厂却能盈利。这样做的结果是，大型钢厂迅速退出了钢筋市场。但是，随着更多小型钢厂的加入，钢筋市场开始打"价格战"，变得没人能从中赚钱。

再设想一下，如果你是一个有作为的小型钢厂的厂长，那么这时你应该如何做呢？其实，有一个策略——往高端走。刚开始，小型钢厂因为技术门槛无法涉足角钢市场，但随着持续性技术的进步，小型钢厂突破了技术门槛。然后，大型钢厂又很高兴地把角钢外包给了小型钢厂。在大型钢厂把这些低端业务外包出去的时候，它的利润率反而提高了。

接下来，当角钢市场只剩下小型钢厂的时候，又开始打起了"价格战"，谁都无法盈利。沿着同样的路径，小型钢厂又成功占领了结构钢市场。大家都认为小型钢厂无论如何都不可能做好最高端的钢板，因为涉及的技术实在太复杂了。但结果是，在高毛利率的推动下，小型钢厂的技术又有了突破性的进展，居然又跨过了技术门槛。

2001 年，世界钢铁巨头之一的伯利恒钢铁公司申请破产保护。

这是一个典型的低端颠覆高端的例子。进入低端并不意味着永远低端，技术进步的步伐会超过市场需要的步伐。

15.2 航空燃气涡轮发动机的技术进化

下面以技术系统提高理想度法则在航空燃气涡轮发动机的进化中的体现为例，说明技术系统进化法则对复杂产品系统研发的指导意义。20 世纪 30 年代，喷气发动机的发明人之一弗兰克·惠特尔设计了世界上第一台燃气涡轮发动机，其转子部分由单转子、单级整体压气机和 60 个叶片的单级涡轮组成。

到了 20 世纪 70 年代，英国的 RB199 三转子涡轮风扇（涡扇）发动机（加力式涡扇发动机）用于狂风战斗机，由 3 级风扇、3 级中压压气机、6 级高压压气机、燃烧室、1 级高压涡轮、1 级中压涡轮和 2 级低压涡轮组成。整台发动机已经有三个转子，共有上千个叶片（其中涡轮叶片超过 300 个）、上万个零件。

到了 20 世纪 90 年代，发动机的性能进一步提高，但发动机的结构却越来越简单。图 15-3 和图 15-4 分别为用于欧洲联合研制战斗机的 EJ200 发动机与用于空客 A318 的 PW6000 发动机。与 20 世纪 70 年代的发动机相比，新一代发动机的零件数目减少三分之一；军用发动机的推重比正在向 15 迈进（而最早喷气发动机的推重比只有 2）；耗油率下降了 20%，比最初的喷气发动机下降了 60%；新一代发动机的寿命、平均故障时间、平均大修时间大幅度提高，而生命周期成本和噪声水平等持续下降。

图 15-3　EJ200 发动机

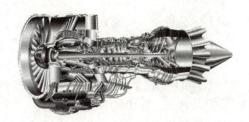

图 15-4　PW6000 发动机

图 15-5 显示了航空燃气涡轮发动机主要性能指标于 1930~2010 年的发展变化情况。可以看出，发动机的结构复杂程度与其系统进化趋势密切相关。

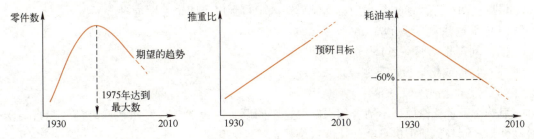

图 15-5　航空燃气涡轮发动机主要性能指标发展变化的情况

综合运用技术系统进化法则，判断目前技术状态下航空发动机的进化潜能，为预研投入提供决策支持。以简化的结构完成更多的功能是航空发动机在今后一段时期内的发展方向。

由此可以看出 TRIZ 理论的技术系统进化法则对复杂系统研发的指导意义：
（1）分析技术发展的可能方向；
（2）指出需要改进的子系统和改进方法；
（3）避免对成熟期和衰退期的产品或技术进行大量投入；
（4）对新技术和成长期产品进行专利保护；
（5）用户和市场调研人员在进化法则的指导下参与研发，加速产品进化。

15.3　飞机机翼的进化

早期的飞机机翼都是平直的。最初，飞机采用的是矩形机翼。这种机翼很容易制造。但由于其翼端较宽，会给飞机带来很大的飞行阻力，因而严重地影响了飞机的飞行速度。

后来，德国、英国、美国的喷气式飞机先后上天，飞机开始进入喷气机时代。飞机的飞行速度迅速提高，接近音速。这时，机翼上出现"激波"，使机翼表面的空气压力发生变化。同时，飞机的前进阻力骤然增加，比低速飞行时大十几倍，甚至几十倍，这就是"音障"。为了突破"音障"，许多国家都在研制新型机翼。后掠翼一举突破了"音障"。首先，德国人发现，把机翼做成向后掠的形式，像燕子的翅膀一样，可以延迟"激波"的产生，缓和飞机接近音速时的不稳定现象。

但是，新的问题出现了。在同样的条件下，向后掠的机翼比不向后掠的平直机翼产生的升力要小。这不但给飞机的起飞、降落和巡航带来了不利的影响，而且浪费了很多宝贵的燃料。能否设计出一种既适应飞机的各种飞行速度又不会影响飞机安全性的机翼呢？这成为当时航空界面临的一大难题。

1. 问题描述

根据上述分析，系统存在的技术矛盾如下。
（1）传统的固定翼（平直翼）不适合高速飞行。这是因为飞机在突破"音障"时会产生非常大的阻力，容易导致飞机在空中解体。而且，此时飞机消耗的能源相应加大。
（2）改进的后掠翼（三角翼）不适合低速飞行。这是因为飞机在起飞、降落和巡航时，在相同推力条件下，产生的升力小。当然，飞机消耗的能源也相应增加了。

总之，矛盾集中体现在飞机的飞行速度与它在飞行时能源的消耗这两个工程参数上。

2. 问题分析

要解决的这个问题涉及矛盾矩阵中的两个工程参数：运动对象所需要的能量（19）和速度（9）。

根据这两个工程参数，我们可从矛盾矩阵中得到以下四个发明原理。
（1）重量补偿原理（8）。
（2）动态化原理（15）。
（3）物理或化学参数改变原理（35）。
（4）强氧化剂原理（38）。

显然，重量补偿原理不适用来解决这个问题，因为战斗机要求机身轻便、飞行灵活、机动性强。而且，加重机身会使速度这个技术特性恶化。

可以使用强氧化剂原理，使燃料的燃烧更加充分，以使飞机获得更大的推力。但是，我们知道,战斗机上使用的是特制的、高热量的航空煤油,它在涡轮喷气发动机中的燃烧已经比较充分了。所以,如果使用强氧化剂原理改善燃油的作用,效果就不是很明显了。

再来看看其他两个原理:动态化原理和物理或化学参数改变原理。

按照这两条发明原理提供的方法,技术人员对机翼进行改进,使它成为活动部件。并且,在飞机飞行的时候,飞行员可自由地控制机翼的形态,使之能够在比较大的范围内改变"后掠角"的大小,从而获得从平直翼到三角翼的变化。这就适应了飞机从低速到高速不同飞行状态下的要求。

以F111战斗轰炸机(见图15-6)为例,它在起飞阶段,处于低速飞行状态(见图15-7)。此时,机翼呈平直状,可以获得较大的升力,飞机表现出良好的低速特性。另外,由于避免了长距离滑翔对能量的浪费,因此有效地解决了飞机在低速状态下,速度与能量消耗之间的矛盾。

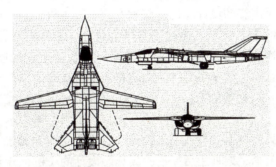

图15-6 美国通用动力公司于20世纪60年代开发制造的F111战斗轰炸机(三视图)

F111在高速飞行时,两翼后掠以减小飞行阻力(见图15-8)。这样,不仅减少了飞机的能耗,还延迟了"激波"的产生,从而缓解了飞机接近音速时的不稳定现象,使飞机能够安全地达到更高的速度。飞机在不同的速度之下,采用不同的后掠角,可以很好地适应不同的飞行要求。

图15-7 低速飞行状态

图15-8 高速飞行状态

3. 设计思路

在综合分析上面提到的四个发明原理后，可形成最终的解决方案：应用动态化原理（15）和物理或化学参数改变原理（35）。

改变飞机的飞行形态，使飞机在不同的飞行状态下，得到不同的气动外形，可以在很大程度上减少不必要的能耗。根据物理或化学参数改变原理，并结合动态化原理带来的启示，技术人员将飞机的机翼设计成一个活动的部件（可变翼）。这是飞机设计观念上的一次大胆的创新，它一举打破了传统的固定翼设计理念，在飞行器设计领域开辟了一块新天地。

反观传统的妥协设计思维方式，就只能在速度与能耗之间做取舍性质的设计。我们采用矛盾矩阵给出的发明原理，则避免了传统的妥协设计方式，从一个全新的角度，更好地解决了速度与能耗这对技术矛盾。

TRIZ 理论与妥协设计的不同在这里得到了充分的体现。这是 TRIZ 理论应用的一个经典的例证。设计人员找到了满意的设计思路：能够在同一架飞机上同时得到平直翼和三角翼的优良的飞行特性，极大地减少了飞机在起飞与降落过程（平直翼在低速飞行中，可得到较大的升力，从而缩短跑道的长度，借此节约了能源）以及高速飞行过程（三角翼在高速飞行中，可以轻易地突破音障，减小机翼的受力，提高飞机在高速飞行时的强度，最终的结果也是减少了能量的消耗）消耗的能量。

4. 最终方案

依据上述分析的结果，技术人员成功地设计出这种在当时是最新型的 F111 可变后掠翼战斗轰炸机。它是世界上第一架采用可变后掠翼思想设计的飞机，开创了新一代超音速战斗机的新纪元。此后设计出的一系列战斗机，如英国、德国、意大利三国联合成立的帕那维亚飞机公司的狂风超音速战斗机等（见图 15-9），都采用了这种全新的设计思想。

图 15-9 狂风超音速战斗机

15.4 提高扫地机器人的清洁效果

扫地机器人又称清洁机器人、自动吸尘器或智能吸尘器，它是目前家用电器领域的热门产品（见图 15-10）。

作为一种智能化的扫地机器人，它应当能自动并彻底地清洁家庭或办公室中它所能经过的地面——不需要人弯腰操作、不需要人拖着电线将它移来移去、不需要人把它拆开以便把累积在内部的垃圾倾倒出来、不需要人在旁边忍受它的噪声，需要的只是人们一次性设定它的工作方式,如仅工作一次、几天工作一次,还可设定每次工作的时间等。它应该能自动充电,自动把内部垃圾传送到一个大容量垃圾箱中。同时,它还很安全:不会有漏电危险、不会撞坏东西、不会被撞坏、不会跌落至楼梯下、不会走得太远而消失得无影无踪。更重要的是,作为一种家用电器而非奢侈品,它的价格不会太贵,普通家庭完全买得起。

图 15-10 扫地机器人

日立公司自 20 世纪 80 年代后期便开始研发这样的扫地机器人,后续有很多企业也在研发这样的产品。事实上,虽然当时有了这样一些产品,但它们还不能达到令人满意的程度,尚存的缺点主要有:清洁效果不佳,功能没有完全实现,价格更是不能让人接受。因此,当时的产品都只能算是早期产品或第一代产品。

1. 问题情境

三星公司曾推出过一款扫地机器人。它无须人工参与就可清洁房间地面。在电池充满电后,它可使用 50~60 分钟。当工作期间电池电量不足时,它会自动返回充电座并重新充电。当充电完毕后,它会回到原来的位置继续进行清洁。

三星公司面临的主要问题是:为了提高扫地机器人的清洁能力,尝试过用更大功率的电机增大吸力,但缩短了清洁时间,因为需要更频繁地为电池充电。所以,三星公司的目标是对现有扫地机器人进行最小的改动,以提供更高的真空清洁能力,同时不增大电池容量和吸风电机功率。

2. 应用 TRIZ 进行矛盾问题求解

(1)定义问题模型。

技术矛盾 1:如果扫地机器人的吸入功率足够大,则可以将灰尘从被清洁表面上很好地除去,但电池电量会由于耗电量的增大而快速消耗,使其工作时间缩短。

技术矛盾 2:如果扫地机器人的吸入功率足够小,则电池的工作时间可延长,但灰尘不能有效地从被清洁表面上除去。

系统的主要功能:提供更高的真空清洁能力(即技术矛盾 1 中要改善的功能)。

系统的作用对象:灰尘和污物。

系统实现主要功能所使用的工具:扫地机器人吸气口中的气流。根据 TRIZ 理论,为了解决此问题,我们应该找到一些特殊的功能单元,并把它们转变为技术系统,在吸气口处提供强大的气流,同时不增大耗电量,也不因此而增大电池和电机的容量。

(2)研究理想解决方案。

物理矛盾:吸气口处的吸力应该足够大,以便除去灰尘,同时应该足够小,以便减小耗电量。

技术矛盾的最终理想结果：对扫地机器人进行最小的改动，让它自身提供大的吸力并作用在吸气口处的灰尘上，同时使电池保持足够长的工作时间。

物理矛盾的最终理想结果：对吸气口进行最小的改动，让气流位于吸气口与被清洁表面的相互作用工作区中，扫地机器人自身提供强大的吸力并作用在吸气口处的灰尘上，同时使电池保持足够长的工作时间。

（3）具体解决方案。

如何使用扫地机器人的物场资源分析取得最终理想结果？对扫地机器人的物场资源分析见表15-1。最终，三星公司采用的技术方案是让过滤后的排出气流重新进入工作区，即研制利用空气搅动原理工作的扫地机器人。

表 15-1 扫地机器人的物场资源分析

物场资源		物 质	场
内部系统	产物	灰尘	重力，机械黏附，静电黏附
	工具	气流	负静压，动压，黏性，摩擦力
外部系统	超系统	吸入空气与吸气口，排出空气与排气口，电池，电机，轮，传感器，控制系统，天线，机器人的其他组件	电，磁场，滚动摩擦，滑动摩擦，惯性力
	环境	周围空气，地板，地毯，家具，墙壁，障碍物	大气压力，重力，地磁场
	副产物	排出空气	静态正压和动态正压

该方案采用了一个吸气口，以通过它从被清洁表面吸入灰尘。该方案还至少采用了一种包含空气循环机构的搅动装置，以从空气中过滤灰尘。那些污浊的空气通过吸气口吸入并被过滤。过滤后的空气回流到排气管线内，排气管线上有一个空气喷射口，用于从被清洁表面上移走灰尘。空气喷射口位于吸气口附近，并被一个密封件包围。在扫地机器人的机壳附近，对被清洁表面的一部分进行密封，可防止灰尘被空气射流驱散到外面。

15.5 乘用汽车的外形设计

在欧洲那些最初为行人和马车修建的城市道路上，由于汽车保有量的不断增加，交通变得越来越拥挤，虽然政府采用了提高燃料费用的方法，但交通拥堵的状况并没有得到明显改善。为了改变这种状况，某些城市通过增加税收的方式以进一步提高大型汽车在城市里的使用费用，其目的在于鼓励小型汽车的生产。然而，市场上没有非常有特色的小型汽车，于是，以生产大型豪华私人轿车为主的德国宝马和奔驰公司准备联合开发一款智能化的迷你型汽车，它不仅价格更为经济、可在城市中非常方便地使用，还可以增加道路的使用空间、改善空气污染状况和缓解交通拥堵。

1. 问题描述

大型汽车的车身较长，在碰撞过程中会有一个较大的变形空间，可以吸收碰撞过程中的能量，缓解交通事故对人的冲击力，减轻对乘车者的人身伤害。但这种汽车的重量与体积均较大，转弯半径也大，机动性较差，在一定程度上造成了交通拥挤。而迷你型汽车的体积小、重量轻，转弯半径小，机动性好，可以缓解交通拥堵问题，但因为其车身较短，变形缓冲功能较弱，发生碰撞事故时容易造成人员的伤亡。

2. 问题分析

根据以上对问题的描述，我们发现，在汽车的制造过程中，如果缩短车身长度，则汽车的安全性降低，发生碰撞事故时容易造成人员的伤亡；而如果增加车身长度，则会在一定程度上造成交通拥堵。经分析得出，在汽车制造过程中存在着一对物理矛盾：交通拥堵与防撞性能的冲突。既要缓解交通拥堵，提高汽车机动性，又要避免因缩短车身而造成的汽车防撞性能的降低。

3. 问题解决

（1）将一般领域问题描述转换成通用工程参数中的两项，即转换为 TRIZ 标准问题。

"既要缓解交通拥堵，提高汽车机动性，又要避免因缩短车身而造成的汽车防撞性能的降低"，从这个待解决问题的文字叙述中，试着找出问题是由哪些相互矛盾的属性所引起的，将文字叙述转换成：工程参数的 5 号参数是运动对象的面积（5 号参数）。运动对象的面积是指运动对象被线条封闭的一部分或者表面的几何度量，或者运动对象内部或者外部表面的几何度量。面积是以填充平面图形的正方形个数来度量的，如面积不仅可以是平面轮廓的面积，也可以是三维表面的面积，或一个三维物体所有平面、凸面或凹面的面积之和。本例中，运动对象的面积属于改善的参数。

能量的无效损耗（22 号参数）是指做无用功消耗的能量。为了减少能量损失，有时需要应用不同的技术手段来提高能量利用率。

（2）根据得到的工程参数，确定解决问题需要的发明原理。

根据上述两个工程参数，查阅矛盾矩阵，可以得到对该问题的解决有指导意义的两条发明原理。

动态化原理（15）：①使一个物体或其环境在操作的每一个阶段自动调整，以达到优化的性能；②将一个物体划分成具有相互关系的元件，元件之间可以改变相对位置；③如果一个物体是静止的，那么使之变为运动的或可改变的。

维数变化原理（17）：①将一维空间中运动或静止的物体变成在二维空间中运动或静止的物体，将二维空间中运动或静止的物体变成在三维空间中运动或静止的物体；②将物体用多层排列代替单层排列；③使物体倾斜或改变其方向；④使用给定表面的反面。

（3）TRIZ 解的类比应用得到问题的最终解。

应用动态化原理可以得到如下解决方案：

提高运动物体的面积参数。

迷你型汽车的发动机被安装在车身下面，以增加发动机与乘客的分隔空间。与客车相比，迷你型汽车的碰撞影响区域位于车身的下面、发动机的位置，因此可提升位于碰撞影响区域上面的乘客空间。其动力装置采用完全电控的发动机系统，是一台 600cc（mL）涡轮控制的 3 气缸发动机，没有机械连杆与油门或变速杆连接。这种装置激活 6 速自动变速箱，变速箱可以在若干模式下运作，从完全自动到手工触摸转换，不必使用离合器。

应用维数变化原理可以得到如下解决方案：

将物体一维直线运动变为二维平面运动。

迷你型汽车碰撞时车身沿斜面运动，可以减小碰撞时的冲击力，并增强它抵抗外力变形的能力。

与其他类似的概念车比较后发现，虽然这种迷你型智能汽车车身较小，但空间不算局促。乘车者坐在前、后两个纵向排列的座位上，前面两个车轮由铰链连接，车身坐落在此悬浮臂上，像摩托车一样，经由一种倾角控制系统控制转向端活动，并且车身前部可以斜靠进入边角。

4. 结论

迷你型汽车本身并没有使用特殊材料来吸收能量，仅仅进行了结构上的创新，其抵抗外力变形的能力便可与一辆普通轿车媲美。本实例遵守了 TRIZ 理论的基本原则：没有增加新的材料而实现了其预定功能。

【习题】

1. TRIZ 对发明问题进行了五级分类，对于较为简单的一到三级发明问题，可运用（　　）解决。
① 40 个发明原理　　　　　　　　② 发明问题的标准解方法
③ 发明问题解决算法 ARIZ　　　　④ 依据人们对自然规律或科学原理的新发现
A. ①②　　　　B. ③　　　　C. ④　　　　D. ③④

2. TRIZ 对发明问题进行了五级分类，对于那些复杂的非标准发明问题，如四级问题，往往需要应用（　　）进行系统的分析和求解。
① 40 个发明原理　　　　　　　　② 发明问题的标准解方法
③ 发明问题解决算法 ARIZ　　　　④ 依据人们对自然规律或科学原理的新发现
A. ①②　　　　B. ③　　　　C. ④　　　　D. ③④

3. 按照 TRIZ 对发明问题的五级分类，依据人们对自然规律或科学原理的新发现才能解决的创新发明问题一般是（　　）发明问题。
A. 第一级　　　B. 第二级　　　C. 第四级　　　D. 第五级

4. 在创新实践中，对给定问题的性质进行分析，如果发现所面对的问题存在冲突，则应用（　　）去解决。
A. 科学效应　　B. 进化预测　　C. 发明原理　　D. 头脑风暴

5. 在创新实践中，对给定问题的性质进行分析，如果发现所面对的问题明确，但不知道该如何处理，则可以考虑应用（　　）去解决。
A. 科学效应　　B. 进化预测　　C. 发明原理　　D. 头脑风暴

6. 在创新实践中，对给定问题的性质进行分析，如果是对系统的进化过程进行分析，则可以考虑应用（　　）去解决。
A. 科学效应　　B. 进化预测　　C. 发明原理　　D. 头脑风暴

7. 在解决具体问题时，针对问题确定一个（　　）后，要用该领域的一般术语来对它进行描述，通过这些一般术语选择通用工程参数，再由此在矛盾矩阵中选择可用的发明原理。
A. 逻辑矛盾　　B. 社会矛盾　　C. 物理矛盾　　D. 技术矛盾

8. 当某个发明原理被选定后，必须要根据特定的问题将发明原理转化为一个（　　），即概念方案。
A. 发明专利　　B. 完整模型　　C. 特定的解　　D. 最优的解

9. 在创新实践中，对问题的处理结果进行评价后，如果发现新问题，则要求对问题（　　）。
A. 继续分析　　B. 推倒重来　　C. 到此为止　　D. 有意回避

10. （　　）技术创新是指将产品或服务通过科技性的创新，并以低价特色针对特殊目标消费群体，突破现有市场所能预期的消费改变。
   A. 突破性　　　　B. 颠覆性　　　　C. 持续性　　　　D. 间歇性

11. 克莱顿·克里斯坦森认为，（　　）创新，即利用技术进步效应，从产业的薄弱环节入手，颠覆市场结构，进而不断升级自身的产品和服务，从而爬到产业链的顶端。
   A. 突破性　　　　B. 颠覆性　　　　C. 持续性　　　　D. 间歇性

12. 想要实现颠覆性创新，必须具备（　　）三个条件。
   ① 产品已经进入衰退期，因而具有颠覆性
   ② 随着新技术的发展，应用这样的产品和服务变得更加简便
   ③ 存在一些人愿意以较低价格获得质量较差但尚能接受的产品和服务
   ④ 该项创新对市场现存者都有破坏性
   A. ①②③　　　　B. ①②④　　　　C. ①③④　　　　D. ②③④

13. 颠覆性（　　）：索尼将传统笨重的卡带录放机进行缩小设计，以便顾客随身携带，这一创新性改变为索尼创造了巨大的利润。
   A. 方法　　　　B. 商业模式　　　　C. 产品　　　　D. 能力

14. 颠覆性（　　）：戴尔公司采用准时制生产方式组织计算机配件的生产，充分降低了仓储费用，从而超越了竞争者，成为行业翘楚。
   A. 方法　　　　B. 商业模式　　　　C. 产品　　　　D. 能力

15. 颠覆性（　　）：某搜索引擎公司颠覆了在线广告模式，它通过出售搜索结果旁的高度精准的文本广告创造出新的收益源。
   A. 方法　　　　B. 商业模式　　　　C. 产品　　　　D. 能力

16. 在现实的竞争环境中，大公司的生存逻辑就是发展（　　），而小公司的机会或者大公司的盲区就是（　　）。
   A. 突破性创新，持续性创新　　　　B. 持续性创新，突破性创新
   C. 持续性技术，颠覆性创新　　　　D. 颠覆性创新，持续性技术

17. 持续性技术具有的特征：（　　）。
   ① 持续性地改善原有的产品性能
   ② 客户需要什么样的产品，就做什么样的产品，而且越做越好
   ③ 技术进步的速度一定会超过市场的需求
   ④ 所取得的进步体量远超突破性创新的成就
   A. ①③④　　　　B. ②③④　　　　C. ①②④　　　　D. ①②③

18. 颠覆性创新具有的特征：（　　）。
   ① 积极提升原有的性能指标，争取性能突破
   ② 降低原有的性能指标，不求改善、提高原有的主流性能特征
   ③ 进入新的性能改善曲线路径
   ④ 新的性能改善通常更方便、更简单、更便宜、更小、更容易操作，成为颠覆性创新的通路
   A. ①②③　　　　B. ②③④　　　　C. ①②④　　　　D. ①③④

19. 大公司生产的产品面临的通常问题是（　　），而且这个问题几乎解决不了。对于大公司，一定会追求技术越来越高级，产品越来越复杂，客户越来越高端，定位越来越高。

A. 易　　　　　B. 繁　　　　　C. 简　　　　　D. 难

20. "成本至简"的两层含义是（　　）。

① 从麻烦到方便　　　　　② 从贵到便宜
③ 从收费到免费　　　　　④ 从复杂到简洁

A. ①②　　　　B. ③④　　　　C. ②③　　　　D. ①④

【课程学习与实验总结】

至此，我们顺利完成了本课程的教学任务以及本书有关"创新思维与方法"的全部实验。为了巩固通过实验所了解和掌握的相关知识与技术，请你对所做的全部实验做一个系统性总结。篇幅有限，如果书中预留的空白不够，请另附纸张并将它粘贴在边上。

1. 实验的基本内容

（1）请填写本学期完成的"创新思维与方法"实验内容（请根据实际完成的实验情况填写）。

第 1 章的主要内容：＿＿＿

第 2 章的主要内容：＿＿＿

第 3 章的主要内容：＿＿＿

第 4 章的主要内容：＿＿＿

第 5 章的主要内容：＿＿＿

第 6 章的主要内容：＿＿＿

第 7 章的主要内容：＿＿＿

第 8 章的主要内容：＿＿＿

第 9 章的主要内容：＿＿＿

第 10 章的主要内容：_____
_____

第 11 章的主要内容：_____
_____

第 12 章的主要内容：_____
_____

第 13 章的主要内容：_____
_____

第 14 章的主要内容：_____
_____

第 15 章的主要内容：_____
_____

（2）请回顾并简述你通过实验初步了解的有关"创新思维与方法"的重要概念（至少 3 项）。

① 名称：_____
简述：_____
_____

② 名称：_____
简述：_____
_____

③ 名称：_____
简述：_____
_____

④ 名称：_____
简述：_____
_____

⑤ 名称：_____
简述：_____
_____

2. 实验的基本评价

（1）请列出全部实验中你印象较深或者认为比较有价值的实验。

① _____

你的理由：_____

_____

② _____

你的理由：_____

_____

（2）请列出所有实验中你认为应该得到加强的实验。

① _____

你的理由：_____

_____

② _____

你的理由：_____

_____

（3）对于本课程和本书的实验内容，你认为应该改进的地方：

_____

3. 课程学习能力测评

请根据你在本课程中的学习情况，客观地对自己在"创新思维与方法"知识方面做一个能力测评。请在表15-2的"测评结果"栏中合适的项目下打"√"。

表15-2 课程学习能力测评

关键能力	评价指标	测评结果					备注
		很好	较好	一般	勉强	较差	
课程主要内容	1. 了解本课程的知识体系、理论基础及其发展						
	2. 熟悉科技与知识创新基本概念						
	3. 熟悉创新理论的提出与发展						
创新思维	4. 了解国家创新驱动发展战略						
	5. 熟悉发明问题传统方法						
	6. 熟悉创新思维与技法						
	7. 熟悉批判性思维方法						
TRIZ创新方法	8. 熟悉TRIZ创新理论的发展						
	9. 熟悉TRIZ发明的五个等级						
	10. 熟悉TRIZ发明原理与应用						
	11. 熟悉技术矛盾与矛盾矩阵						
	12. 熟悉物理矛盾与分离方法						
	13. 熟悉科学效应与应用						
	14. 了解TRIZ解决发明问题方法						

（续）

关键能力	评价指标	测评结果					备注
		很好	较好	一般	勉强	较差	
网络学习能力	15. 了解网络自主学习的必要性和可行性						
	16. 掌握通过网络提高专业能力、丰富专业知识的学习方法						
自我管理与交流能力	17. 培养自己的责任心，掌握、管理自己的时间						
	18. 知道尊重他人观点，能开展有效沟通，在团队合作中表现积极						
解决问题与创新能力	19. 能根据现有的知识与技能创新地提出有价值的观点						
	20. 能运用不同思维方式发现并解决一般问题						

说明："很好"为 5 分，"较好"为 4 分，以此类推。全表满分为 100 分，你的测评总分：_____分。

4. 实验总结

_____
_____
_____
_____
_____
_____
_____
_____
_____
_____

5. 课程学习与实验评价（教师）

_____

附录

附录A 物理效应

编号	要求的效应，功能	物理现象，效应方法
1	温度测量	振动频率，热电现象，放射光谱中的热膨胀和产生的相应的改变，材料光学电磁性能的改变，超越居里点，霍普金森效应，巴克豪森效应，热辐射
2	降低温度	热传导，对流，辐射，相变，焦耳-汤姆孙效应，冉绍尔效应，电磁发动机热效应、热电现象
3	提高温度	热传导，对流，辐射，电磁感应，介质升温，电子升温，放电，材料的辐射吸收，热电现象，物体的收缩，核反应
4	稳定温度	相变（如超越居里点），热分离
5	对象条件和位置的指示	记号的引入——改造外部场（发光体）或创造它们自己的场（电磁铁）的材料（因此这些材料很容易被识别），光的反射或发散，光电效应，改造，X射线或放射光，放电，多普勒效应，冲突
6	控制对象位置变化	运用磁铁影响对象或者与对象相连的铁磁块，运用磁场影响负载或带电的对象，运用液体或气体转换压力，机械振动，离心力，热膨胀，光压，压电效应，马格纳斯效应
7	控制液体或气体流动	毛细管现象，渗透作用，电渗透，汤姆孙效应，伯努利效应，波的运动，离心力，魏森贝格效应，把气体导入液体，附壁效应（柯恩达效应）
8	控制浮质（灰烟，雾）流动	电气化，电磁场，光压，冷凝，声波，低声
9	混合物的彻底混合	超高频声音，气穴现象，扩散，电场，与铁磁材料相关的磁场，电泳，共鸣
10	混合物的分离	电磁分离，运用电场或磁场明显改变边界液体的厚度，离心力，相变，扩散，渗透作用
11	物质的位置稳定	电磁场，固定在电磁场中变成固体的液体中的对象，吸湿效果，反应活动，改造，融化，扩散式融化，相变
12	力的影响，力的调节，高压的产生	运用铁磁材料影响磁场，相变，热膨胀，离心力，在磁场中明显改变磁或电传导液体的厚度
13	摩擦力的改变	约翰逊-拉贝克效应，辐射影响，克拉格斯基现象，振动，含有铁磁粒子的磁场影响，相变，超流动性，电渗透作用
14	对象的破坏	放电，电水压效应，共振，超高频声音，气穴现象，感应辐射，相变，热膨胀，爆炸
15	机械能和热能的积累	弹性再成形，摆动轮，相变，流体静力压力，热点现象
16	机械能，热能，放射能，电能的转换	再成形，振动，波动，包括具有强大推进力的波辐射，热传导，对流，光的反射率（光传导），感应辐射，塞贝克效应，电磁感应，超导，能量从一种形式到另一种更容易传送的形式的转换，次声，保存形状的效果

(续)

编号	要求的效应,功能	物理现象,效应方法
17	运动物质(可改变)和静止物质(不可改变)之间相互作用的产生	运用电磁场从"材料"到"场"连接,充分利用液体和气体的流动,保存形状的效果
18	物质尺寸的顺序	振动频率的尺寸,磁电系数的转移和读取,全息摄影术
19	物质形状和尺寸的改变	热膨胀,双金属结构,再成形,磁/电致伸缩,压电效应,相变,保存形状的效果
20	空间中和表面上的状态与性能控制	放电,光反射,电子发射,波纹效应,辐射,全息摄影术
21	表面性能的改变	摩擦力,吸附,扩散,包辛格效应,放电,机械和声音振动,放射,凝固,热处理
22	空间中物质的状态和性能控制	记号的引入——由转换外部场(发光体)或者能自己创造场的材料(铁磁块)制成——取决于所研究对象的状态和性能,根据对象结构和性能的改变而产生的特定的电阻,吸收,反射,光的分离,光电和光磁现象,偏振光,X射线和放射光,电顺磁性和核磁性共振,磁力灵活效应,测量对象的本身振动,超高频次声,莫斯鲍尔效应,霍尔效应,全息摄影术,声音的散发
23	空间性能的改变	运用电磁场对液体的性能改变,铁磁粒子核和磁场效应的引入,热效应,相变,电场的电离效应,紫外线,X射线,放射性光线,扩散,电磁场,包辛格效应,热电,电磁和光磁效应,气穴现象,彩色照相术效果,内部光电效应,运用气体对液体的"替代",起泡沫,高频辐射
24	创造给定的结构,稳定对象的结构	波的干扰,衍射,驻波,波纹效应,电磁场,相变,机械和声音振动,气穴现象
25	电场和磁场的展示	渗透作用,对象的电气化,放电,压电效应,驻极体,电子放射,光电现象,霍普金森效应,霍尔效应,核磁共振,磁液和光磁现象,电致发光,铁磁学
26	辐射的展示	声光效应,热膨胀,光声型效应,放电
27	电磁辐射的产生	约瑟夫森效应,感应辐射现象,隧道现象,发光,汉勒效应,切连科夫效应,塞曼效应
28	电磁场的控制	保护,环境状态的改变(如电传导性的上升和降低),与场反应的对象的表面形状的改变
29	光束和光的调制控制	切断和反射光,电和光磁现象,照相灵活性,磁光效应,海默效应,弗兰之凯尔迪什效应,光信号向电信号的转换和回转,受激光辐射
30	化学变化的开始和加强	超高频声音,次声,气穴现象,紫外线,X射线和放射性光线,放电,再成形,具有强推进力的波,催化,加热
31	分析物质成分	吸附作用,渗透作用,电场,辐射效应,对象反射的辐射分析,声光效应,穆斯堡尔效应,电顺磁和核磁共振,偏振光

附录B 化学效应

编号	必要的效果,性能	性能,化学效应,现象,反应材料类型
1	温度测量	热色反应,随着温度改变的化学平衡运动,化学发光
2	降低温度	吸热反应,溶解材料,分离气体
3	升高温度	放热反应,燃烧,自我繁殖的高温合成,强氧化作用,铝热剂混合物的应用
4	稳定温度	金属氢氧化合物的运用,泡沫聚合体的热隔离应用

225

（续）

编号	必要的效果，性能	性能，化学效应，现象，反应材料类型
5	对象的条件和改变的试验	根据彩色材料运用记号，化学发光，与所释放的气体的反应
6	对象条件改变的控制	与所释放的气体的反应，燃烧，爆炸，表面活跃的材料运用，电解
7	液体和气体运动的控制	控光装置的运用，位移反应，与所释放的气体的反应，爆炸，氢化物的运用
8	浮质流和悬浮液的控制	喷射与悬浮颗粒发生化学反应的材料，还原方法
9	混合物的混合	互相不发生化学反应的材料混合，增强效应，释放，位移反应，氧化-去氧反应，气体的化学键接，氢氧化物和氢化物的运用，配位组份的运用
10	材料的分离	电解，位移反应，去氧（还原）反应，化学键接气体的释放，化学平衡的运动，氢化物和吸收体的去除，配位组份的运用，控光装置的运用，一种成分进入另一种状态（包括相态）
11	物质条件的稳定	聚合反应（运用胶水、液体玻璃和自硬性的合成材料），氦的运用，表面活跃的材料运用，解除键接
12	力的影响，粒度调节，高压和低压的产生	爆炸，氢氧化气体和氢化气体的分离，吸收氢气时的金属源，与所释放的气体的反应，聚合反应
13	摩擦力的改变	从结合物上去除金属，与所释放的气体的电解，表面和聚合层活跃的材料的运用，水合作用
14	物质的破坏	溶解，氧化-去氧作用，燃烧，爆炸，光化学和电化学反应，位移反应，把材料简化为它的成分，与水化合，混合物中化学平衡的移动
15	机械能、热能和电能的积累	放热和吸热反应，溶解，把材料简化为它的成分（供存储），相变，电化学反应，化学机械效应
16	能量转换	放热和吸热反应，溶解，化学发光，位移反应，氢化物，电化学反应，能量从一种形式向另一种更适合传递的形式的转换
17	可移动和固定对象的相互作用的产生	混合，位移反应，化学平衡的移动，与水化合，自聚类分子，化学发光，电解，自我繁殖高温合成
18	物质的尺寸测量	根据与环境相互作用的速度和持续时间
19	物质的尺寸形状改变	位移反应，氢化物和氢氧化物的运用，消融（简化气体），爆炸，氧化反应，燃烧，向化学键接形式的移动，电解，弹性和塑料材料的运用
20	表面的状态和性能控制	基本的再结合发光，吸水材料和防水材料的运用，氧化-去氧反应，光、电和热铬合金的运用
21	表面性能的改变	位移反应，氢化物和氢氧化物的运用，光铬合金的应用，表面活跃的材料的运用，自聚类分子，电解，蚀刻术，交换反应，漆的运用
22	空间中物质的状态和性能控制	运用有颜色反应的材料或指示材料的反应，光测量的化学反应，氦的产生
23	物质空间性能的改变（高浓度）	导致对象构成材料性能改变的化学反应（氧化反应、还原反应、交换反应），位移反应，向化学键接形式的运动，与水化合，溶解，削弱溶解，燃烧，氦的运用
24	特定结构的产生，物质结构的稳定	电化学反应，位移反应，氢氧化物气体和氢化物气体，自聚类分子，复杂分子
25	电场的试验	电解，电化学（包括电铬）反应

(续)

编号	必要的效果,性能	性能,化学效应,现象,反应材料类型
26	电磁辐射的试验	光、热和放射化学反应（包括光、热和放射铬反应）
27	产生电磁辐射	燃烧反应,化学发光,气体中的化学反应——激光的活跃区域,发光,生物体发光
28	电磁场的控制	电解液产生的消融,氧化物和盐中金属的产生,电解
29	光流控制,调节光	光铬反应,电化学反应,可逆电沉淀反应,周期反应,燃烧反应
30	化学变化的产生和强化	催化,较强氧化剂和还原剂的运用,分子刺激,反应产品的分享,磁化水的运用
31	物质的结构分析	氧化和还原反应,指示材料的运用
32	脱水	向含水状态的运动,与水化合,分子膜的运用
33	相态的改变	分裂,气体的化学键接,溶液中的分离（去除）,与所释放的气体的反应,氦的运用,燃烧,消融
34	延迟和阻止化学变化	抑制剂,惰性气体的运用,防护材料的运用,表面性能的改变（参见"表面性能的改变"）

附录C 几何效应

编号	必要的效果,性能	几何效应
1	物质范围的扩大和减小	元素的压缩包装,压缩,单壳的双曲面
2	物质长度的增加或减小,大部分不改变	在几个地面的建造,有可变形轮廓的几何图形,默比乌斯带,相邻表面的运用
3	一种方式向另一种方式的转换	三角、锥形撞锤,曲柄凸轮推进
4	能量,粒子流动的集中	抛物面,椭圆形,摆线
5	加强过程	从线性过程向在整个表面的过程的转换,默比乌斯带,压缩,转动,刷
6	减少材料和能量损失	压缩,工作地点切割表面的改变,默比乌斯带
7	提高过程的精确度	处理工具运动的形状或路径的特殊选择,刷
8	提高可控性	球,双曲面,螺旋,三角,运用形状能改变的物质,从线性运动向旋转运动的转换,无轴转动
9	降低可控性	离心率,用多角物体替代圆的物体
10	提高物质的"寿命"和可靠性	球,默比乌斯带,接触面的改变,形状的特殊选择
11	简化努力	类推原理,正确视角的图表,双曲面,简单几何形状组合的运用

附录 D 39×39 矛盾矩阵

改进参数 \ 恶化参数		运动物体的重量 1	静止物体的重量 2	运动物体的长度 3	静止物体的长度 4	运动物体的面积 5	静止物体的面积 6	运动物体的体积 7	静止物体的体积 8	速度 9	力 10
1	运动物体的重量	+	–	15, 8, 29, 34	–	29, 17, 38, 34	–	29, 2, 40, 28	–	2, 8, 15, 38	8, 10, 18, 37
2	静止物体的重量	–	+	–	10, 1, 29, 35	–	35, 30, 13, 2	–	5, 35, 14, 2	–	8, 10, 19, 35
3	运动物体的长度	8, 15, 29, 34	–	+	–	15, 17, 4	–	7, 17, 4, 35	–	13, 4, 8	17, 10, 4
4	静止物体的长度	–	35, 28, 40, 29	–	+	–	17, 7, 10, 40	–	35, 8, 2, 14	–	28, 10
5	运动物体的面积	2, 17, 29, 4	–	14, 15, 18, 4	–	+	–	7, 14, 17, 4	–	29, 30, 4, 34	19, 30, 35, 2
6	静止物体的面积	–	30, 2, 14, 18	–	26, 7, 9, 39	–	+	–	–	–	1, 18, 35, 36
7	运动物体的体积	2, 26, 29, 40	–	1, 7, 4, 35	–	1, 7, 4, 17	–	+	–	29, 4, 38, 34	15, 35, 36, 37
8	静止物体的体积	–	35, 10, 19, 14	19, 14	35, 8, 2, 14	–	–	–	+	–	2, 18, 37
9	速度	2, 28, 13, 38	–	13, 14, 8	–	29, 30, 34	–	7, 29, 34	–	+	13, 28, 15, 19
10	力	8, 1, 37, 18	18, 13, 1, 28	17, 19, 9, 36	28, 10	19, 10, 15	1, 18, 36, 37	15, 9, 12, 37	2, 36, 18, 37	13, 28, 15, 12	+
11	应力或压力	10, 36, 37, 40	13, 29, 10, 18	35, 10, 36	35, 1, 14, 16	10, 15, 36, 28	10, 15, 36, 37	6, 35, 10	35, 24	6, 35, 36	36, 35, 21
12	形状	8, 10, 29, 40	15, 10, 26, 3	29, 34, 5, 4	13, 14, 10, 7	5, 34, 4, 10	–	4, 14, 15, 22	7, 2, 35	35, 15, 34, 18	35, 10, 37, 40
13	结构稳定性	21, 35, 2, 39	26, 39, 1, 40	13, 15, 1, 28	37	2, 11, 13	39	28, 10, 19, 39	34, 28, 35, 40	33, 15, 28, 18	10, 35, 21, 16
14	强度	1, 8, 40, 15	40, 26, 27, 1	1, 15, 8, 35	15, 14, 28, 26	3, 34, 40, 29	9, 40, 28	10, 15, 14, 7	9, 14, 17, 15	8, 13, 26, 14	10, 18, 3, 14
15	运动物体作用时间	19, 5, 34, 31	–	2, 19, 9	–	3, 17, 19	–	10, 2, 19, 30	–	3, 35, 5	19, 2, 16
16	静止物体作用时间	–	6, 27, 19, 16	–	1, 40, 35	–	–	–	35, 34, 38	–	–
17	温度	36, 22, 6, 38	22, 35, 32	15, 19, 9	15, 19, 9	3, 35, 39, 18	35, 38	34, 39, 40, 18	35, 6, 4	2, 28, 36, 30	35, 10, 3, 21
18	光照度	19, 1, 32	2, 35, 32	19, 32, 16		19, 32, 26	–	2, 13, 10	–	10, 13, 19	26, 19, 6
19	运动物体的能量	12, 18, 28, 31	–	12, 28	–	15, 19, 25	–	35, 13, 18	–	8, 15, 35	16, 26, 21, 2
20	静止物体的能量	–	19, 9, 6, 27	–	–	–	–	–	–	–	36, 37

（续）

改进参数	恶化参数	应力与压力 11	形状 12	结构稳定性 13	强度 14	运动物体作用时间 15	静止物体作用时间 16	温度 17	光照度 18	运动物体的能量 19	静止物体的能量 20
1	运动物体的重量	10, 36, 37, 40	10, 14, 35, 40	1, 35, 19, 39	28, 27, 18, 40	5, 34, 31, 35	—	6, 29, 4, 38	19, 1, 32	35, 12, 34, 31	—
2	静止物体的重量	13, 29, 10, 18	13, 10, 29, 14	26, 39, 1, 40	28, 2, 10, 27	—	2, 27, 19, 6	28, 19, 32, 22	19, 32, 35	—	18, 19, 28, 1
3	运动物体的长度	1, 8, 35	1, 8, 10, 29	1, 8, 15, 34	8, 35, 29, 34	19	—	10, 15, 19	32	8, 35, 24	—
4	静止物体的长度	1, 14, 35	13, 14, 15, 7	39, 37, 35	15, 14, 28, 26	—	1, 10, 35	3, 35, 38, 18	3, 25	—	—
5	运动物体的面积	10, 15, 36, 28	5, 34, 29, 4	11, 2, 13, 39	3, 15, 40, 14	6, 3	—	2, 15, 16	15, 32, 19, 13	19, 32	—
6	静止物体的面积	10, 15, 36, 37		2, 38	40	—	2, 10, 19, 30	35, 39, 38	—	—	—
7	运动物体的体积	6, 35, 36, 37	1, 15, 29, 4	28, 10, 1, 39	9, 14, 15, 7	6, 35, 4	—	34, 39, 10, 18	2, 13, 10	35	—
8	静止物体的体积	24, 35	7, 2, 35	34, 28, 35, 40	9, 14, 17, 15	—	35, 34, 38	35, 6, 4	—	—	1, 16, 36, 37
9	速度	6, 18, 38, 40	35, 15, 18, 34	28, 33, 1, 18	8, 3, 26, 14	3, 19, 35, 5	—	28, 30, 36, 2	10, 13, 19	8, 15, 35, 38	—
10	力	18, 21, 11	10, 35, 40, 34	35, 10, 21	35, 10, 14, 27	19, 2	—	35, 10, 21	—	19, 17, 10	1, 16, 36, 37
11	应力或压力	+	35, 4, 15, 10	35, 33, 2, 40	9, 18, 3, 40	19, 3, 27	—	35, 39, 19, 2	13, 15, 32	14, 24, 10, 37	—
12	形状	34, 15, 10, 14	+	33, 1, 18, 4	30, 14, 10, 40	14, 26, 9, 25	—	22, 14, 19, 32	13, 15, 32	2, 6, 34, 14	27, 4, 29, 18
13	结构稳定性	2, 35, 40	22, 1, 18, 4	+	17, 9, 15	13, 27, 10, 35	39, 3, 35, 23	35, 1, 32	32, 3, 27, 16	13, 19	35
14	强度	10, 3, 18, 40	10, 30, 35, 40	13, 17, 35	+	27, 3, 26	—	30, 10, 40	35, 19	19, 35, 10	35
15	运动物体作用时间	19, 3, 27	14, 26, 28, 25	13, 3, 35	27, 3, 10	+	—	19, 35, 39	2, 19, 4, 35	28, 6, 35, 18	—
16	静止物体作用时间			39, 3, 35, 23		—	+	19, 18, 36, 40			27, 4, 29, 18
17	温度	35, 39, 19, 2	14, 22, 19, 32	1, 35, 32	10, 30, 22, 40	19, 13, 39	19, 18, 36, 40	+	32, 30, 21, 16	19, 15, 3, 17	—
18	光照度		32, 30	32, 3, 27	35, 19	2, 19, 6	—	32, 35, 19	+	32, 1, 19	32, 35, 1, 15
19	运动物体的能量	19, 3, 27	12, 2, 29	19, 13, 17, 24	5, 19, 9, 35	28, 35, 6, 18	—	19, 24, 3, 14	2, 15, 19	+	—
20	静止物体的能量	23, 14, 25		27, 4, 29, 18	35		—		19, 2, 35, 32	—	+

（续）

改进参数 \ 恶化参数	功率 21	能量损失 22	物质损失 23	信息损失 24	时间损失 25	物质数量 26	可靠性 27	测试精度 28	制造精度 29	物体外部有害因素作用的敏感性 30
1 运动物体的重量	12,36,18,31	6,2,34,19	3,5,35,31	10,24,35	10,35,20,28	3,26,18,31	1,3,11,27	28,27,35,26	28,35,26,18	22,21,18,27
2 静止物体的重量	15,19,18,22	18,19,28,15	5,8,13,30	10,15,35	10,20,35,26	19,6,18,26	10,28,8,3	18,26,28	10,1,35,17	2,19,22,37
3 运动物体的长度	1,35	7,2,35,39	4,29,23,10	1,24	15,2,29	29,35	10,14,29,40	28,32,4	10,28,29,37	1,15,17,24
4 静止物体的长度	12,8	6,28	10,28,24,35	24,26	30,29,14		15,29,28	32,28,3	2,32,10	1,18
5 运动物体的面积	19,10,32,18	15,17,30,26	10,35,2,39	30,26	26,4	29,30,6,13	29,9	26,28,32,3	2,32	22,33,28,1
6 静止物体的面积	17,32	17,7,30	10,14,18,39	30,16	10,35,4,18	2,18,40,4	32,35,40,4	26,28,32,3	2,29,18,36	27,2,39,35
7 运动物体的体积	35,6,13,18	7,15,13,16	36,39,34,10	2,22	2,6,34,10	29,30,7	14,1,40,11	25,26,28	25,28,2,16	22,21,27,35
8 静止物体的体积	30,6		10,39,35,34		35,16,32,18	35,3	2,35,16		35,10,25	34,39,19,27
9 速度	19,35,38,2	14,20,19,35	10,13,28,38	13,26		10,19,29,38	11,35,27,28	28,32,1,24	10,28,32,25	1,28,35,23
10 力	19,35,18,37	14,15	8,35,40,5		10,37,36	14,29,18,36	3,35,13,21	35,10,23,24	28,29,37,36	1,35,40,18
11 应力或压力	10,35,14	2,36,25	10,36,3,37		37,36,4	10,14,36	10,13,19,35	6,28,25	3,35	22,2,37
12 形状	4,6,2	14	35,29,3,5		14,10,34,17	36,22	10,40,16	28,32,1	32,30,40	22,1,2,35
13 结构稳定性	32,35,27,31	14,2,39,6	2,14,30,40		35,27	15,32,35		13	18	35,24,30,18
14 强度	10,26,35,28	35	35,28,31,40		29,3,28,10	29,10,27	11,3	3,27,16	3,27	18,35,37,1
15 运动物体作用时间	19,10,35,38		28,27,3,18	10	20,10,28,18	3,35,10,40	11,2,13	3	3,27,16,40	22,15,33,28
16 静止物体作用时间	16		27,16,18,38	10	28,20,10,16	3,35,31	34,27,6,40	10,26,24		17,1,40,33
17 温度	2,14,17,25	21,17,35,38	21,36,29,31		35,28,21,18	3,17,30,39	19,35,3,10	32,19,24	24	22,33,35,2
18 光照度	32	13,16,1,6	13,1	1,6	19,1,26,17	1,19		11,15,32	3,32	15,19
19 运动物体的能量	6,19,37,18	12,22,15,24	35,24,18,5		35,38,19,18	34,23,16,18	19,21,11,27	3,1,32		1,35,6,27
20 静止物体的能量			28,27,18,31			3,35,31	10,36,23			10,2,22,37

(续)

改进参数 \ 恶化参数	物体产生的有害因素 31	可制造性 32	可操作性 33	可维修性 34	适应性与多用性 35	装置的复杂性 36	监控与测试的困难程度 37	自动化程度 38	生产率 39
1 运动物体的重量	22, 35, 31, 39	27, 28, 1, 36	35, 3, 2, 24	2, 27, 28, 11	29, 5, 15, 8	26, 30, 36, 34	28, 29, 26, 32	26, 35, 18, 19	35, 3, 24, 37
2 静止物体的重量	35, 22, 1, 39	28, 1, 9	6, 13, 1, 32	2, 27, 28, 11	19, 15, 29	1, 10, 26, 39	25, 28, 17, 15	2, 26, 35	1, 28, 15, 35
3 运动物体的长度	17, 15	1, 29, 17	15, 29, 35, 4	1, 28, 10	14, 15, 1, 16	1, 19, 24, 26	35, 1, 26, 24	17, 24, 26, 16	14, 4, 28, 29
4 静止物体的长度		15, 17, 27	2, 25	3	1, 35	1, 26	26		30, 14, 7, 26
5 运动物体的面积	17, 2, 18, 39	13, 1, 26, 24	15, 17, 13, 16	15, 13, 10, 1	15, 30	14, 1, 13	2, 36, 26, 18	14, 30, 28, 23	10, 26, 34, 2
6 静止物体的面积	22, 1, 40	40, 16	16, 4	16	15, 16	1, 18, 36	2, 35, 30, 18	23	10, 15, 17, 7
7 运动物体的体积	17, 2, 40, 1	29, 1, 40	15, 13, 30, 12	10	15, 29	26, 1	29, 26, 4	35, 34, 16, 24	10, 6, 2, 34
8 静止物体的体积	30, 18, 35, 4	35		1		1, 31	2, 17, 26		35, 37, 10, 2
9 速度	2, 24, 35, 21	35, 13, 8, 1	32, 28, 13, 12	34, 2, 28, 27	15, 10, 26	10, 28, 4, 34	3, 34, 27, 16	10, 18	
10 力	13, 3, 36, 24	15, 37, 18, 1	1, 28, 3, 25	15, 1, 11	15, 17, 18, 20	26, 35, 10, 18	36, 37, 10, 19	2, 35	3, 28, 35, 37
11 应力或压力	2, 33, 27, 18	1, 35, 16	11	2	35	19, 1, 35	2, 36, 37	35, 24	10, 14, 35, 37
12 形状	35, 1	1, 32, 17, 28	32, 15, 26	2, 13, 1	1, 15, 29	16, 29, 1, 28	15, 13, 39	15, 1, 32	17, 26, 34, 10
13 结构稳定性	35, 40, 27, 39	35, 19	32, 35, 30	2, 35, 10, 16	35, 30, 34, 2	2, 35, 22, 26	35, 22, 39, 23	1, 8, 35	23, 35, 40, 3
14 强度	15, 35, 22, 2	11, 3, 10, 32	32, 40, 25, 2	27, 11, 3	15, 3, 32	2, 13, 25, 28	27, 3, 15, 40	15	29, 35, 10, 14
15 运动物体作用时间	21, 39, 16, 22	27, 1, 4	12, 27	29, 10, 27	1, 35, 13	10, 4, 29, 15	19, 29, 39, 35	6, 10	35, 17, 14, 19
16 静止物体作用时间	22	35, 10	1	1	2		25, 34, 6, 35	1	20, 10, 16, 38
17 温度	22, 35, 2, 24	26, 27	26, 27	4, 10, 16	2, 18, 27	2, 17, 16	3, 27, 35, 31	26, 2, 19, 16	15, 28, 35
18 光照度	35, 19, 32, 39	19, 35, 28, 26	28, 26, 19	15, 17, 13, 16	15, 1, 19	6, 32, 13	32, 15	2, 26, 10	2, 25, 16
19 运动物体的能量	2, 35, 6	28, 26, 30	19, 35	1, 15, 17, 28	15, 17, 13, 16	2, 29, 27, 28	35, 38	32, 2	12, 28, 35
20 静止物体的能量	19, 22, 18	1, 4					19, 35, 16, 25		1, 6

(续)

改进参数 \ 恶化参数	运动物体的重量 1	静止物体的重量 2	运动物体的长度 3	静止物体的长度 4	运动物体的面积 5	静止物体的面积 6	运动物体的体积 7	静止物体的体积 8	速度 9	力 10
21 功率	8, 36, 38, 31	19, 26, 17, 27	1, 10, 35, 37		19, 38	17, 32, 13, 38	35, 6, 38	30, 6, 35	15, 35, 2	26, 2, 36, 35
22 能量损失	15, 6, 19, 28	19, 6, 18, 9	7, 2, 6, 13	6, 38, 7	15, 26, 17, 30	17, 7, 30, 18	7, 18, 23	7	16, 35, 38	36, 38
23 物质损失	35, 6, 23, 40	35, 6, 22, 32	14, 29, 10, 39	10, 28, 24	35, 2, 10, 31	10, 18, 39, 31	1, 29, 30, 36	3, 39, 18, 31	10, 13, 28, 38	14, 15, 18, 40
24 信息损失	10, 24, 35	10, 35, 5	1, 26	26	30, 26	30, 16		2, 22	26, 32	
25 时间损失	10, 20, 37, 35	10, 20, 26, 5	15, 2, 29	30, 24, 14, 5	26, 4, 5, 16	10, 35, 17, 4	2, 5, 34, 10	35, 16, 32, 18		10, 37, 36, 5
26 物质数量	35, 6, 18, 31	27, 26, 18, 35	29, 14, 35, 18		15, 14, 29	2, 18, 40, 4	15, 20, 29		35, 29, 34, 28	35, 14, 3
27 可靠性	3, 8, 10, 40	3, 10, 8, 28	15, 9, 14, 4	15, 29, 28, 11	17, 10, 14, 16	32, 35, 40, 4	3, 10, 14, 24	2, 35, 24	21, 35, 11, 28	8, 28, 10, 3
28 测试精度	32, 35, 26, 28	28, 35, 25, 26	28, 26, 5, 16	32, 28, 3, 16	26, 28, 32, 3	26, 28, 32, 3	32, 13, 6		28, 13, 32, 24	32, 2
29 制造精度	23, 32, 13, 18	28, 35, 27, 9	10, 28, 29, 37	2, 32, 10	28, 33, 29, 32	2, 29, 18, 36	32, 23, 2	25, 10, 35	10, 28, 32	28, 19, 34, 36
30 物体外部有害因素作用的敏感性	22, 21, 27, 39	2, 22, 13, 24	17, 1, 39, 4	1, 18	22, 1, 33, 28	27, 2, 39, 35	22, 23, 37, 35	34, 39, 19, 27	21, 22, 35, 28	13, 35, 39, 18
31 物体产生的有害因素	19, 22, 15, 39	35, 22, 1, 39	17, 15, 16, 22		17, 2, 18, 39	22, 1, 40	17, 2, 40	30, 18, 35, 4	35, 28, 3, 23	35, 28, 1, 40
32 可制造性	28, 29, 15, 16	1, 27, 36, 13	1, 29, 13, 17	15, 17, 27	13, 1, 26, 12	16, 40	13, 29, 1, 40	35	35, 13, 8, 1	35, 12
33 可操作性	25, 2, 13, 15	6, 13, 1, 25	1, 17, 13, 12	1, 35, 11, 10	1, 17, 13, 16	18, 16, 15, 39	1, 16, 35, 15	4, 18, 39, 31	18, 13, 34	28, 13, 35
34 可维修性	2, 27, 35, 11	2, 27, 35, 11	1, 28, 10, 25	3, 18, 31	15, 13, 32	16, 25	25, 2, 35, 11	1	34, 9	1, 11, 10
35 适应性与多用性	1, 6, 15, 8	19, 15, 29, 16	35, 1, 29, 2	1, 35, 16	35, 30, 29, 7	15, 26	15, 35, 29		35, 10, 14	15, 17, 20
36 装置的复杂性	26, 30, 34, 36	2, 26, 35, 39	1, 19, 26, 24	26	14, 1, 13, 16	6, 36	34, 26, 6	1, 16	34, 10, 28	26, 16
37 监控与测试的困难程度	27, 26, 28, 13	6, 13, 28, 1	16, 17, 26, 24	26	2, 13, 18, 17	2, 39, 30, 16	29, 1, 4, 16	2, 18, 26, 31	3, 4, 16, 35	36, 28, 40, 19
38 自动化程度	28, 26, 18, 35	28, 26, 35, 10	14, 13, 17, 28	23	17, 14, 13		35, 13, 16	35, 37, 10, 2	28, 10	2, 35
39 生产率	35, 26, 24, 37	28, 27, 15, 3	18, 4, 28, 38	30, 7, 14, 26	10, 26, 34, 31	10, 35, 17, 7	2, 6, 34, 10	35, 37, 10, 2		28, 15, 10, 36

(续)

改进参数＼恶化参数		应力与压力 11	形状 12	结构稳定性 13	强度 14	运动物体作用时间 15	静止物体作用时间 16	温度 17	光照度 18	运动物体的能量 19	静止物体的能量 20
21	功率	22, 10, 35	29, 14, 2, 40	35, 32, 15, 31	26, 10, 28	19, 35, 10, 38	16	2, 14, 17, 25	16, 6, 19	16, 6, 19, 37	
22	能量损失			14, 2, 39, 6	26			19, 38, 7	1, 13, 32, 15		
23	物质损失	3, 36, 37, 10	29, 35, 3, 5	2, 14, 30, 40	35, 28, 31, 40	28, 27, 3, 18	27, 16, 18, 38	21, 36, 39, 31	1, 6, 13	35, 18, 24, 5	28, 27, 12, 31
24	信息损失						10		10		
25	时间损失	37, 36, 4	4, 10, 34, 17	35, 3, 22, 5	29, 3, 28, 18	20, 10, 28, 18	28, 20, 10, 16	35, 29, 21, 18	1, 19, 26, 17	35, 38, 19, 18	1
26	物质数量	10, 36, 14, 3	35, 14	15, 2, 17, 40	14, 35, 34, 10	3, 35, 10, 40	3, 35, 31	3, 17, 39		34, 29, 16, 18	3, 35, 31
27	可靠性	10, 24, 35, 19	35, 1, 16, 11		11, 28	2, 35, 3, 25	34, 27, 6, 40	3, 35, 10	11, 32, 13	21, 11, 27, 19	36, 23
28	测试精度	6, 28, 32	6, 28, 32	32, 35, 13	28, 6, 32	28, 6, 32	10, 26, 24	6, 19, 28, 24	6, 1, 32	3, 6, 32	
29	制造精度	3, 35	32, 30, 40	30, 18	3, 27	3, 27, 40		19, 26	3, 32	32, 2	
30	物体外部有害因素作用产生的敏感性	22, 2, 37	22, 1, 3, 35	35, 24, 30, 18	18, 35, 37, 1	22, 15, 33, 28	17, 1, 40, 33	22, 33, 35, 2	1, 19, 32, 13	1, 24, 6, 27	10, 2, 22, 37
31	物体产生的有害因素	2, 33, 27, 18	35, 1	35, 40, 27, 39	15, 35, 22, 2	15, 22, 33, 31	21, 39, 16, 22	22, 35, 2, 24	19, 24, 39, 32	2, 35, 6	19, 22, 18
32	可制造性	35, 19, 1, 37	1, 28, 13, 27	11, 13, 1	1, 3, 10, 32	27, 1, 4	35, 16	27, 26, 18	28, 24, 27, 1	28, 26, 27, 1	1, 4
33	可操作性	2, 32, 12	15, 34, 29, 28	32, 35, 30	32, 40, 3, 28	29, 3, 8, 25	1, 16, 25	26, 27, 13	13, 17, 1, 24	1, 13, 24	
34	可维修性	13	1, 13, 2, 4	2, 35	11, 1, 2, 9	11, 29, 28, 27	1	4, 10	15, 1, 13	15, 1, 28, 16	
35	适应性与多用性	35, 16	15, 37, 1, 8	35, 30, 14	35, 3, 32, 6	13, 1, 35	2, 16	27, 2, 3, 5	6, 22, 26, 1	19, 35, 29, 13	
36	装置的复杂性	19, 1, 35	29, 13, 28, 15	2, 22, 17, 19	2, 13, 28	10, 4, 28, 15		2, 17, 13	24, 17, 13	27, 2, 29, 28	
37	监控与测试的困难程度	35, 36, 37, 32	27, 13, 1, 39	11, 22, 39, 30	27, 3, 15, 28	19, 29, 39, 25	25, 34, 6, 35	3, 27, 35, 16	2, 24, 26	35, 38	19, 35, 16
38	自动化程度	13, 35	15, 32, 1, 13	18, 1	25, 13	6, 9		26, 2, 19	8, 32, 19	2, 32, 13	
39	生产率	10, 37, 14	14, 10, 34, 40	35, 3, 22, 39	29, 28, 10, 18	35, 10, 2, 18	20, 10, 16, 38	35, 21, 28, 10	26, 17, 19, 1	35, 10, 38, 19	1

(续)

改进参数 \ 恶化参数	功率 21	能量损失 22	物质损失 23	信息损失 24	时间损失 25	物质数量 26	可靠性 27	测试精度 28	制造精度 29	物体外部有害因素作用的敏感性 30
21 功率	+	10,35,38	28,27,18,38	10,19	35,20,10,6	4,34,19	19,24,26,31	32,15,2	32,2	19,22,31,2
22 能量损失	3,38	+	35,27,2,37	19,10	10,18,32,7	7,18,25	11,10,35	32		21,22,35,2
23 物质损失	28,27,18,38	35,27,2,31			15,18,35,10	6,3,10,24	10,29,39,35	16,34,31,28	35,10,24,31	33,22,30,40
24 信息损失	10,19	19,10			24,26,28,32	24,28,35	10,28,23			22,10,1
25 时间损失	35,20,10,6	10,5,18,32	35,18,10,39	24,26,28,32	+	35,38,18,16	10,30,4	24,34,28,32	24,26,28,18	35,18,34
26 物质数量	35	7,18,25	6,3,10,24	24,28,35	35,38,18,16	+	18,3,28,40	13,2,28	33,30	35,33,29,31
27 可靠性	21,11,26,31	10,11,35	10,35,29,39	10,28	10,30,4	21,28,40,3	+	32,3,11,23	11,32,1	27,35,2,40
28 测试精度	3,6,32	26,32,27	10,16,31,28		24,34,28,32	2,6,32	5,11,1,23	+		28,24,22,26
29 制造精度	32,2	13,32,2	35,31,10,24		32,26,28,18	32,30	11,32,1		+	26,28,10,36
30 物体外部有害因素作用的敏感性	19,22,31,2	21,22,35,2	33,22,19,40	22,10,2	35,18,34	35,33,29,31	27,24,2,40	28,33,23,26	26,28,10,18	
31 物体产生的有害因素	2,35,18	21,35,2,22	10,1,34	10,21,29	1,22	3,24,39,1	24,2,40,39	3,33,26	4,17,34,26	
32 可制造性	27,1,12,24	19,35	15,34,33	32,24,18,16	35,28,34,4	35,23,1,24		1,35,12,18		24,2
33 可操作性	35,34,2,10	2,19,13	28,32,2,24	4,10,27,22	4,28,10,34	12,35	17,27,8,40	25,13,2,34	1,32,35,23	2,25,28,39
34 可维修性	15,10,32,2	15,1,32,19	2,35,34,27		32,1,10,25	2,28,10,25	11,10,1,16	10,2,13	25,10	35,10,2,16
35 适应性与多用性	19,1,29	18,15,1	15,10,2,13		35,28	3,35,15	35,13,8,24	35,5,1,10		35,11,32,31
36 装置的复杂性	20,19,30,34	10,35,13,2	35,10,28,29	35,33,27,22	6,29	13,3,27,10	13,35,1	2,26,10,34	26,24,32	22,19,29,40
37 监控与测试的困难程度	18,1,16,10	35,3,15,19	1,18,10,24	35,33,27,22	18,28,32,9	3,27,29,18	27,40,28,8	26,24,32,28	26,28,18,23	22,19,29,28
38 自动化程度	28,2,27	23,28	35,10,18,5	35,33	24,28,35,30	35,13	11,27,32	28,26,10,34	28,26,18,23	2,33
39 生产率	35,20,10	28,10,29,35	28,10,35,23	13,15,23		35,38	1,35,10,38	1,10,34,28	18,10,32,1	22,35,13,24

（续）

改进参数＼恶化参数		物体产生的有害因素 31	可制造性 32	可操作性 33	可维修性 34	适应性与多用性 35	装置的复杂性 36	监控与测试的困难程度 37	自动化程度 38	生产率 39
21	功率	2, 35, 18	26, 10, 34	26, 35, 10	35, 2, 10, 34	19, 17, 34	20, 19, 30, 34	19, 35, 16	28, 2, 17	28, 35, 34
22	能量损失	21, 35, 2, 22		35, 32, 1	2, 19		7, 23	35, 3, 15, 23	2	28, 10, 29, 35
23	物质损失	10, 1, 34, 29	15, 34, 33	32, 28, 2, 24	2, 35, 34, 27	15, 10, 2	35, 10, 28, 24	35, 18, 10, 13	35, 10, 18	28, 35, 10, 23
24	信息损失	10, 21, 22	32	27, 22				35, 33	35	13, 23, 15
25	时间损失	35, 22, 18, 39	35, 28, 34, 4	4, 28, 10, 34	32, 1, 10	35, 28	6, 29	18, 28, 32, 10	24, 28, 35, 30	
26	物质数量	3, 35, 40, 39	29, 1, 35, 27	35, 29, 25, 10	2, 32, 10, 35	15, 3, 29	3, 13, 27, 10	3, 27, 29, 18	8, 35	13, 29, 3, 27
27	可靠性	35, 2, 40, 26		27, 17, 40	1, 11	13, 35, 8, 24	13, 35, 1	27, 40, 28	11, 13, 27	1, 35, 29, 38
28	测试精度	3, 33, 39, 10	6, 35, 25, 18	1, 13, 17, 34	1, 32, 13, 11	13, 35, 2	27, 35, 10, 34	26, 24, 32, 28	28, 2, 10, 34	10, 34, 28, 32
29	制造精度	4, 17, 34, 26		1, 32, 35, 23	25, 10		26, 2, 18		26, 28, 18, 23	10, 18, 32, 39
30	物体外部有害因素作用的敏感性		24, 35, 2	2, 25, 28, 39	35, 10, 2	35, 11, 22, 31	22, 19, 29, 40	22, 19, 29, 40	33, 3, 34	22, 35, 13, 24
31	物体产生的有害因素	+					19, 1, 31	2, 21, 27, 1	2	22, 35, 18, 39
32	可制造性		+	2, 5, 13, 16	35, 1, 11, 9	2, 13, 15	27, 26, 1	6, 28, 11, 1	8, 28, 1	35, 1, 10, 28
33	可操作性		2, 5, 12	+	12, 26, 1, 32	15, 34, 1, 16	32, 26, 12, 17		1, 34, 12, 3	15, 1, 28
34	可维修性		1, 35, 11, 10	1, 12, 26, 15	+	7, 1, 4, 16	35, 1, 13, 11		34, 35, 7, 13	1, 32, 10
35	适应性与多用性		1, 13, 31	15, 34, 1, 16	1, 16, 7, 4	15, 29, 37, 28	15, 29, 37, 28	1	27, 34, 35	35, 28, 6, 37
36	装置的复杂性	19, 1	27, 26, 1, 13	27, 9, 26, 24	1, 13	29, 15, 28, 37	+	15, 10, 37, 28	15, 1, 24	12, 17, 28
37	监控与测试的困难程度	2, 21	5, 28, 11, 29	2, 5	12, 26	1, 15	15, 10, 37, 28	+	34, 21	35, 18
38	自动化程度	2	1, 26, 13	1, 12, 34, 3	1, 35, 13	27, 4, 1, 35	15, 24, 10	34, 27, 25	+	5, 12, 35, 26
39	生产率	35, 22, 18, 39	35, 28, 2, 24	1, 28, 7, 10	1, 32, 10, 25	1, 35, 28, 37	12, 17, 28, 24	35, 18, 27, 2	5, 12, 35, 26	+

附录 E 习题和部分实验参考答案

第 1 章

1. C	2. A	3. B	4. B	5. C	6. A
7. D	8. B	9. C	10. A	11. C	12. B
13. C	14. D	15. A	16. C	17. B	18. D
19. C	20. A				

第 2 章

1. A	2. C	3. B	4. A	5. D	6. D
7. C	8. A	9. B	10. D	11. A	12. C
13. B	14. D	15. A	16. C	17. B	18. C
19. D	20. A				

第 3 章

【习题】

1. A	2. C	3. D	4. B	5. A	6. C
7. B	8. D	9. A	10. C	11. B	12. D
13. B	14. C	15. B	16. A	17. D	18. B
19. D	20. C				

【实验与思考】

（2）请使用多屏幕法分析如何安全测量一条毒蛇的长度。条件是既不能被蛇咬伤，又不能伤害毒蛇。我们将放在透明玻璃容器中的毒蛇作为当前系统。

当前系统的"过去"：毒蛇之前会爬行、吃东西、休息，利用毒蛇的这些特点，可以有如下想法。

① 在毒蛇爬行的时候，想办法对它进行测量。

② 在毒蛇吃东西的时候，把它拉直，然后对它进行测量。

③ 在毒蛇休息的时候，对它进行测量。

当前系统的"未来"：毒蛇以后还会爬行、吃东西、休息，并且还会冬眠，利用毒蛇的这些特点，可以有如下想法。

① 在毒蛇爬行的时候，想办法对它进行测量。

② 在毒蛇吃东西的时候，把它拉直，然后对它进行测量。

③ 在毒蛇休息的时候，对它进行测量。

④ 创造让毒蛇能够冬眠的环境，在毒蛇冬眠的时候，对它进行测量。

当前系统的"超系统"：可以是玻璃容器，甚至是房间。因此，可以利用玻璃容器、树枝、空气等进行测量。于是，可以有如下想法。

① 利用毒蛇喜欢缠绕树枝的特点，可以在玻璃容器中放入一些树枝，当毒蛇缠绕树枝的时候，对它进行测量。

② 可以改变玻璃容器中空气的成分，让毒蛇在这个环境中丧失攻击性。

③ 玻璃容器带有一个小孔，该孔只允许毒蛇平直爬出来。我们在孔外放一个带有刻度的狭长玻璃管，然后在孔外放一只小动物，引诱毒蛇从小孔爬到玻璃管中，这样就测出了毒蛇的长度。

当前系统的"子系统"：包含蛇皮、蛇头。于是，可以有如下想法。

① 测量蛇蜕掉的皮。

② 根据蛇头的长度，推算蛇的长度。

（3）请使用金鱼法分析如何用空气"赚钱"。

步骤1：将不现实的想法分为两个部分。

现实部分：空气、钱、赚钱。

非现实部分：出售空气。

步骤2：分析非现实部分不可行的原因。

答：空气为地球生物共有，取之不尽，用之不竭。因此，它不能用来卖钱。

步骤3：找出使想法的非现实部分变为现实的条件。

答：在下列条件下，空气可以卖钱：空气资源缺乏，即它的供应有限；它包含某些特殊成分，或者具有某些特殊功能；它要通过特定手段来输送，而不能直接呼吸；周围的空气不适合呼吸。

步骤4：确认当前系统、超系统或子系统中的资源能否提供此类条件。

答：在超系统中，存在许多这样的情境：空气供给不充足，如飞机中、飞船中、地下、高山上、水下；需要人工辅助呼吸，如医院抢救病人期间；需要空气中含有的特殊成分，如深潜时使用由氦气和氧气按一定比例混合的"人造空气"；空气不适合呼吸，如火灾现场的空气中含有高浓度的一氧化碳。

步骤5：如果能，则可定义相关想法，即确定如何对情境加以改变，才能实现想法中看似不可行的部分。将这一新想法与初始想法的可行部分组合为可行的解决方案构想。

答：在下列条件下，空气可以卖钱：在空气有限的场所，出售空气（如在水下或地下作业时）；出售有益健康的空气（如海上或山区的空气）；出售空气净化装置，或者可制造有益健康空气的装置；出售芳香化的空气。

步骤6：如果我们无法通过可行途径来利用现有资源为看起来不现实的部分提供实现条件，则可将这一"看起来不现实的部分"再次分解为现实部分与非现实部分。然后，重复步骤1~步骤5，直到得出可行的解决方案构想为止。

答：虽然可以在许多情境下"售卖"空气，但空气仍然不能在"正常条件"下出售，即不能在空气充足且新鲜的地方出售。

根据上述分析，请在图 3-19（参考答案见图 E-1）中完成填空。

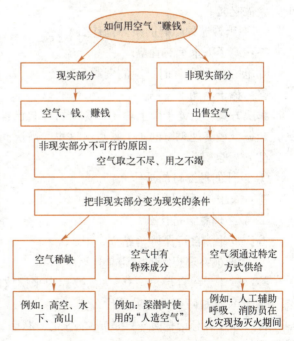

图 E-1 金鱼法：用空气"赚钱"

第4章

1. A   2. C   3. B   4. D   5. B   6. A

7. C   8. A   9. C   10. B   11. D   12. C
13. D   14. A   15. B   16. D   17. C   18. A
19. B   20. D

第 5 章

【习题】

1. C   2. A   3. B   4. C   5. A   6. D
7. A   8. C   9. D   10. A   11. B   12. A
13. B   14. C   15. D   16. D   17. D   18. A
19. B   20. C

【实验与思考】

（1）养兔子。

① 设计的最终目的是什么？

答：兔子能够吃到新鲜的青草。

② 问题的最终理想解是什么？

答：兔子永远自己能吃到青草。

③ 实现最终理想解的障碍是什么？

答：为了防止兔子跑得太远而照看不到，农场主用笼子养兔子，但养兔子的笼子不能移动。

④ 出现这种障碍的结果是什么？

答：由于笼子不能移动，因此兔子只能吃到笼子下方面积有限的草，在有限的时间内，草就会被吃光。

⑤ 不出现这种障碍的条件是什么？

答：笼子下永远有青草。

⑥ 创造这些条件时可用的资源是什么？

答：兔子、笼子、草。

解决方案：给笼子装上轮子，兔子可以自己推着笼子移动，不断获得青草。这个解决方案完全符合最终理想解的 4 个特点。这里，解决问题的资源是兔子本身会自动找青草吃。

（2）安全熨斗。

① 设计的最终目的是什么？

答：衣服不会被熨斗烫坏。

② 最终理想解是什么？

答：熨斗能自行保持"站立"状态。

③ 实现最终理想解的障碍是什么？

答：熨斗无法自行"站立"，需要靠人来摆放成"站立"状态。

④ 出现这种障碍的结果是什么？

答：如果人忘记把熨斗摆放成"站立"状态，那么熨斗长时间与衣服接触，衣服会被烫坏。

⑤ 不出现这种障碍的条件是什么？

答：有一个支撑力将熨斗从平行状态支起。

⑥ 创造无障碍条件的可用资源是什么？

答：熨斗的自重、形状。

解决方案：什么东西可以自行保持"站立"状态？不倒翁。

将熨斗的尾部设计成圆柱面或者球面，将熨斗重心移到尾部，熨斗就会像不倒翁一样，平时保持自动"站立"的姿态。使用时，轻轻按倒即可；不使用时，只要一松手，熨斗就自动"站立"起来，脱离与衣服的接触，这样，就可以放心去做别的事情了。

这里解决问题时使用的是一分钱不用花的资源：重力。

第 6 章

1. D	2. C	3. C	4. B	5. A	6. C
7. D	8. B	9. A	10. D	11. C	12. E
13. B	14. D	15. A	16. C	17. D	18. B
19. D	20. A				

第 7 章

【习题】

1. A	2. B	3. C	4. D	5. A	6. B
7. D	8. A	9. C	10. B	11. A	12. C
13. B	14. C	15. A	16. B	17. D	18. C
19. D	20. A				

【实验与思考】

(2) 案例分析：亚历山大的灯塔。

建造者的解决方案：建造者把自己的名字藏在一层厚厚的灰泥下面，随着时间的流逝，这层灰泥会自然破碎剥落，于是名字会显现出来。（第 7 个发明原理：嵌套，其核心：时间、材料和空间方法）

(3) 案例分析：莫泊桑和埃菲尔铁塔。

莫泊桑的解释：你可以藏在物体里面，这样你就看不到整个物体了。（第 7 个发明原理：嵌套，其核心：结构和空间上的矛盾解决方法）

第 8 章

1. B	2. C	3. D	4. A	5. A	6. B
7. D	8. C	9. A	10. C	11. B	12. D
13. A	14. C	15. B	16. D	17. A	18. A
19. D	20. B				

第 9 章

1. B	2. C	3. C	4. A	5. C	6. B
7. B	8. D	9. C	10. B	11. A	12. C
13. D	14. B	15. A	16. B	17. D	18. B
19. D	20. B				

第 10 章

1. A	2. C	3. B	4. D	5. C	6. A
7. B	8. C	9. D	10. D	11. C	12. A
13. D	14. B	15. A	16. C	17. D	18. C
19. A	20. B				

第 11 章

【习题】

1. C   2. B   3. D   4. C   5. D   6. A
7. D   8. B   9. C   10. C   11. A   12. D
13. B   14. D   15. B   16. A   17. D   18. A
19. A   20. C

【实验与思考】

（7）应用技术矛盾和矛盾矩阵解决飞机发动机整流罩改进问题。

你选取的技术问题：如何改进波音 737 飞机发动机的整流罩，而不降低飞机的安全性。

步骤 1 确定技术系统的所有组成元素：飞机发动机、发动机整流罩、起落架和跑道。

步骤 2 请画出问题的逻辑链，并进行问题描述：在改进波音 737 的设计中，为了加大发动机功率，需要加大发动机整流罩的截面积，这将会导致整流罩与地面的距离缩小，从而影响飞机起降的安全性。要考虑改进发动机的整流罩，而不降低飞机的安全性。

步骤 3 定义技术矛盾，定义需要改善的参数和被恶化的参数。

改善的参数：运动物体的面积。

被恶化的参数：运动物体的长度（尺寸）。

步骤 4 解决技术矛盾。在矛盾矩阵的交叉点单元格中，得到的发明原理序号：在矛盾矩阵的行中，找出恶化参数"运动物体的长度"，在列中，找出改善参数"运动物体的面积"，在它们相交的单元格中，得到了可能的发明原理集 [14, 15, 18, 4]。

通过查阅矛盾矩阵，得到对应的发明原理及其指导原则如下。

原理（14）：曲率增加（曲面化）。

指导原则 1：将二维或三维空间中的直线变为曲线、直线运动变为圆周运动，以增加曲率。

指导原则 2：采用滚筒、辊、球、螺旋结构。

指导原则 3：利用离心力，用回转运动代替直线运动。

原理（15）：动态特性。

指导原则 1：调整对象或对象所处的环境，使对象在各动作、各阶段的性能达到最佳状态。

指导原则 2：将对象分割为多个部分，使其各部分可以改变相对位置。

指导原则 3：使不动的对象可动或可自动适应。

原理（18）：机械振动原理。

指导原则 1：使对象发生机械振动。

指导原则 2：如果对象已经处于振动状态，则提高振动的频率（直至超声振动）。

指导原则 3：利用共振频率。

指导原则 4：用压电振动代替机械振动。

指导原则 5：将超声波振动与电磁场振动合并使用。

原理（4）：增加不对称性。

指导原则 1：将对象（的形状或组织形式）由对称的变为不对称的。

指导原则 2：如果对象已经是不对称的，就增加其不对称程度。

步骤 5 结论：填写你获得的创新问题解决方案。

考虑将飞机发动机整流罩的纵向尺寸保持不变，而将横向尺寸加大，即让整流罩变成上下不对称的"鱼嘴"形状，这样，飞机发动机整流罩的进风面积加大了，而其底部与地面仍然可以保持一个安全的距离，因此飞机的安全性并不会受到影响。

解决方案：应用发明原理 4，将飞机发动机整流罩改为不对称形状。

事实上，波音 737 飞机发动机整流罩改进设计的最终解决方案就是采用了"鱼嘴"形状（见图 E-2），既增大了发动机整流罩的进风面积，又解决了整流罩与地面距离太近的问题。

图 E-2　整流罩改进后的波音 737 飞机

第 12 章

1. C	2. B	3. A	4. B	5. D	6. C
7. D	8. C	9. B	10. A	11. C	12. D
13. D	14. C	15. D	16. C	17. D	18. A
19. B	20. A				

第 13 章

1. B	2. A	3. D	4. B	5. C	6. B
7. B	8. A	9. C	10. B	11. C	12. C
13. B	14. D	15. C	16. B	17. B	18. A
19. C	20. D				

第 14 章

【习题】

1. C	2. A	3. D	4. B	5. C	6. D
7. B	8. B	9. A	10. C	11. C	12. D
13. A	14. B	15. C	16. B	17. C	18. D
19. B	20. A				

【实验与思考】

（4）钉子都是圆柱形的吗？

利用几何效应表（附录 C）：探寻钉子可能的变化"原理"，可以发现几何效应表中第 9 条"降低可控性"中的建议"用多角物体替代圆的物体"，以及几何效应表中第 10 条"提高物质的寿命和可靠性"的建议"接触面的改变，形状的特殊选择"。

得到的解决方法：例如，相比普通钉子，有三角边的钉子可以更好地固定在木头里。

第 15 章

1. A	2. B	3. D	4. C	5. A	6. B
7. D	8. C	9. A	10. B	11. B	12. D
13. C	14. A	15. B	16. C	17. D	18. B
19. B	20. C				

参考文献

[1] 周苏,王硕苹,等. 创新思维与方法 [M]. 2版. 北京:中国铁道出版社,2022.
[2] 周苏,陈敏玲,褚赟,等. 创新思维与科技创新 [M]. 北京:机械工业出版社,2016.
[3] 周苏,张丽娜,陈敏玲. 创新思维与TRIZ创新方法 [M]. 2版. 北京:清华大学出版社,2018.
[4] 马化腾,等. 互联网+:国家战略行动路线图 [M]. 北京:中信出版社,2015.
[5] 威廉·罗森. 世界上最强大的思想:蒸汽机、产业革命和创新的故事 [M]. 王兵,译. 北京:中信出版社,2016.
[6] 李善友. 颠覆式创新:移动互联网时代的生存法则 [M]. 北京:机械工业出版社,2014.
[7] 中华人民共和国国家质量监督检验检疫总局,中国国家标准化管理委员会. 创新方法应用能力等级规范:GB/T 31769-2015 [S]. 北京:中国标准出版社,2015.
[8] 创新方法研究会,中国21世纪议程管理中心. 创新方法教程:初级 [M]. 北京:高等教育出版社,2012.
[9] 李海军,丁雪燕. 经典TRIZ通俗读本 [M]. 北京:中国科学技术出版社,2009.
[10] 王亮申,孙峰华,等. TRIZ创新理论与应用原理 [M]. 北京:科学出版社,2010.
[11] 赵敏,胡钰. 创新的方法 [M]. 北京:当代中国出版社,2008.
[12] 奥尔洛夫. 用TRIZ进行创造性思考实用指南 [M]. 陈劲,朱凌,郑尧丽,等译. 北京:科学出版社,2010.
[13] 赵敏,史晓凌,段海波. TRIZ入门及实践 [M]. 北京:科学出版社,2009.
[14] 夏昌祥. 实用创新思维 [M]. 北京:高等教育出版社,2008.